工业和信息化部“十四五”规划教材

高等职业院校“互联网+”立体化教材——人工智能系列

深度学习框架应用开发

陈晓龙　黄日辰　主　编

王　静　副主编

電子工業出版社
Publishing House of Electronics Industry
北京 · BEIJING

内 容 简 介

深度学习（DL，Deep Learning）是机器学习（ML，Machine Learning）领域中一个新的研究方向，通过学习样本数据的内在规律和表示层次，实现机器能够像人一样具有分析学习能力，能够识别文字、图像和声音等数据。在开始深度学习项目之前，选择一个合适的框架能起到事半功倍的作用。全世界最为流行的深度学习框架有 TensorFlow、Caffe、PaddlePaddle 和 PyTorch。

TensorFlow 是 Google 于 2015 年发布的深度学习框架，2019 年，Google 推出 TensorFlow 2.0 正式版本，以动态图优先模式运行，使得用户既能轻松上手 TensorFlow 框架，又能无缝部署网络模型至工业系统。

本书针对高职学生的特点（有基本的编程能力，对开发人工智能应用感兴趣，学过一些高等数学基本知识，但谈不上有深厚的数学功底和人工智能理论基础），全面、系统地介绍基于 TensorFlow 深度学习框架的人工智能应用开发技术、方法和应用实践，分析了神经网络原理并实践，对循环神经网络（RNN）、卷积神经网络（CNN）这些常用的深度学习模型进行了演练，在此基础上展开基于深度学习的目标检测、图像分割、人脸识别等热门应用，为读者提供了从理论学习到工程实践的视图。

全书按照“项目导向、任务驱动”的教学方法，以 8 个真实项目贯穿，分别是认识人工智能、搭建线性回归模型、搭建汽车油耗预测模型、搭建手写数字识别模型、搭建卷积神经网络模型、搭建猫狗识别网络模型、可视化方法应用和经典卷积神经网络的应用，进行深度学习模型的选择、构建和应用，让学习者能快速具备人工智能问题求解的基本思想和初步的人工智能应用软件开发能力。

本书讲解通俗易懂，配套资源丰富。每个项目知识点配有 PPT、一个或多个视频讲解、实践练习和模型实现代码。全书配有的视频总时长达 400 多分钟。本书适合计算机、软件工程、人工智能等本、专科专业学生使用，也适合作为对深度学习感兴趣的研究生、工程师和研究人员的学习资料。

图书在版编目（CIP）数据

深度学习框架应用开发 / 陈晓龙，黄日辰主编. —北京：电子工业出版社，2022.8

ISBN 978-7-121-43941-4

Ⅰ. ①深… Ⅱ. ①陈… ②黄… Ⅲ. ①机器学习—高等职业教育—教材 Ⅳ. ①TP181

中国版本图书馆 CIP 数据核字（2022）第 119287 号

责任编辑：魏建波
印　　刷：天津画中画印刷有限公司
装　　订：天津画中画印刷有限公司
出版发行：电子工业出版社
　　　　　北京市海淀区万寿路 173 信箱　邮编 100036
开　　本：787×1092　1/16　印张：12.75　字数：326.4 千字
版　　次：2022 年 8 月第 1 版
印　　次：2022 年 8 月第 1 次印刷
定　　价：54.00 元

凡所购买电子工业出版社图书有缺损问题，请向购买书店调换。若书店售缺，请与本社发行部联系，联系及邮购电话：（010）88254888，88258888。

质量投诉请发邮件至 zlts@phei.com.cn，盗版侵权举报请发邮件至 dbqq@phei.com.cn。

本书咨询联系方式：（010）88254609 或 hzh@phei.com.cn。

前　言

人工智能技术近年来发展非常迅速，对人类的工作和生活具有极其重要的影响。它的应用领域从最初的图像处理发展到各个领域，特别是随着现代硬件的发展，人工智能技术已经成为一种不可或缺的技术。

深度学习一直处于人工智能发展的最前沿。它涉及一组受生物神经网络启发的机器学习算法，可以教机器查找大量数据中的模式。这些深度神经网络已经在语音和对象识别等领域取得了重大进步，并成为在特定任务中表现出具有超人能力的计算机程序的基础。

本书全面、系统地介绍了基于 TensorFlow 深度学习框架的人工智能应用开发技术、方法和应用实践，内容涵盖了深度学习算法的回归预测、目标检测、图像分割、人脸识别等热门应用，并对上述深度学习模型进行了演练。

按照“项目导向、任务驱动”的教学方法，全书以 8 个学生容易理解的真实项目贯穿知识点。根据行业实际应用选择、构建和应用的深度学习模型步骤将项目划分为若干任务，各任务的教学环节包括任务描述、任务分析、知识准备等环节。全书共分为 8 个项目。

项目 1：认识人工智能，包括介绍人工智能的发展过程，熟悉深度学习算法的应用领域，掌握搭建深度学习开发环境的步骤。

项目 2：通过搭建一个简单的线性回归模型（一元一次函数），认识 TensorFlow 的基本概念和基本用法。

项目 3：通过搭建一个汽车油耗预测模型，熟悉回归模型数据处理、回归模型搭建和数据处理，初步掌握人工智能模型开发的全流程及掌握神经网络的组成与训练。

项目 4：通过搭建一个手写数字识别模型，了解 MNIST 数据集的应用和处理，掌握手写数字识别模型神经网络分类模型的搭建、训练和验证。

项目 5：通过搭建一个基于 LeNet-5 的手写数字识别模型，掌握卷积神经网络 LeNet-5 的结构特征、模型搭建、训练和验证。

项目 6：通过搭建一个猫狗识别的卷积神经网络，了解数据增强技术在深度学习领域的重要性。

项目 7：可视化是模型训练过程中非常重要的一环，通过可视化卷积神经网络训练过程，掌握基本的可视化技术。

项目 8：通过搭建一个垃圾分类模型，学会使用迁移学习技术进行模型的训练及掌握目前常见的卷积神经网络。

本书讲解通俗易懂，配套资源丰富。每个任务配有 PPT、一个或多个视频讲解、实践练习、实践练习的解析视频，每个单元配有理论练习用于巩固知识点，还配有阶段实践测试。全书配备的视频总时长达400多分钟。

本书由陈晓龙、黄日辰主编，王静任副主编。项目1、项目2、项目3由黄日辰编写，项目4、项目5、项目6由陈晓龙编写，项目7、项目8由王静老师编写，项目考核习题部分由周平、田诚诚2位同学整理。

本书在编写过程中还得到了邱晓华老师的大力支持和帮助，在此表示感谢。

由于作者水平有限，错误和纰漏在所难免，敬请各位同行和广大读者批评指正。编者邮箱：727827638@qq.com。

编者

2022年2月

目　录

项目 1　认识人工智能

项目介绍

人工智能技术近年来发展非常迅猛，对人类的工作和生活具有极其重要的影响。它的应用领域从最初的图像处理发展到各个领域，特别是随着现代硬件的发展，使得人工智能技术已经成为了不可或缺的一种技术。所以掌握人工智能技术开发是一项必不可少的技能。本项目要求搭建人工智能技术开发环境，是后几个项目的基础。

任务安排

任务 1.1　了解人工智能发展与应用
任务 1.2　认识深度学习框架
任务 1.3　搭建深度学习开发环境

学习目标

✧ 了解人工智能的发展与应用。
✧ 了解人工智能框架相关知识。
✧ 掌握 Windows 下搭建深度学习开发环境。

任务 1.1　了解人工智能发展与应用

【任务描述】

了解人工智能的发展过程、应用领域。

【任务分析】

人工智能的起源可以追溯到 60 年前，任何一个初学者都应该了解人工智能的发展过程、应用领域及开发环境的搭建过程。

【知识准备】

1.1.1 人工智能发展过程

1. 第一次浪潮

1943 年，神经科学家麦卡洛克和数学家皮兹在《数学生物物理学公告》上发表论文《神经活动中内在思想的逻辑演算》。该论文中建立的神经网络和数学模型，称为 MCP 模型。该模型是按照生物神经元的结构及工作原理构造出的，人工神经网络的大门也由此开启。

1958 年，计算机科学家罗森布拉特提出了两层神经元组成的神经网络，称为感知器，并第一次将 MCP 模型用于机器学习分类。感知器算法使用 MCP 模型对输入的多维数据进行二分类，且能够使用梯度下降法从训练样本中自动学习更新权值。1962 年，该方法被证明能够收敛，理论与实践效果引起第一次神经网络的浪潮。

1969 年，美国数学家及人工智能先驱 Marvin Minsky（明斯基）在其著作中证明了感知器本质上是一种线性模型，只能处理线性分类问题，就连最简单的异或问题都无法正确分类。正是因为 Marvin Minsky 的证明，使神经网络的研究陷入了将近 20 年的停滞阶段。这也是人工智能的第一次低谷期。

2. 第二次浪潮

1986 年，“神经网络之父”Geoffrey Hinton 发明了适用于多层感知器（MLP）的反向传播（Backpropagation）算法，并采用 Sigmoid 函数进行非线性映射，有效解决了非线性分类和学习的问题。该方法引起了神经网络的第二次浪潮。

1991 年，有学者发现反向传播算法存在梯度消失问题。梯度消失指的是误差梯度在从后层往前层传递的过程中，误差梯度逐渐降低直到零，即梯度消失。导致这种现象的原因主要有两点：

（1）Sigmoid 函数的饱和特性。

（2）后层的误差梯度值本身是一个接近于零的较小值。

梯度的消失也意味着前层网络无法进行有效的学习，该问题直接阻碍了人工智能的进一步发展，也导致人工智能进入第二次低谷期。

3. 第三次浪潮

2006 年，Geoffrey Hinton 和他的学生 Ruslan Salakhutdinov 在学术刊物《科学》上发表了一篇文章，该文章提出了一种关于深层神经网络在训练中梯度消失问题的解决方案。该方案非常简洁，只需要通过无监督预训练对权值进行初始化和有监督训练微调就可以解决梯度消失的问题。随着该解决方案的提出，越来越多的研究机构开启了深度学习的研究，至此开启了人工智能在学术界和工业界的第三次浪潮。

2012 年，Geoffrey Hinton 和他的学生 Alex Krizhevsky 提出了一种深度学习模型 AlexNet，该模型在 ImageNet 图像识别比赛中获得了冠军，并且 AlexNet 无论是在分类的准确率还是在识别的速度上都碾压了亚军模型 SVM（支持向量机）。正是因为 AlexNet 的优秀表现引起了学术界和工业界众多学者的目光，至此人工智能进入了爆发期。在这次爆发期中，深度学习相关技术得到了快速发展并且快速地被应用到各个领域。

2014 年，Facebook 基于深度学习技术的 DeepFace 项目，在人脸识别方面的准确率已经能达到 97%以上，跟人类识别的准确率几乎没有差别。

2016 年，谷歌公司开发的 AlphaGo 系统以 4∶1 击败了来自于韩国的国际顶尖围墙高手李世石。这次世纪之战掀起了全球的人工智能高潮，随后越来越多的国家开始制定人工智能发展战略，布局人工智能相关产业。

1.1.2　深度学习应用领域

深度学习技术（卷积神经网络）最早在图像识别领域被证明是一项有效的技术，在随后的短短几年内，研究者把该技术推广到了人工智能的各个领域。如今，深度学习在图像识别、目标检测、自然语言处理、智能医疗、智慧城市等各个领域均有应用。

1. 计算机视觉

计算机视觉是人工智能领域的一个重要分支，是一门研究如何使机器“看”的科学，更进一步地说，就是指用摄影机和计算机代替人眼对目标进行识别、跟踪和测量等机器视觉，并进一步做图像处理，用计算机处理成为更适合人眼观察或传送给仪器检测的图像。

深度学习最早是在计算机视觉领域中实现了突破，并首先应用在计算机视觉三大任务中的图像分类任务。2012 年，深度学习模型 AlexNet 赢得了 ImageNet 图像分类任务的冠军，至此深度学习开始受到各界的广泛关注。在之后几年的 ImageNet 图像分类任务比赛中，深度学习的错误率（见图 1-1）越来越低，这进一步证明了深度学习技术的有效性。在 2011 年，ImageNet 图像分类任务冠军使用的是传统算法，Top5 的最低错误率高达 25.8%。2012 年，随着深度学习技术的引入，错误率降低到了 16.4%。随着深度学习技术的发展，学者提出了各种各样的深度学习模型，图像分类的错误率从 16.4%降低到 3.57%，而 3.57%的错误率已经远远低于人类 5.1%的错误率。

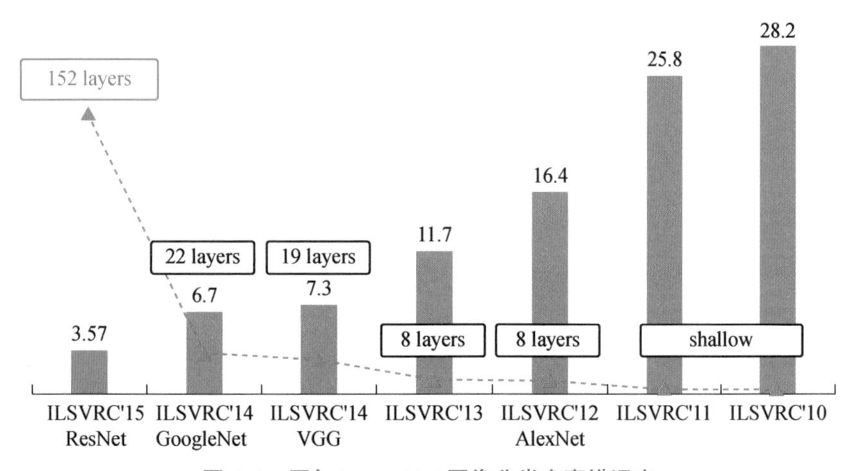

图 1-1　历年 ImageNet 图像分类竞赛错误率

深度学习技术在图像分类任务的成功应用，使研究者开始将深度学习技术引入计算机视觉的目标检测任务中。目标检测也称为物体检测，该任务需要识别图像中存在的物体及给出这些物体在图像中的位置。相较于图像分类给出的物体类别，目标检测不仅需要给出图像中各个物体的类别信息，还需要为各个物体输出对应的坐标信息，如图 1-2 所示。可以说，目标检测任务比图像分类任务更难更复杂。

图 1-2 目标检测

在传统目标检测算法框架中，一般分为三个阶段：候选区域生成、特征提取、分类器分类。在传统检测算法框架中，特征提取是非常重要的一步，特征提取的好坏会直接影响到最终检测结果的准确性。早期，研究者只能针对某种特定的任务进行人工设计特定的特征提取方法。对不同的目标或者同一目标的不同形态，需要设计不同的特征提取算法。由于人工设计特征提取算法时无法考虑到所有目标及目标的所有形态，因此人工设计特征提取算法的鲁棒性较差。

随着深度学习技术的发展，学者发现深度学习模型生成的特征的鲁棒性要远远优于人工设计的特征。从 2014 年到 2020 年，各类基于深度学习的检测框架被不断提出，如二阶段目标检测算法、一阶段目标检测算法等。目标检测技术不断发展，各个检测框架在目标检测数据集 VOC 或者 COCO 上的检测平均精度也大幅度提升。图 1-3 所示为目标检测技术发展过程。

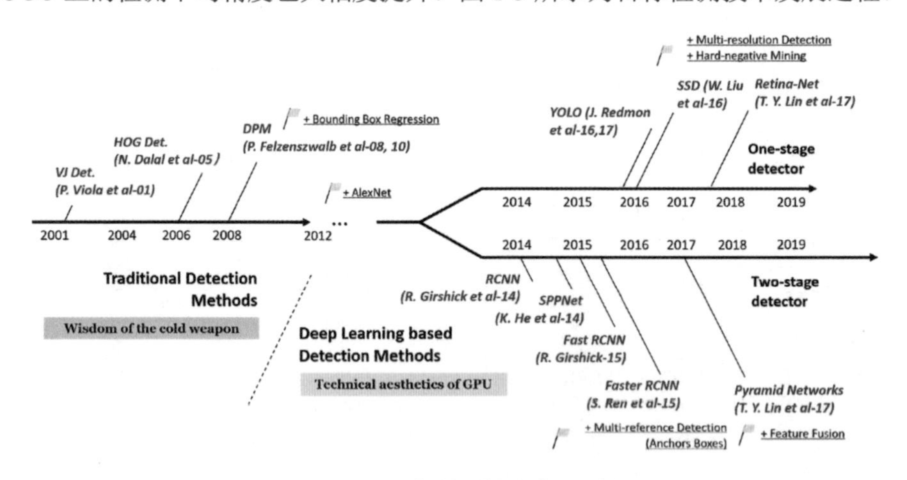

图 1-3 目标检测技术发展历程

2. 自然语言处理

自然语言处理是人工智能领域的另一个重要分支，是一门研究如何让计算机能理解和处理人类语言的科学，如果说计算机视觉是赋予机器的感知能力，那么自然语言处理则是赋予机器认知的能力。自然语言处理技术主要包括了语义理解技术和语言生成技术。使用自然语言处理技术去解决某一问题的基本过程包括获取语料、语料预处理、特征工程、任务建模过程。语料指的是语言材料，是语料库的基本单元。语料库的建立是自然语言处理技术中非常重要的一步。在自然界中可以用不同的词去描述同一个物体，不同的词虽然是在描述同一个物体，对人类的理解和处理是容易的，但计算机理解和处理方法，与人类有着天壤之别，语料库的建立就是为了解决该问题。

自然语言处理技术中处理的数据不再是图像而是一句话，即序列数据。模型的输出不仅仅与当前时刻的输入相关，还可能和过去一段时间内的输出也相关。因此应用在计算机视觉中的卷积神经网络不再适用于自然语言处理中。为了解决自然语言处理中存在的问题，科学家提出了另外一种神经网络，称为循环神经网络。

循环神经网络在传统的神经网络中加入了短时记忆能力。循环神经网络模型如图 1-4 所示。从图中可知，可以将序列中的不同时刻（$X_0,X_1,X_2,\cdots,X_t$）依次输入到循环神经网络，也可以在不同的时刻（$h_0,h_1,\cdots,h_t$）输出。循环神经网络的应用非常广泛，如语音识别、看图说话、视频预测、机器翻译等。

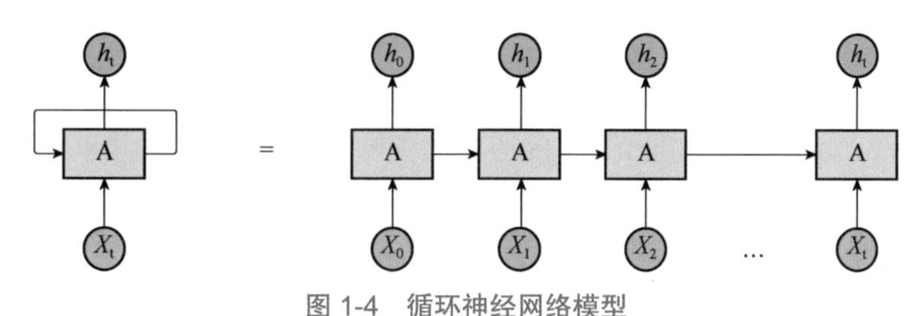

图 1-4　循环神经网络模型

任务 1.2　认识深度学习框架

【任务描述】

了解不同的深度学习框架特点。

【任务分析】

为了进行人工智能应用开发，同学们需要选择一个合适的深度学习框架，了解不同深度学习框架的优缺点。

【知识准备】

1.2.1　深度学习框架发展历程

1. 上古时期

在 21 世纪之前，存在一些可以用于开发深度学习框架的工具，如 MATLAB、OpenNN、

Torch 等，但是它们都存在各种各样的问题。这些工具不是专门为神经网络模型开发定制的，如拥有复杂的用户 API、缺乏 GPU 支持等。在此期间，神经网络开发者使用原始的深度学习框架时不得不做很多繁重的工作。

2. 青铜时期

2012 年，多伦多大学的 Alex Krizhevsky 提出了一种深度神经网络架构，即 AlexNet，一举赢得了 ImageNet 图像分类冠军，从此越来越多的机构加入了研究深度学习技术的大军中。也正是同一时期，一些早期深度学习框架，如 Caffe、Chainer 和 Theano 等框架应运而生。与上古时期的深度学习开发工具相比，该时期的用户使用这些框架可以更加方便地建立深度神经网络模型，如卷积神经网络模型、循环神经网络模型等。同时，这些框架支持多 GPU 训练，使得模型训练的时间可以大幅度地降低。其中，Caffe 和 Theano 采用声明式编程风格，而 Chainer 采用命令式编程风格。两种编程风格为后续新的深度学习框架设定了两种不同的开发方式，不过随着深度学习框架的不断发展，大部分框架都开始支持命令式编程风格。

3. 铁器时期

在 2015—2016 年期间，全球几大科技公司都推出了属于自己的深度学习框架。其中谷歌公司推出了 TensorFlow 框架，它是目前全球最为流行的深度学习框架。Caffe 框架的作者加入 Facebook 后推出了第二代 Caffe 框架，称为 Caffe2，同时 Facebook 还推出了另外一个至今都非常流行的深度学习框架 PyTorch。微软推出了 CNTK 深度学习框架。华盛顿大学、卡内基梅隆大学和其他机构推出了 MxNet 框架，后续由亚马逊公司负责该框架的维护和升级。

4. 工业期

2016 年之后，由于 PyTorch 的易用性吸引了全球无数深度学习开发者的注意力，越来越多的机构或者开源项目选择使用 PyTorch。PyTorch 的地位逐渐在学术界超过了 TensorFlow，不过 TensorFlow 依旧牢牢把握着工业界的优势地位。2016 年到 2020 年之间，PyTorch 和 TensorFlow 几乎同时垄断着工业界和学术界。直到 2020 年之后，谷歌开始考虑 TensorFlow 的易用性，开始将 Keras 框架集成到 TensorFlow 中，发布了 TensorFlow 2.0 深度学习框架，该框架不仅仅具有 TensorFlow 1.x 的优点，同时还具有易用性的特点。

1.2.2 TensorFlow

2015 年 11 月，Google 正式发布了 TensorFlow 的白皮书并开源 TensorFlow 1.0 版本。2015 年到 2019 年期间，TensorFlow 发布了多个版本，成为了深度学习开发中最受欢迎的框架。但是由于代码设计的历史原因、API 混乱及上手难度大等原因，TensorFlow 也遭受了不少开发者的诟病。Google 为了解决 TensorFlow1.x 存在的问题，花了 7 个多月的时间在 2019 年 10 月发布了全新的 TensorFlow 2.0 平台。Google 从易用、强大和可扩展 3 个层面对 TensorFlow 进行了重新设计。尤其在易用性方面，TensorFlow2.0 提供了更简化的 API、集成了 Keras 和默认使用 Eager 模式。

可以说，简化 API 提高易用性是 TensorFlow 2.0 的主要任务，主要进行了如下更新：

● 默认使用 Keras 和 Eager 模式，可以轻松建立模型并执行。

● 可以在任何的平台上实现生产环境的模型部署。

● 为学术研究提供强大的实验工具。

● 删除不推荐使用的 API，减少了 API 的冗余。

TensorFlow 2.0 在保留 1.x 版本的高性能的优点下，同时兼顾了易用性。

1.2.3 Caffe

Caffe（Convolutional Architecture for Fast Feature Embedding）是贾扬清在伯克利攻读博士期间发布的一款基于 C++的深度学习框架。由于 Caffe 清晰、高效，因此在深度学习中被广泛使用，用户逐渐形成了一个开源社区，一些重要的研究成果被引入 Caffe 中。Caffe 无论在结构、性能上，还是在代码质量上，都是一款非常出色的开源框架。它将深度学习的每一个细节都原原本本地展现出来，大大降低了人们学习、研究和开发的难度。Caffe 的特点介绍如下。

● 易用性：模型与相应优化都以文本形式而非代码形式给出。

● 效率高：能够运行最棒的模型与海量的数据。

● 模块化：方便扩展到新的任务和设置上。可以使用 Caffe 提供的各层类型来定义自己的模型。

● 开放性：公开的代码和参考模型用于再现。

1.2.4 PyTorch

PyTorch 是一个用 Python 开发的开源机器学习库，于 2019 年发布。它用于自然语言处理等应用程序。它最初由 Facebook 人工智能研究小组开发。最初，PyTorch 由 Hugh Perkins 开发，作为基于 Torch 框架的 LusJIT 的 Python 包装器，有两个 PyTorch 变种。PyTorch 在 Python 中重新设计和实现了 Torch，同时与后端代码共享相同的核心 C 库。PyTorch 开发人员调整了这个后端代码，以便有效地运行 Python。他们还保留了基于 GPU 的硬件加速及基于 Lua 的 Torch 的可扩展性功能。PyTorch 的特点介绍如下。

● 易用性：PyTorch 提供易于使用的 API，因此，它在 Python 上运行，操作非常简单。这个框架中的代码执行非常简单。

● 动态图：PyTorch 提供了一个计算动态图的出色平台。因此，用户可以在运行时更改它们。

● 扩展性：PyTorch 提供了丰富的深度学习预训练模型，开发者可以在此基础上快速开发自己的项目。

1.2.5 不同框架的对比

随着人工智能技术的不断发展，全球科技公司都在人工智能领域布局属于自己公司的深度学习框架。如图 1-5 所示，在 GitHub 上目前 TensorFlow 无论从 Start 次数还是 Gontributors 全球代码贡献者的数量上看都是远超其他框架的。

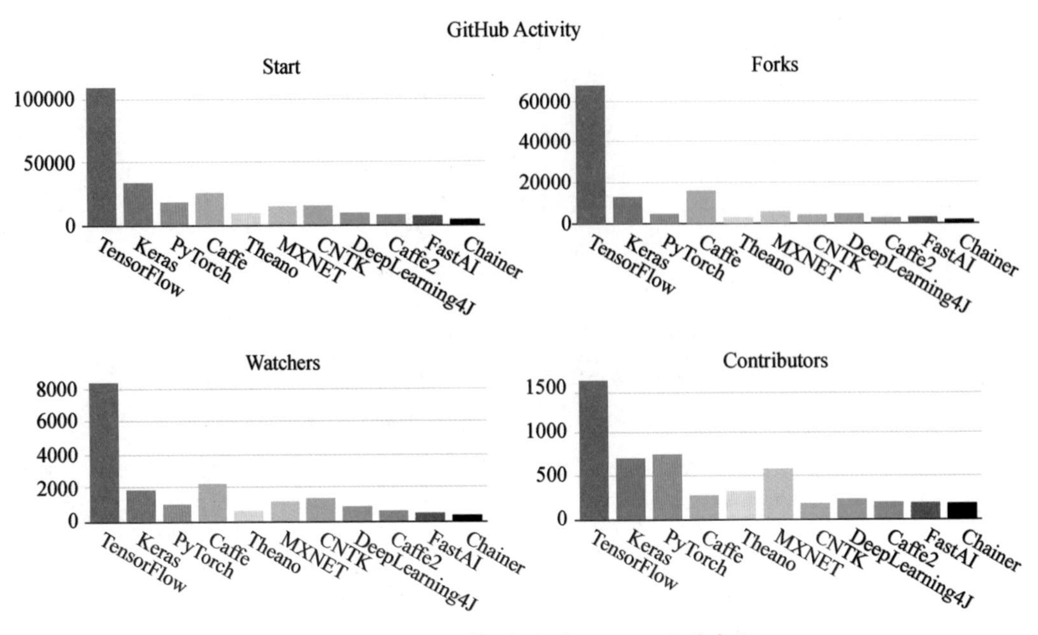

图 1-5 不同深度学习框架在 GitHub 上的表现

任务 1.3 搭建深度学习开发环境

【任务描述】

基于 Windows 的 TensorFlow 深度学习开发环境的安装。

【任务分析】

本次任务同学们要学习在 Windows 下安装基于 TensorFlow 2.0 的开发环境，主要涉及 Python 管理工具 Anaconda、深度学习框架 TensorFlow 2.0、Python 编译器 PyCharm 的安装。

【知识准备】

1.3.1 Anaconda 安装

1. Anaconda简介

Anaconda 是一个基于 Python 的环境管理工具。在 Anaconda 的帮助下，开发者能够更容易地处理不同项目下对软件库甚至是 Python 版本的不同需求。

Anaconda 包含 Conda、Python 和超过 150 个科学相关的软件库及其依赖。Conda 是一个包管理工具。Anaconda 是一个非常大的软件，因为它包含了非常多的数据科学相关的库。

2. Anaconda下载

Anaconda 可以从官方网站（https：//www.anaconda.com/）下载，也可以通过清华大学的镜像站点（https：//mirrors.tuna.tsinghua.edu.cn/anaconda/archive/）下载。在国内，一般通过清华大学的镜像下载会比从官方网站下载速度会快很多，所以推荐读者采用后者的方式下载。

打开清华大学镜像网站，选择“Anaconda3-5.3.1-Windows-x86_64.exe”版本，如图 1-6 所示。

Anaconda3-5.3.0-Linux-x86_64.sh	636.9 MiB	2018-09-28 06:43
Anaconda3-5.3.0-MacOSX-x86_64.pkg	633.9 MiB	2018-09-28 06:43
Anaconda3-5.3.0-MacOSX-x86_64.sh	543.6 MiB	2018-09-28 06:44
Anaconda3-5.3.0-Windows-x86.exe	508.7 MiB	2018-09-28 06:46
Anaconda3-5.3.0-Windows-x86_64.exe	631.4 MiB	2018-09-28 06:46
Anaconda3-5.3.1-Linux-x86.sh	527.3 MiB	2018-11-20 04:00
Anaconda3-5.3.1-Linux-x86_64.sh	637.0 MiB	2018-11-20 04:00
Anaconda3-5.3.1-MacOSX-x86_64.pkg	634.0 MiB	2018-11-20 04:00
Anaconda3-5.3.1-MacOSX-x86_64.sh	543.7 MiB	2018-11-20 04:01
Anaconda3-5.3.1-Windows-x86.exe	509.5 MiB	2018-11-20 04:04
Anaconda3-5.3.1-Windows-x86_64.exe	632.5 MiB	2018-11-20 04:04

图 1-6　清华大学镜像站点 Anaconda 版本列表

完成 Anaconda 下载后，双击安装文件，进入如图 1-7 所示的安装欢迎界面。单击“Next”按钮，进入认证许可（License Agreement）界面，接着单击“I Agree”按钮，如图 1-8 所示。

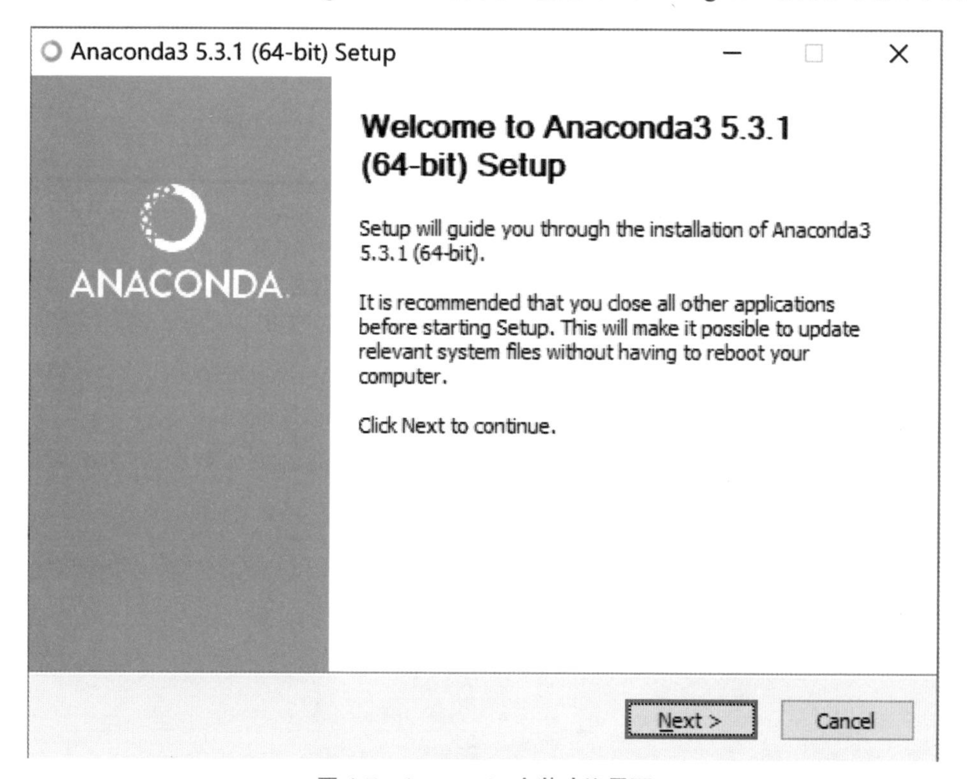

图 1-7　Anaconda 安装欢迎界面

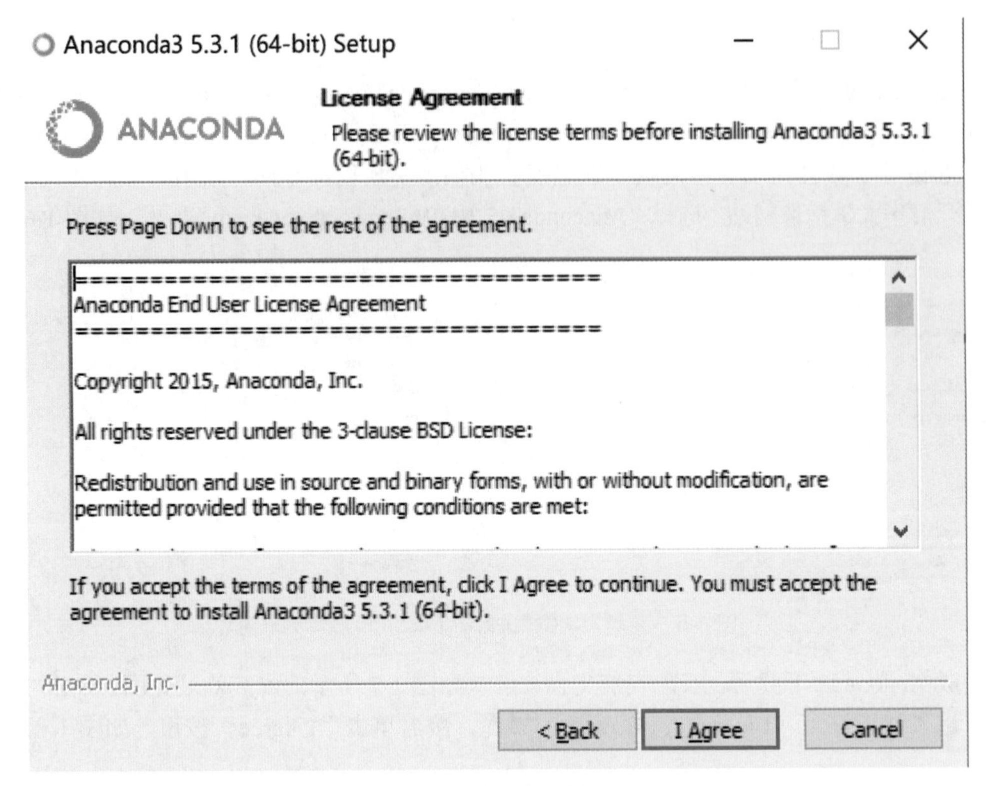

图 1-8　认证许可界面

在安装类型设置（Select Installation Type）界面对话框中，采用默认设置，单击“Next”按钮，如图 1-9 所示。

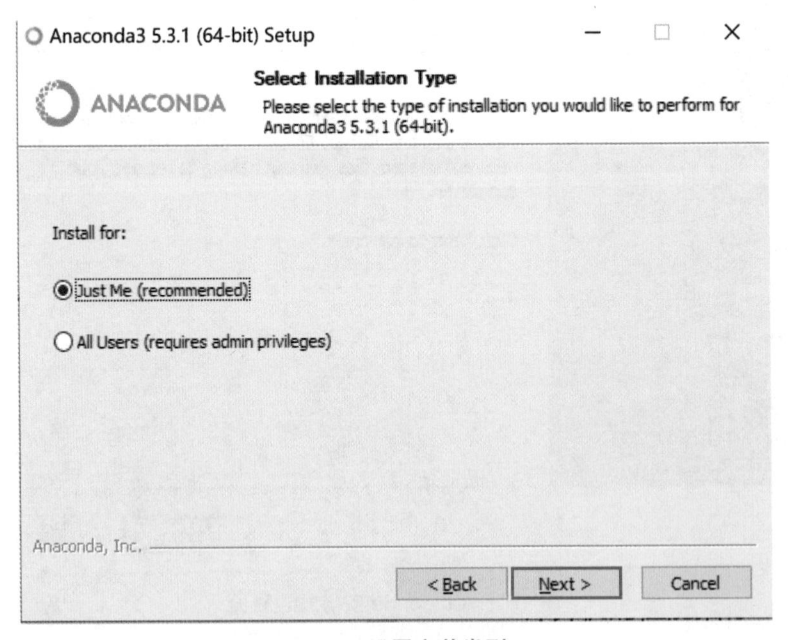

图 1-9　设置安装类型

在安装位置设置（Choose Install Location）对话框中，选择安装 Anaconda 的安装目录，

2 推荐读者安装在非 C 盘，单击“Next”按钮，如图 1-10 所示。

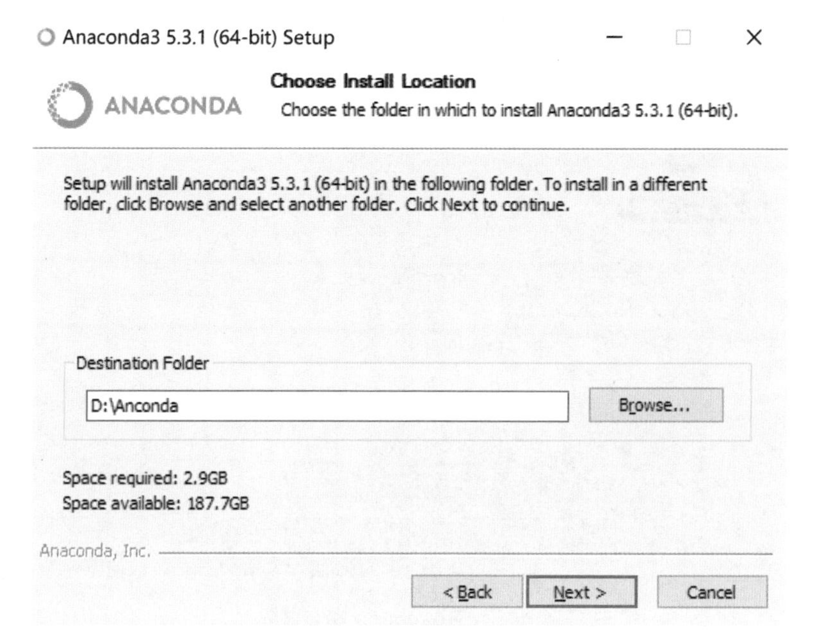

图 1-10　选择安装目录

在高级安装选项设置（Advanced Installation Options）对话框中，把 Anaconda 的 Python 版本设置为 3.7 版本，单击“Install”按钮，如图 1-11 所示。接着系统开始安装 Anaconda，并显示进度条，如图 1-12 所示。

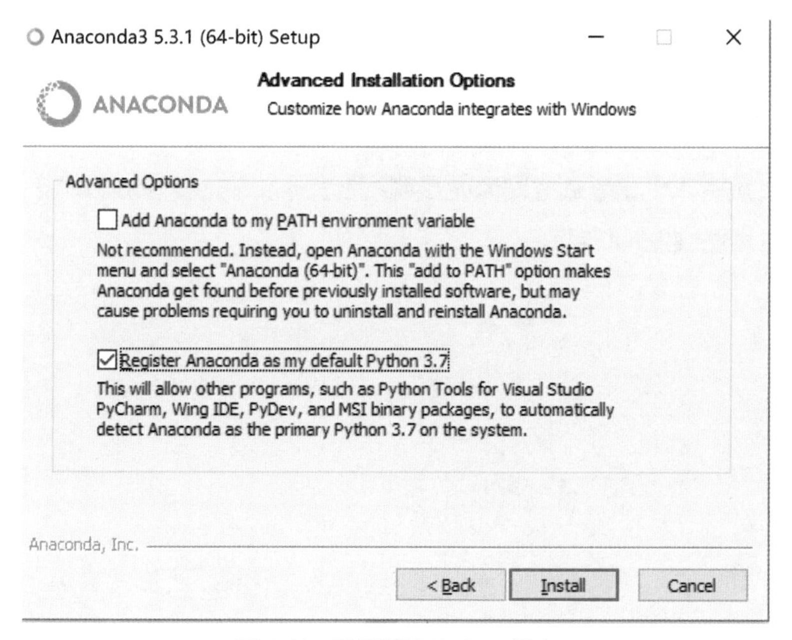

图 1-11　设置默认 Python 版本

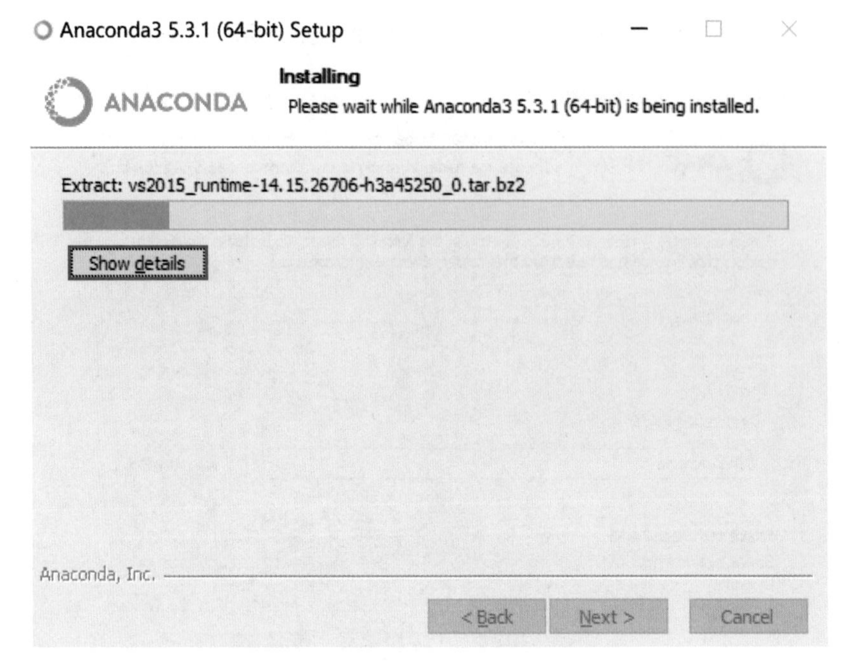

图 1-12　Anaconda 安装过程

等待一段时间后，Anaconda 完成安装，如图 1-13 所示。单击“Next”按钮，出现询问是否安装 Visual Studio Code 编译器界面，单击“Skip”按钮跳过该编译器安装，如图 1-14 所示。接着在弹出的界面中单击“Finish”按钮完成安装，如图 1-15 所示。

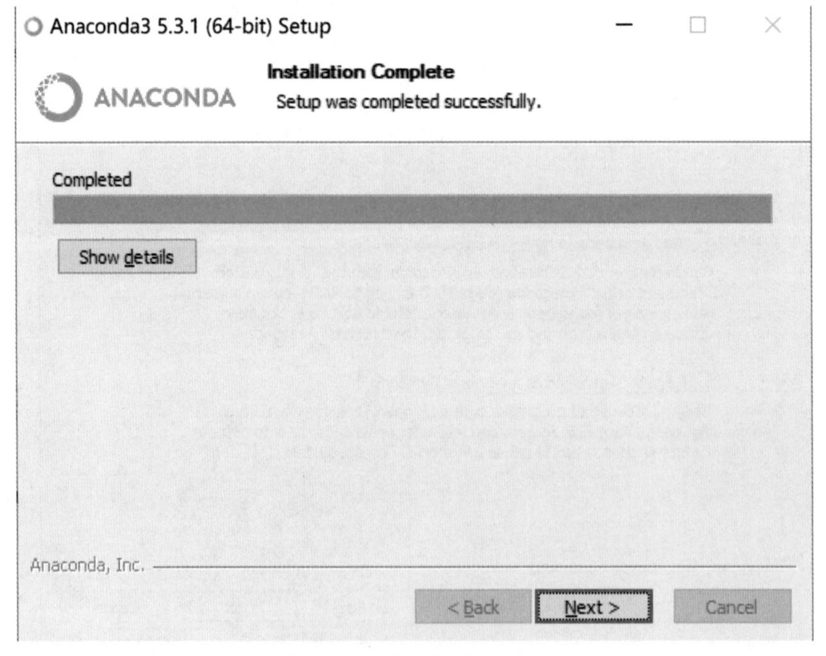

图 1-13　安装完成界面 1

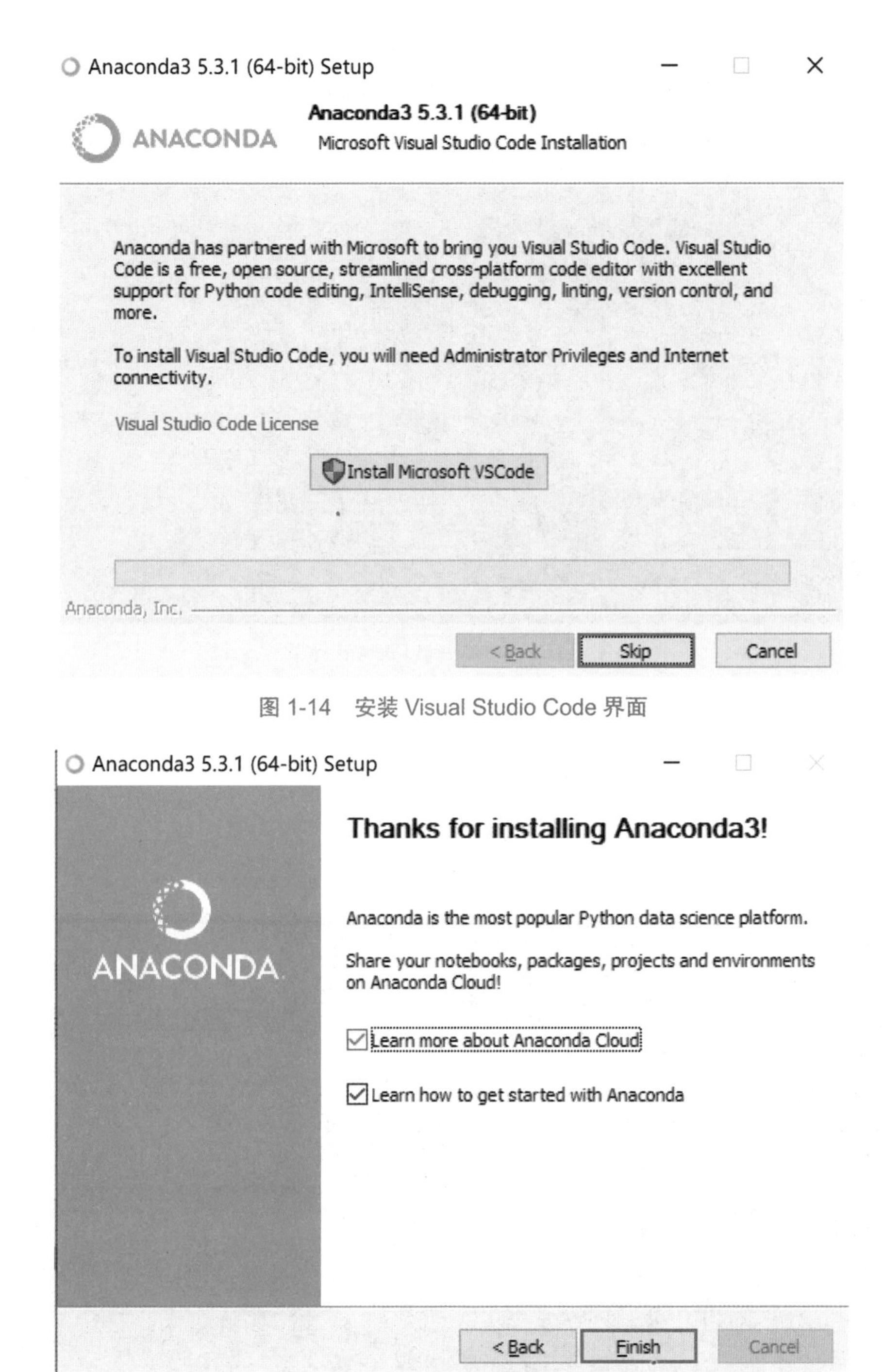

图1-14　安装Visual Studio Code界面

图1-15　安装完成界面2

3. 创建Anaconda虚拟环境

Anaconda 安装完成后，需要创建一个虚拟环境用于管理深度学习开发相关的包。在Windows 搜索栏中搜索 Anaconda Prompt 并单击，界面如图 1-16 所示。

图 1-16　Anaconda Prompt 界面

在 Anaconda Prompt 界面中创建一个名为 cv 的虚拟环境，输入命令“conda create -n cv python=3.7”。如果有的读者要选择其他版本的 Python 可以将 3.7 改为其他版本号。输入命令后界面如图 1-17 所示。

注意，由于 Anaconda 的服务器在国外，因此创建虚拟环境较慢。如果长时间创建不成功，读者可以尝试更换 Anaconda 的源，建议使用清华大学镜像站点源。

```
(base) C:\Users\admin>conda create -n cv python=3.7
Collecting package metadata (current_repodata.json): done
Solving environment: done

## Package Plan ##

  environment location: D:\Anconda\envs\cv

  added / updated specs:
    - python=3.7


The following NEW packages will be INSTALLED:

  ca-certificates    anaconda/cloud/conda-forge/win-64::ca-certificates-2020.11.8-h5b45459_0
  certifi            anaconda/cloud/conda-forge/win-64::certifi-2020.11.8-py37h03978a9_0
  openssl            anaconda/cloud/conda-forge/win-64::openssl-1.1.1h-he774522_0
  pip                anaconda/cloud/conda-forge/noarch::pip-20.2.4-py_0
  python             anaconda/cloud/conda-forge/win-64::python-3.7.8-h7840368_2_cpython
  python_abi         anaconda/cloud/conda-forge/win-64::python_abi-3.7-1_cp37m
  setuptools         anaconda/cloud/conda-forge/win-64::setuptools-49.6.0-py37hf50a25e_2
  sqlite             anaconda/cloud/conda-forge/win-64::sqlite-3.33.0-he774522_1
  vc                 anaconda/cloud/conda-forge/win-64::vc-14.1-h869be7e_1
  vs2015_runtime     anaconda/cloud/conda-forge/win-64::vs2015_runtime-14.16.27012-h30e32a0_2
  wheel              anaconda/cloud/conda-forge/noarch::wheel-0.35.1-pyh9f0ad1d_0
  wincertstore       anaconda/cloud/conda-forge/win-64::wincertstore-0.2-py37hc8dfbb8_1005
```

图 1-17　虚拟环境 cv 创建过程

等待一段时间后，虚拟环境 cv 创建成功，界面如图 1-18 所示。每次在使用虚拟环境 cv 之前，都需要在 Anaconda Prompt 中输入命令“conda activate cv”以完成虚拟环境的激活。

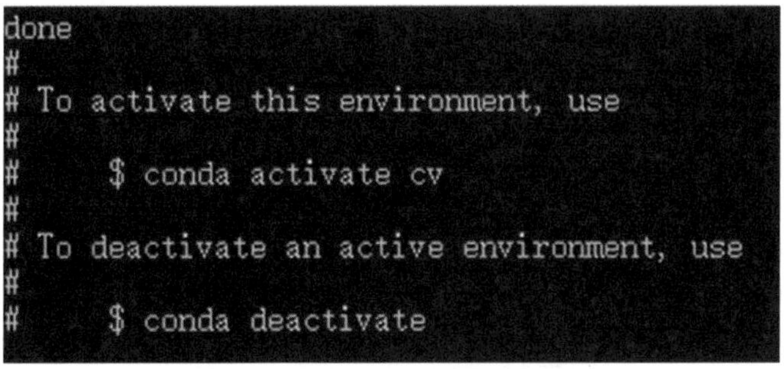

```
done
#
# To activate this environment, use
#
#     $ conda activate cv
#
# To deactivate an active environment, use
#
#     $ conda deactivate
```

图 1-18　虚拟环境 tf2 创建成功界面

输入命令后，进入 cv 虚拟环境，界面如图 1-19 所示。

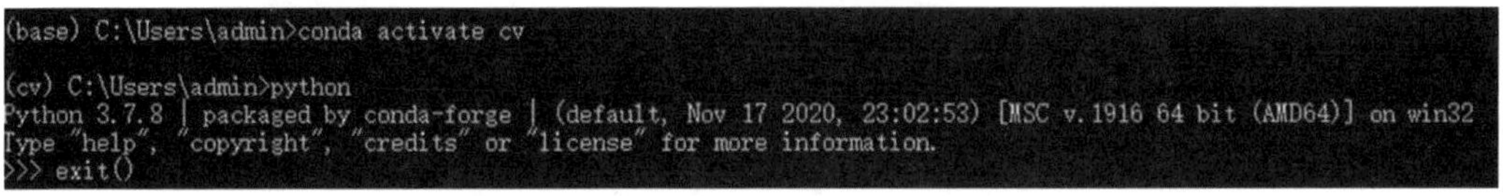

```
(base) C:\Users\admin>conda activate cv

(cv) C:\Users\admin>python
Python 3.7.8 | packaged by conda-forge | (default, Nov 17 2020, 23:02:53) [MSC v.1916 64 bit (AMD64)] on win32
Type "help", "copyright", "credits" or "license" for more information.
>>> exit()
```

图 1-19　cv 虚拟环境

4. 安装深度学习开发环境相关软件包

执行如下命令，安装 TensorFlow、Matplotlib、OpenCV-Python 库。

```
pip install tensorflow==2.4.0
pip install matplotlib
pip install opencv-python
```

其中 TensorFlow 2.0 的安装过程界面如图 1-20 所示。

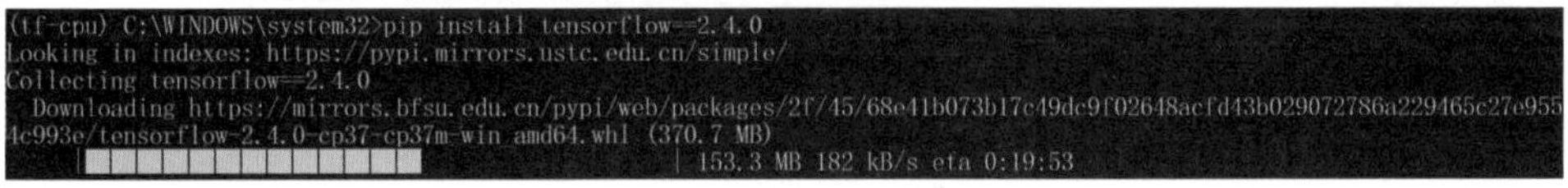

```
(tf-cpu) C:\WINDOWS\system32>pip install tensorflow==2.4.0
Looking in indexes: https://pypi.mirrors.ustc.edu.cn/simple/
Collecting tensorflow==2.4.0
  Downloading https://mirrors.bfsu.edu.cn/pypi/web/packages/2f/45/68e41b073b17c49dc9f02648acfd43b029072786a229465c27e955
4c993e/tensorflow-2.4.0-cp37-cp37m-win_amd64.whl (370.7 MB)
     |█████████████             | 153.3 MB 182 kB/s eta 0:19:53
```

图 1-20　TensorFlow 2.0 安装过程

注意，pip 的服务器在国外，因此下载速度较慢，建议读者在安装相关库之前修改 pip 源，推荐使用中科大源。

1.3.2　PyCharm 安装

1. PyCharm简介

PyCharm 是一种 Python IDE，其带有一整套可以帮助用户在使用 Python 语言开发时提高其效率的工具，比如， 调试、语法高亮、Project 管理、代码跳转、智能提示、自动完成、单元测试、版本控制等。正是因为 PyCharm 提供的丰富功能，让它成为了目前深度学习中最受欢迎的开发编译器之一。

PyCharm 支持 Windows、macOS 和 Linux 三种操作系统，并且每种操作系统都提供专业版和社区版。社区版是免费试用的，对于刚开始入门的读者，社区版的功能就足够了。

2. PyCharm下载

Windows 版的 PyCharm 下载地址为 https://www.jetbrains.com/pycharm/download/#section=

windows，界面如图 1-21 所示。

图 1-21　PyCharm 下载界面

3．安装PyCharm

下载后双击下载文件开始安装 PyCharm 软件，首先进入安装欢迎界面，如图 1-22 所示，单击“Next”按钮。在弹出的安装路径选择对话框中，选择安装路径，建议安装在非 C 盘，接着单击“Next”按钮，如图 1-23 所示。

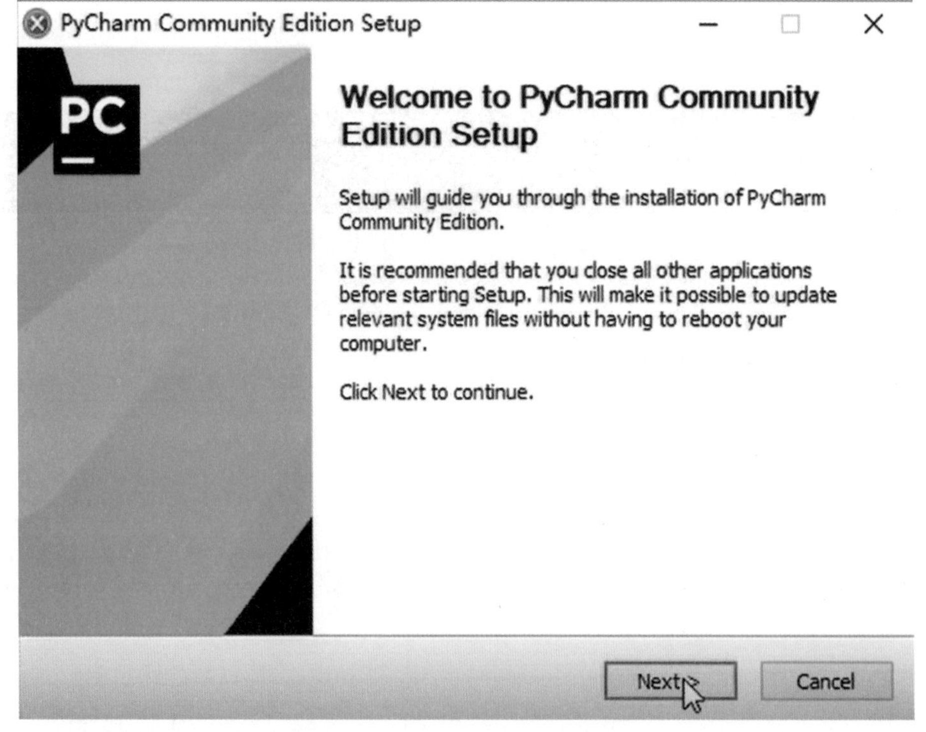

图 1-22　PyCharm 安装欢迎界面

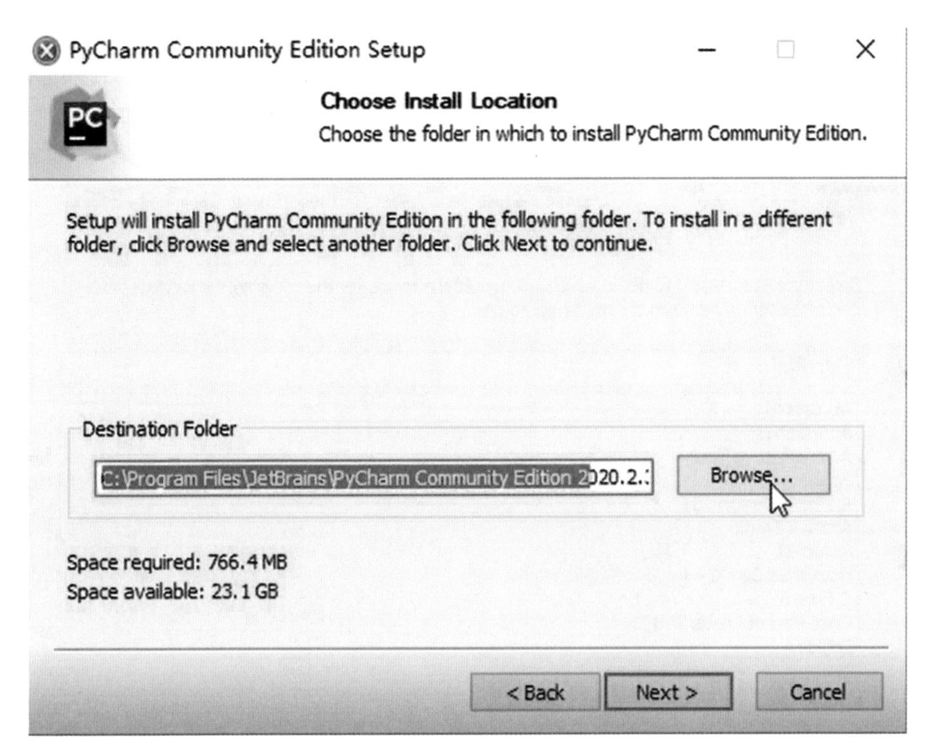

图 1-23　PyCharm 安装路径选择

在安装选项设置对话框中，读者根据自己计算机的配置情况，选择 32 位或者 64 位，单击“Next”按钮，如图 1-24 所示。

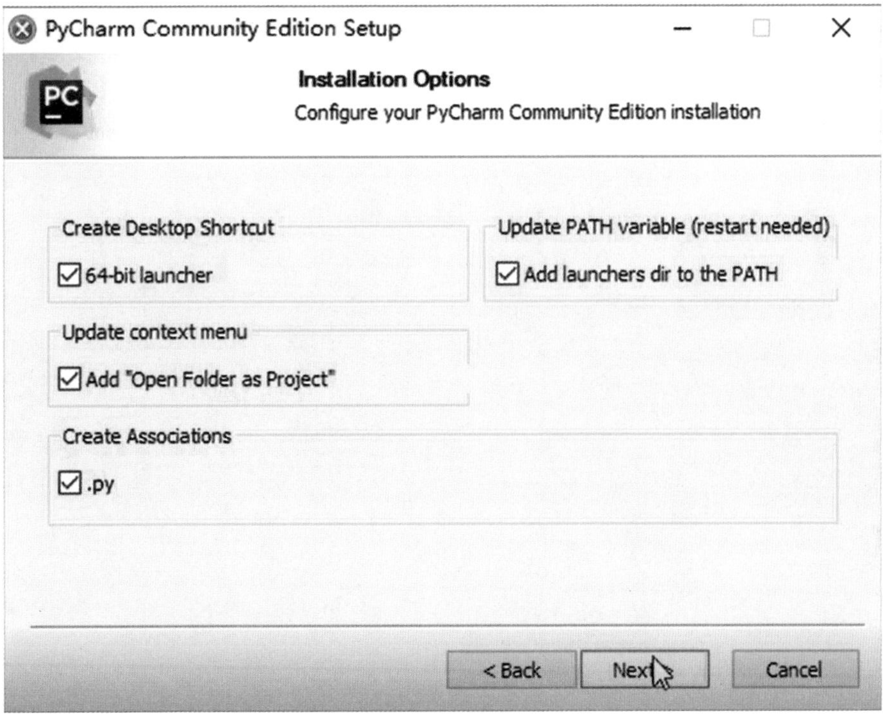

图 1-24　安装选项设置

在开始菜单文件夹选择对话框中，保持默认选择，单击“Install”按钮，如图 1-25 所示。

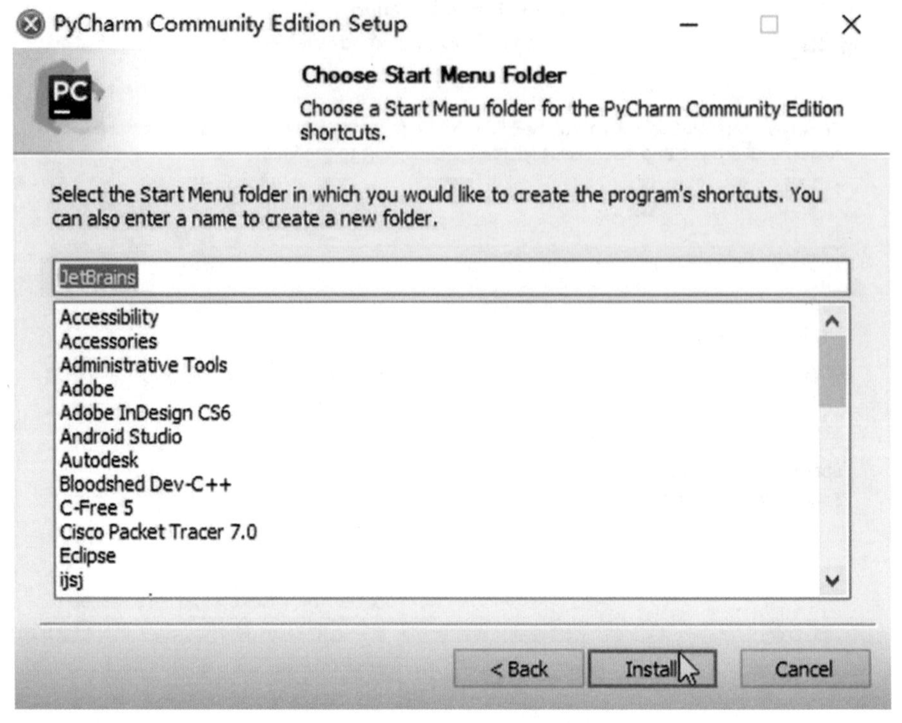

图 1-25　开始菜单文件夹设置

PyCharm 软件安装过程界面如图 1-26 所示。

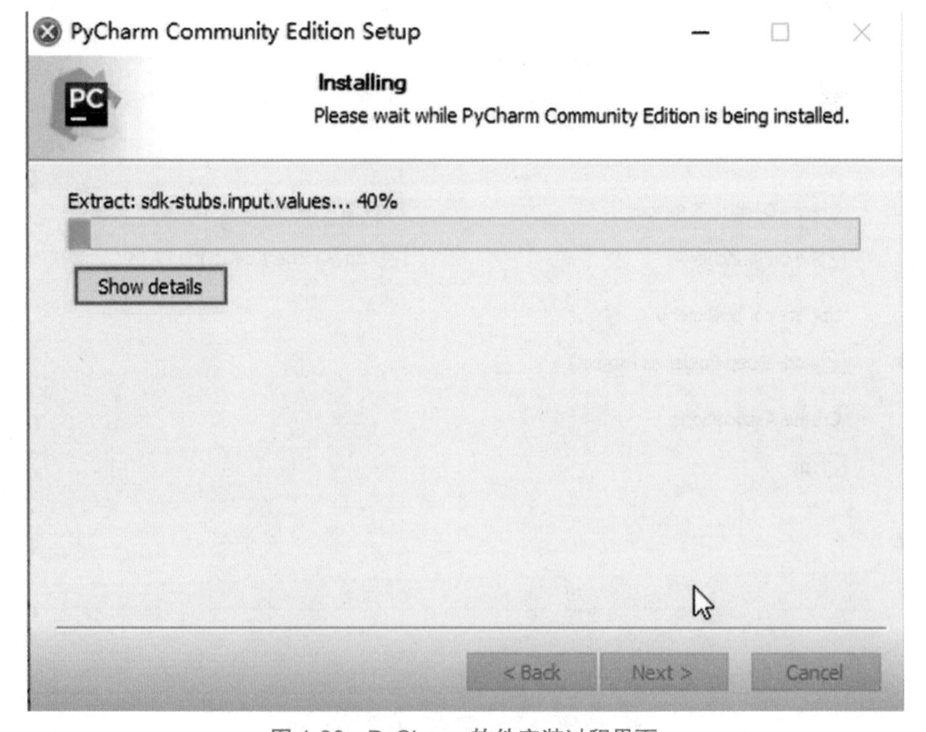

图 1-26　PyCharm 软件安装过程界面

完成安装后，会弹出如图 1-27 所示的界面，单击“Finsh”按钮完成安装。

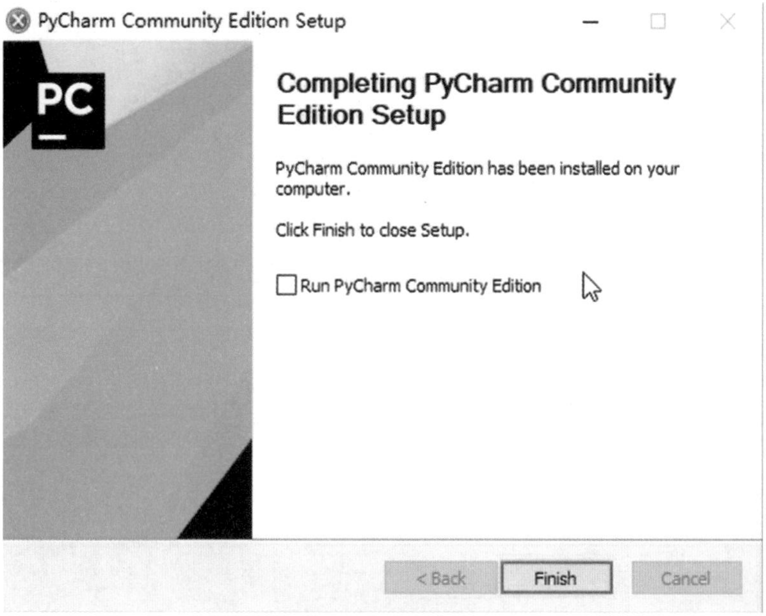

图 1-27　安装完成界面

1.3.3　PyCharm 加载 Anaconda 虚拟环境

在使用 PyCharm 进行深度学习项目开发之前，需要将前面创建的 Anaconda 虚拟环境 cv 加载到 PyCharm 中，即设置 PyCharm 的 Python 解释器为虚拟环境 cv 中的 Python 解释器。

打开 PyCharm 软件，创建一个新的工程，选择“Existing interpreter”，界面如图 1-28 所示。

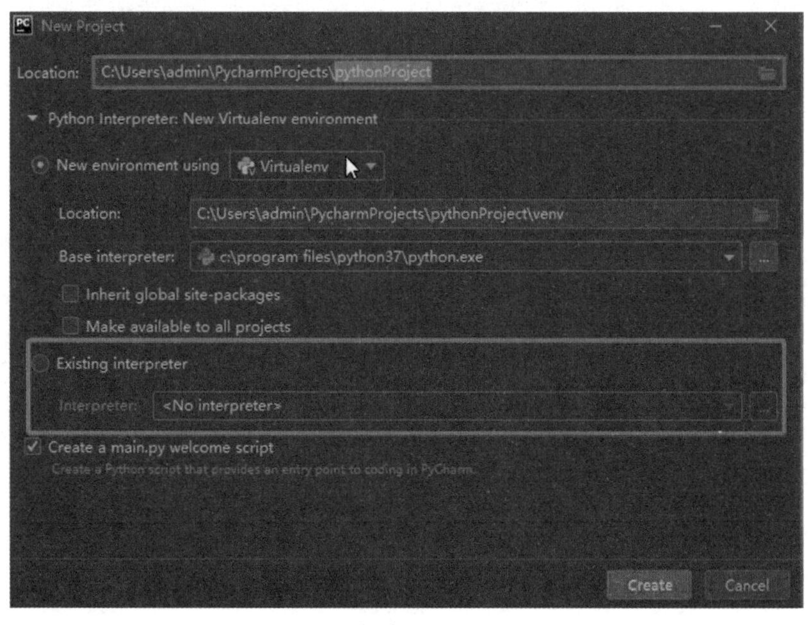

图 1-28　创建 PyCharm 工程

接着单击右边的“...”按钮，进入选择解释器界面，如图 1-29 所示。

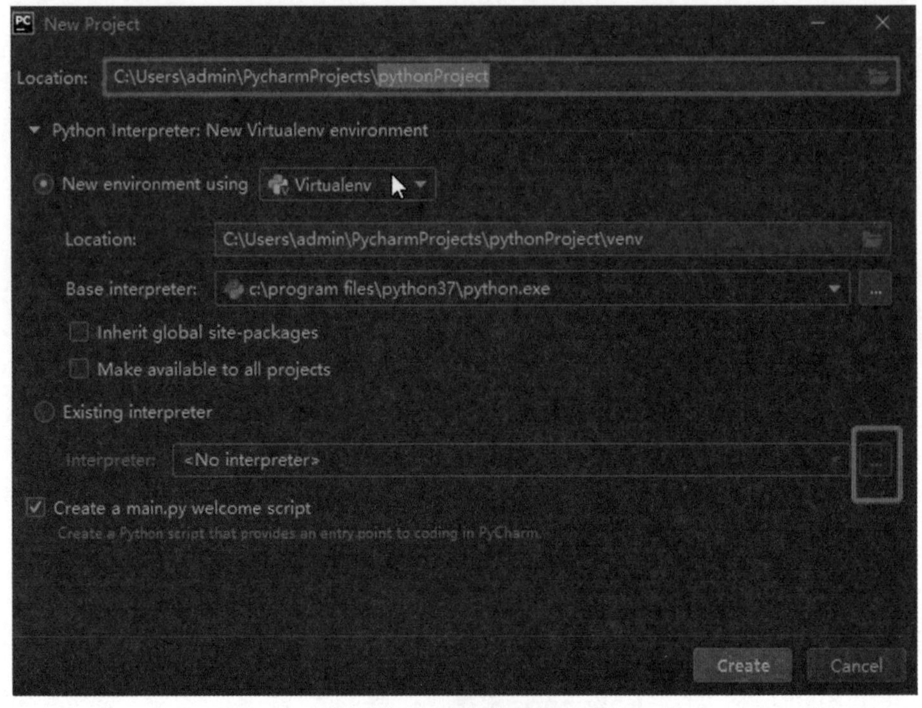

图 1-29 选择解释器界面

单击“Conda Environment”选项，进入 Conda 环境下的选择 Python 解释器界面，如图 1-30 所示。

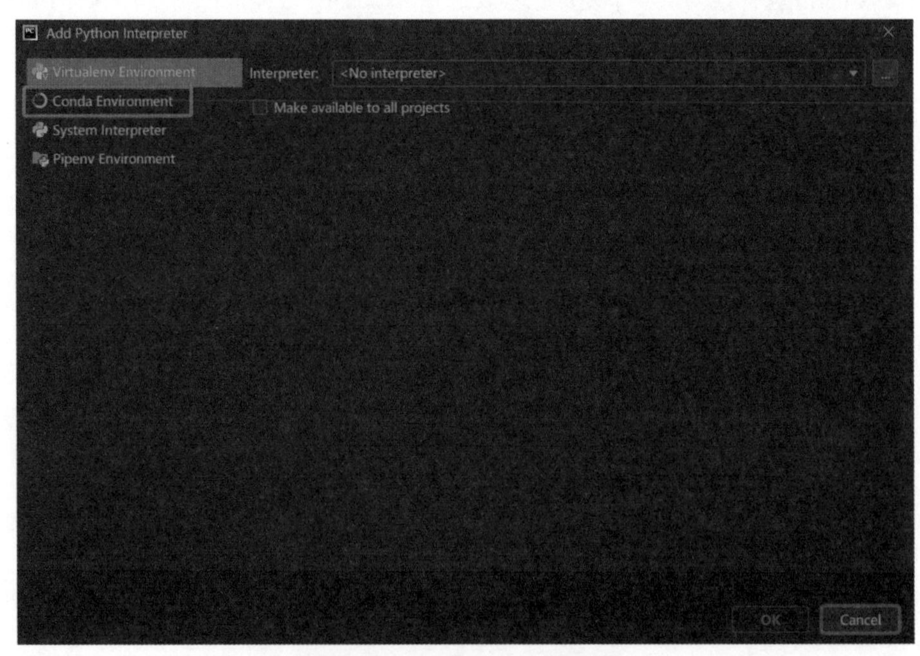

图 1-30 选择 Conda 环境界面

单击右边的“…”按钮，进入选择解释器界面，如图 1-31 所示。

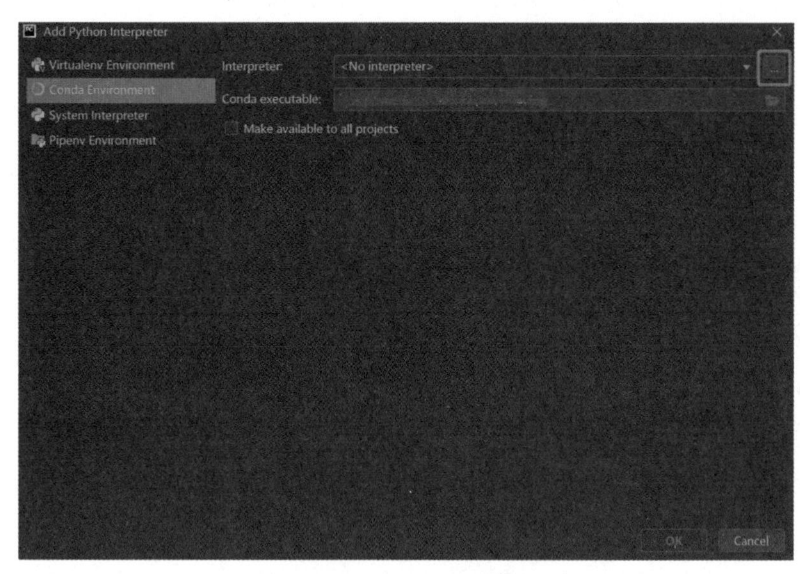

图 1-31　进入选择解释器界面

读者根据安装的 Anaconda 的路径，定位到 Anaconda 文件夹，在该文件夹下找到 envs 文件夹。在 envs 文件夹下存在一个 tf-cpu 的文件夹，单击该文件夹，找到该文件夹下的 python.exe 文件，选择该文件，单击“OK”按钮完成解释器的选择，如图 1-32 所示。

选择完 Python 解释器之后，回到如图 1-33 所示界面，单击“OK”按钮。

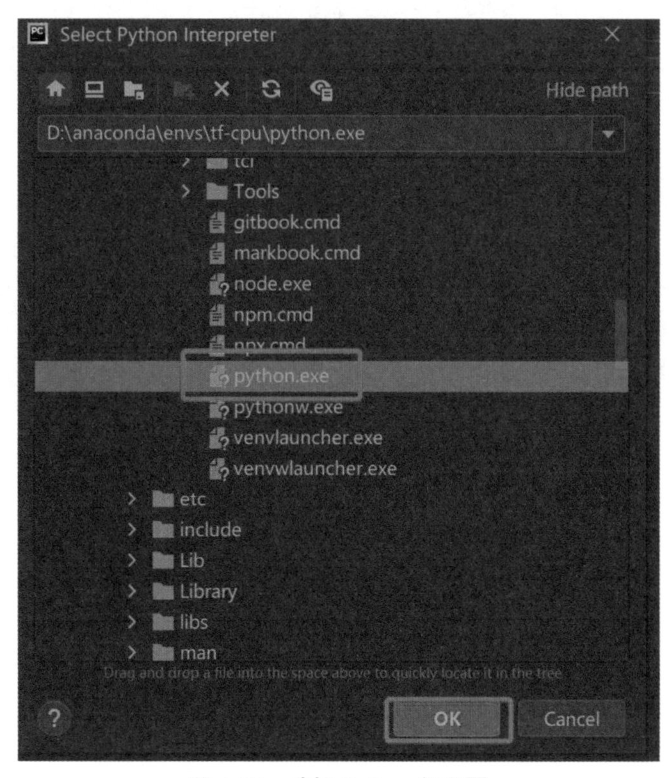

图 1-32　选择 Python 解释器

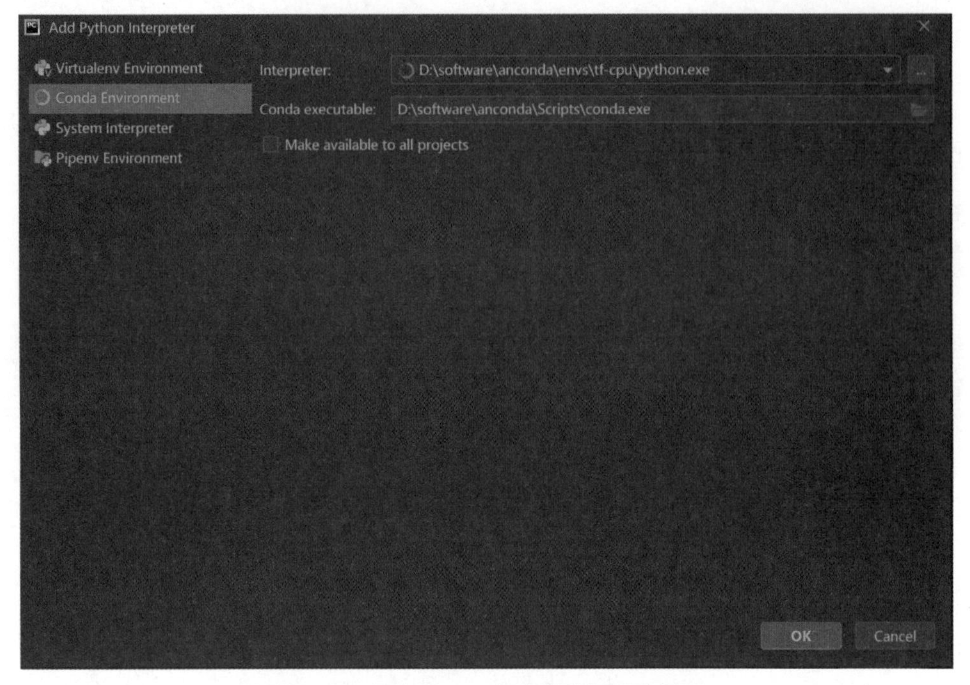

图 1-33　完成 Python 解释器选择后的界面

最终可以在"Interpreter"处看到已经成功导入了 cv 虚拟环境的 Python 解释器，如图 1-34 所示。

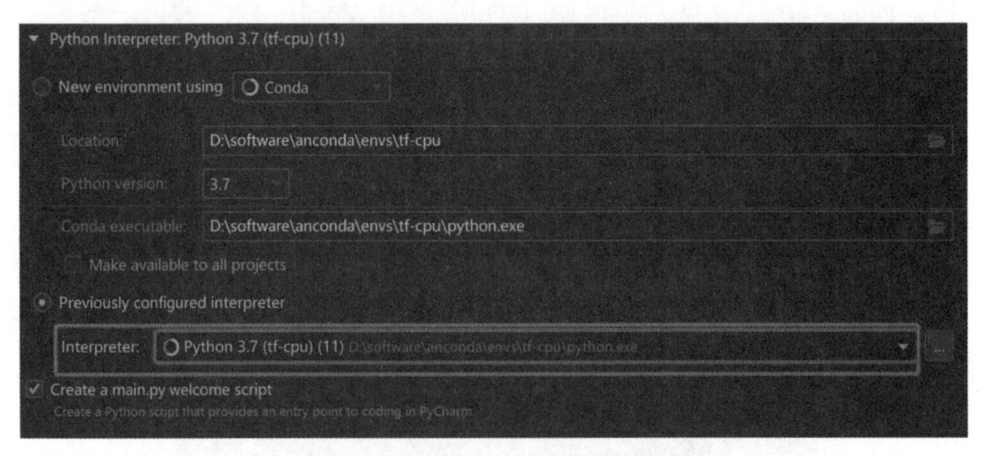

图 1-34　导入 Python 解释器成功界面

项目考核

一、选择题

1．AI 的英文缩写是（　　）。

A．Automatic Intelligence　　B．Artifical Intelligence

C．Automatic Information　　D．Artifical Information

2．被誉为"人工智能之父"的科学家是（　　）。

A．明斯基　　B．图灵　　C．麦卡锡　　D．冯·诺依曼

3．最早的聊天机器人之一、最早通过图灵测试的程序是（　　）。

A．Dendral　　B．ELIZA　　C．Xcon　　D．Deepblue

4．（　　）是人工智能的基础。

A．地理学　　B．数学　　C．经济学　　D．计算机科学

5．第一例专家系统是在（　　）领域发挥作用的。

A．化学　　B．生物　　C．数学　　D．物理

6．循环神经网络的应用非常广泛，以下（　　）不是循环神经网络的应用。

A．语音识别　　B．看图说话　　C．视频预测　　D．垃圾分类

7．下面不属于人工智能研究的基本内容的是（　　）。

A．机器感知　　B．机器学习　　C．自动化　　D．机器思维

8．下列选项中，（　　）不是人工智能的研究领域。

A．机器证明　　B．模式识别　　C．人工生命　　D．编译原理

9．1997年5月，在著名的“人机大战”中，计算机最终以3.5比2.5的总比分将世界国际象棋棋王卡斯帕罗夫击败，这台计算机被称为（　　）。

A．深蓝　　B．IBM　　C．深思　　D．蓝天

10．人工智能的含义最早由一位科学家于1950年提出，并且同时提出一个机器智能的测试模型，请问这个科学家是（　　）。

A．明斯基　　B．扎德　　C．图灵　　D．冯·诺依曼

11．人工智能是一门（　　）。

A．数学和生理学　　B．心理学和生理学

C．语言学　　D．综合性的交叉学科和边缘学科

二、填空题

1．________算法有效解决了非线性分类和学习的问题。

2．Geoffrey Hinton发明的算法引起了________的第二次浪潮。

3．________问题直接阻碍了人工智能的进一步发展，也导致人工智能进入第二次低谷期。

4．________第一次将MCP模型用于机器学习分类，________被证明能够收敛，理论与实践效果引起第一次神经网络的浪潮。

5．AlexNet模型是一种________模型。

6．Facebook基于深度学习技术的DeepFace项目，在人脸识别方面的准确率已经能达到________以上。

7．________是近年来广泛应用于模式识别、图像处理等领域的一种高效识别算法。

8．在传统目标检测算法框架中，一般分为三个阶段：________、特征提取、________。

9．计算机视觉是赋予机器的____________。

10．自然语言处理技术则是赋予机器____________。

11．自然语言技术主要包括了________技术和________技术。

12．使用自然语言处理技术去解决某一问题的基本过程包括________、语料预处理、________、任务建模过程。

13．________是语料库的基本单元。

14．自然语言处理技术中处理的数据不再是图像而是一句话，即________数据。

15．________解决自然语言处理中存在的问题。

三、简答及操作题

1．语料库的建立是为了解决什么问题？

2．安装深度学习的开发环境，拓展学习 Jupyter Notebook 的使用。

项目 2　搭建线性回归模型

项目介绍

本项目首先介绍 TensorFlow 的基本概念，并通过实例讲解 TensorFlow 的张量使用、损失函数与优化器，最后通过房价和人口之间的关系数据搭建和训练一个合适的回归模型，输入人口数量，能够预测输出房价。

任务安排

任务 2.1　认识 TensorFlow 基本概念
任务 2.2　掌握 TensorFlow 基础用法
任务 2.3　搭建线性回归模型

学习目标

✧ 了解 TensorFlow 的基本概念。
✧ 掌握 TensorFlow 的张量使用。
✧ 掌握 TensorFlow 的损失函数与优化器。
✧ 掌握基于 TensorFlow 的线性回归模型的搭建。

任务 2.1　认识 TensorFlow 基本概念

【任务描述】

通过项目 1 的学习，我们已经完成了基于 TensorFlow 的深度学习开发环境的搭建。接下来要开始探索 TensorFlow 的相关知识。

【任务分析】

为了能够熟练使用 TensorFlow 进行深度学习应用开发，首先要掌握 TensorFlow 的基本概念。

【知识准备】

2.1.1 TensorFlow 基本概念

1. 计算图

计算图（Computation Graph）是一个有向图（Directed Graph），是对 TensorFlow 中计算任务的抽象描述，也称为数据流图（Data Flow Graph）。TensorFlow 使用计算图将计算表示成独立的指令之间的依赖关系，在计算图中，节点表示计算单元（即一个独立的运算操作），图中的边表示计算使用或产生的数据，如图 2-1 所示。在 TensorFlow 1.x 版本中，当我们使用 TensorFlow 低级 API 进行编程时，首先需要定义好计算图，接着创建 TensorFlow 会话（Session）来执行计算图。

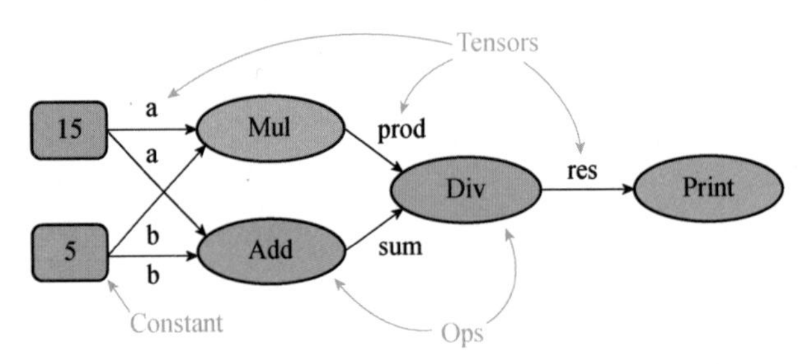

图 2-1 计算图示例

在 TensorFlow 1.x 版本中采用的是静态图机制，需要预先定义好计算图，才可以反复调用它。静态图机制可以高效地训练神经网络，但是也有一个致命的缺点：不易于开发者调试神经网络代码。TensorFlow 2.0 则采用了动态图机制，2.0 版本可以使普通的 Python 程序一样执行 TensorFlow 的代码，再也不需要预先定义好静态图，调试代码也更加容易。TensorFlow 1.x 的静态图机制一直被开发者所诟病，调整为动态图机制是 TensorFlow 2.0 最重大的改进，并且其也提供了一些方法来保留静态图的一些优势。

2. 会话

在 1.x 版本中，会话是客户端程序与 TensorFlow 系统进行交互的接口，开发者定义好的计算图必须在会话中执行。当会话被创建时会初始化一个空的图，客户端程序可以通过会话提供的“Extend”方法向图中添加新的节点来创建计算图，并通过“tf.Session”类提供的“run”方法来执行计算图。大多数情况下只需要创建一次会话和计算图，之后可以在会话中反复执行整个计算图或者其中的某些子图。

TensorFlow 2.0 采用了动态图机制，不需要通过会话来执行计算图，“tf.Session”类被放到了兼容模块“tensorflow.compat.v1”中，该模块中有完整的 TensorFlow1.x 的 API。为了保留静态图的优势，TensorFlow 2.0 提供了“tf.function”方法，使用“tf.function”修饰的 Python 函数，TensorFlow 可以将其作为单个图来运行。

3. 运算操作

计算图中的每一个节点就是一个运算操作（Operation，通常简称 op），每一个运算操作都有一个名称，并且代表了一种类型的抽象运算，例如，“MatMul”代表矩阵的乘法。每个运算操作都可以有自己的属性，但是所有的属性都必须被预先设置，或者能够在创建计算图时根据上下文推断出来。通过设置运算操作的属性可以让运算操作支持不同的张量（Tensor）元素类型，例如，让参与向量加法操作运算的只接受浮点类型的张量。运算核（Kernel）是一个运算操作在某个具体的硬件（比如 CPU 或 GPU）上的实现，在 TensorFlow 中可以通过注册机制加入新的运算操作或者为已有的运算操作添加新的运算核。

4. 张量

张量可以看作是一个多维的数组或列表，它是对矢量和矩阵的更高维度的泛化，张量由“tf.Tensor”类定义。计算图中的一个运算操作可以获得零个或多个张量作为输入，运算后会产生零个或多个张量输出。

张量具有以下两个属性：

- 数据类型：同一个张量中的每个元素都具有相同的数据类型。
- 形状：张量的维数及每个维度的大小。张量的维数及其数学解释如表 2-1 所示。

表 2-1　张量的维数及其数学解释

阶（维数）	数学解释	例　子
0	标量	整数 5
1	向量	列表[1, 3, 4]
2	矩阵	3×3 矩阵
3	3 阶张量	一个 2×2×5 的 3 维张量
n	n 阶张量	一个$D_0 \times D_1 \cdots \times D_{n-1}$的 n 维张量

5. TensorFlow 1.x到 2.x的变化

TensorFlow 1.x 注重效率，但是在易用性方面和其他框架有着一定的差距。TensorFlow 2.0 结合 Keras 和 TensorFlow 1.x 并重新进行设计得到了一个全新的框架，它将重点放在了提升开发人员的效率上，确保 2.0 版本更加简单易用。TensorFlow 2.0 为提升易用性做了很多改进。

（1）取消静态图：在 TensorFlow 2.0 中，将原先 1.x 版本中的静态图模式改为了动态图模式，在该模式下用户能够轻松地编写和调试代码，并且可以使用 Python 的原生语句进行程序条件的控制，相比于 1.x 版本，该版本框架极大地降低了初学者的入门门槛。

（2）取消会话：在 TensorFlow 1.x 中，如果用户想要运行 TensorFlow 程序，需要通过 session.run()的方式进行运算，对于初学者而言，此方式是难以接受的。在 2.x 中由于取消了静态图，因此也不需要通过会话的方式来运行程序。

（3）合并 Keras：在早期，弗朗索瓦•肖莱为了方便自己使用 TensorFlow，在 TensorFlow 1.x 基础上封装了 Keras。Keras 提供了一个更简单、更快速的方法来构建和训练 TensorFlow 的模型，而 Keras 是基于 TensorFlow 1.x 进行封装的，因此使用 Keras 进行模型训练并不会有性能上的丢失。为了提高 TensorFlow 的易用性，谷歌的 TensorFlow 团队在 TensorFlow 2.0 中正式支持 Keras 框架。

2.1.2　TensorFlow 2.0 架构简介

随着人工智能技术的发展，深度学习框架越来越受到广大开发人员的关注，作为全球最受欢迎的深度学习框架，TensorFlow 见证了机器学习和人工智能领域的快速发展和变化。TensorFlow 2.0 作为一个重要的里程碑，更加关注易用性，更加注重使用的低门槛，旨在让每个人都能应用机器学习和深度学习技术。图 2-2 展示了 TensorFlow 2.0 的架构。

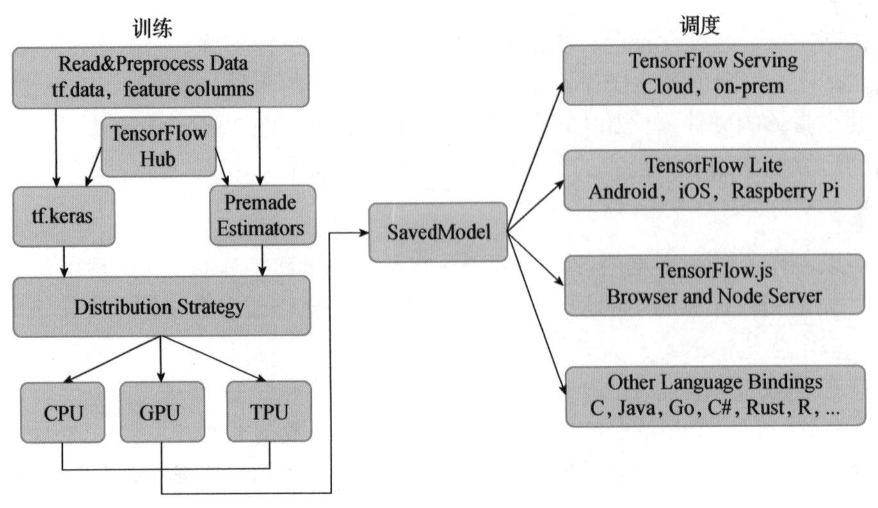

图 2-2 TensorFlow 2.0 框架

为了更好地应对人工智能技术的发展，TensorFlow 团队开发了非常多的组件，在 2.0 版本中这些组件被打包成一个支持从模型的训练到模型多平台部署的综合平台，该平台极大地提高了开发者的效率。TensorFlow 2.0 不仅支持 Python 语言，还支持其他各类语言，如 C 语言、Java 语言、Go 语言等。在全新的 TensorFlow 2.0 框架下，一个标准化的工作流程如下。

（1）加载数据：2.0 版本中开发者使用输入管道读取训练数据，输入管道使用 tf.data 创建。利用 tf.feature_column 描述特征，如分段和特征交叉。此外，还支持内存数据的便捷输入（如 NumPy）。

（2）模型的构建、训练与验证：Keras 与 TensorFlow 的其余部分紧密集成，因此用户可以随时访问 TensorFlow 的函数，也可以直接使用如线性或逻辑回归、梯度上升树、随机森林等（使用 tf.estimatorAPI 实现）。如果不想从头开始训练模型，用户可以利用迁移学习来训练，使用 TensorFlow Hub 模块的 Keras 或 Estimator 模型。

（3）快速调试：TensorFlow 2.0 默认采用的是动态图模式，借助动态图的优势开发者前期可以通过该模式快速搭建并调试自己的模型。

（4）转换为静态图：当开发者完成了模型的调试，可以借助 tf.function 方便地将 Python 程序转换为 TensorFlow 图形。此过程保留了 TensorFlow 1.x 基于图形的执行的所有优点：性能优化、远程执行及方便序列化、导出和部署的能力，同时实现了在 Python 中表达程序的灵活性和易用性。

（5）分布式训练：分布式训练是 TensorFlow 框架的一大优点，利用分布式策略，API 可以轻松地在不同硬件配置上分配和训练模型，无须更改模型的定义。TensorFlow 框架支持各种硬件加速器，如 CPU、GPU 和 TPU。因此用户可以将训练负载分配到单节点/多加速器及多节点/多加速器配置上。

（6）部署：当用户完成了模型的训练与调优后就可以导出模型文件。TensorFlow 2.0 为了更好地支持不同平台模型的部署，对模型的保存进行了标准化，该标准化格式是 TensorFlow Lite、TensorFlow.js、TensorFlow Hub 等格式的中间格式。

任务 2.2　掌握 TensorFlow 基础用法

【任务描述】

经过任务 2.1 的学习，对 TensorFlow 1.x 和 2.0 两个版本的深度学习框架有了一定的了解。要掌握 TensorFlow 2.0 的使用，首先需要掌握 TensorFlow 2.0 框架的基础用法。

【任务分析】

为了进行人工智能应用开发，掌握一个深度学习框架是必不可少的。

【知识准备】

2.2.1　张量

1. 准备

在使用 TensorFlow 之前，第一步工作就是导入 TensorFlow 框架。导入框架非常简单，直接使用如下代码即可：

```
import tensorflow as tf
```

由于 TensorFlow 2.0 默认开启动态图模式，因此并不需要手动开启动态图模式。在 1.x 版本中使用动态图模式的代码如下：

```
import tensorflow as tf
tfe = tf.contrib.eager
tfe.enable_eager_execution()
```

2. 数据类型

张量是 TensorFlow 中最重要的数据结构，可以用来表示输入的数据、模型的参数、模型训练过程中产生的数据等，因此掌握张量是掌握 TensorFlow 2.0 框架使用的第一步。TensorFlow 2.0 中的常见数据类型见表 2-2。

表 2-2　常见数据类型

数据类型	描　述
tf.float16	16 位半精度浮点类型
tf.float32	32 位单精度浮点类型
tf.float64	64 位双精度浮点类型
tf.int16	16 位有符号整型类型
tf.int32	32 位有符号整型类型
tf.int64	64 位有符号整型类型
tf.string	字符串
tf.bool	布尔型

在 TensorFlow 2.0 中，开发者可以通过 tf.constant 方法来创建不同数据类型的张量，其原型如下：

```
tf.constant(
    value, dtype=None, shape=None, name='Const')
```

其参数说明如下。

- value：输出类型 dtype 的常量值（或列表）。
- dtype：元素类型。
- shape：可选尺寸。
- name：张量名称。

以下代码展示了定义不同数据类型的张量用法。

```
import tensorflow as tf
#16 位半精度浮点类型
float_16 = tf.constant(value=2.4, dtype=tf.float16)
print(float_16)
#32 位单精度浮点类型
float_32 = tf.constant(value=2.4, dtype=tf.float32)
print(float_32)
#64 位双精度浮点类型
float_64 = tf.constant(value=2.4, dtype=tf.float64)
print(float_64)
#16 位有符号整型类型
int_16 = tf.constant(value=2, dtype=tf.int16)
print(int_16)
#32 位有符号整型类型
int_32 = tf.constant(value=2, dtype=tf.int32)
print(int_32)
#64 位有符号整型类型
int_64 = tf.constant(value=2, dtype=tf.int64)
print(int_64)
#字符串
str = tf.constant(value='Hello TensorFlow2', dtype=tf.string)
print(str)
#布尔型
bool = tf.constant(value=True, dtype=tf.bool)
print(bool)
```

运行该程序，输出结果如下：

```
tf.Tensor(2.4, shape=(), dtype=float16)
tf.Tensor(2.4, shape=(), dtype=float32)
tf.Tensor(2.4, shape=(), dtype=float64)
tf.Tensor(2, shape=(), dtype=int16)
tf.Tensor(2, shape=(), dtype=int32)
tf.Tensor(2, shape=(), dtype=int64)
tf.Tensor(b'Hello TensorFlow2', shape=(), dtype=string)
tf.Tensor(True, shape=(), dtype=bool)
```

3. 维度

维度是用来描述张量的一个非常重要的属性，用于描述张量维数的数量，也称为阶，如一个矩阵，即为2阶张量。

$$\text{tensor} = \begin{bmatrix} 1 & 2 \\ 3 & 4 \end{bmatrix}$$

一般地，一个向量称为一阶张量，一个矩阵或者一个二维数组称为二阶张量。在TensorFlow 2.0中，如果想知道一个张量的阶可以通过属性ndim获取，代码如下：

```
import tensorflow as tf
# 创建一个1阶张量
tensor = tf.constant(value=[1,2,3], dtype=tf.float64)
# 打印张量的阶
print("该张量的阶为：{0}".format(tensor.ndim))
```

输出结果如下：

```
该张量的阶为：1
```

4. 形状

形状用于描述张量内部的组织关系，张量的形状决定了每个轴上有多少索引可以使用。在TensorFlow 2.0中，获取一个张量的形状可以通过打印属性shape，代码如下：

```
import tensorflow as tf
# 创建一个2阶张量
tensor = tf.constant(value=[[1,2,3],[4,5,6]], dtype=tf.float64)
# 打印张量的形状
print("该张量的形状为：{0}".format(tensor.shape))
```

输出结果如下：

```
该张量的形状为：(2, 3)
```

输出结果表明该张量是一个形状为2行3列的张量。

5. 类型转换

在开发人工智能相关应用的过程中，数据类型转换是一个必不可少的过程，因此TensorFlow 2.0提供了类型转换函数，其函数原型如下：

```
tf.cast(x, dtype, name=None)
```

其参数说明如下。

- x：待转换的张量。
- dtype：数据类型。
- name：张量名称。

以下代码展示了如何将一个张量转换为指定数据类型的张量。

```
import tensorflow as tf
# 创建一个2阶张量
tensor = tf.constant(value=[[1,2,3],[4,5,6]], dtype=tf.float64)
# 将2阶张量中的元素转换为tf.float32
tensor = tf.cast(x=tensor, dtype=tf.float32)
```

```
# 打印数据类型
print("该张量的数据类型为：{0}".format(tensor.dtype))
```

输出结果如下：

```
该张量的数据类型为：<dtype: 'float32'>
```

6. 形状转换

在实际开发过程中，尤其在计算机视觉方面，经常需要将一个张量从一个形状转换为另外一个形状，以满足某种计算需求。TensorFlow 2.0 提供形状转换函数 reshape，其函数原型如下：

```
tf.reshape(tensor, shape, name=None)
```

其参数说明如下。

- tensor：待转换的张量。
- shape：指定形状。
- name：张量名称。

以下代码展示了如何将一个张量转换为指定形状的张量。

```
import tensorflow as tf
# 创建一个 2 阶张量
tensor = tf.constant(value=[[1,2,3],[4,5,6]], dtype=tf.float64)
# 将 2 行 3 列的张量转换为 3 行 2 列
tensor = tf.reshape(tensor=tensor, shape=[3,2])
# 打印新张量的形状
print("新张量的形状为：{0}".format(tensor.shape))
```

输出结果为：

```
新张量的形状为：(3, 2)
```

2.2.2 变量

1. 变量的创建

在 TensorFlow 2.0 中，变量是一种特殊的张量，用于表示程序处理的共享持久状态。在 TensorFlow 2.0 中通过 tf.Variable()创建一个变量。变量通过 tf.Variable 类进行创建和跟踪。tf.Variable 表示张量，对它执行运算可以改变其值。利用特定运算可以读取和修改此张量的值。更高级的库（如 tf.keras）使用 tf.Variable 来存储模型参数。tf.Variable 原型如下：

```
tf.Variable(
    initial_value=None, trainable=None, validate_shape=True, caching_device=None,name=None, variable_def=None, dtype=None, import_scope=None, constraint=None,synchronization=tf.VariableSynchronization.AUTO,aggregation=tf.compat.v1.VariableAggregation.NONE, shape=None
)
```

其参数说明如下。

- initial_value：张量或可转换为张量的 Python 对象，这是变量的初始值。除非 validate_shape 设置为 False，否则初始值必须具有指定的形状。它也可以是一个没有参数的可调用对象，在调用时返回初始值。在这种情况下，必须指定 dtype。
- trainable：用于决定训练过程中定义变量的值是否被更新。若设置为 True，则变量的值在训练过程中可以被修改。

● validate_shape：如果为 False 则允许使用未知形状的值初始化变量。如果为 True（默认值），initial_value 的形状必须是已知的。

● caching_device：可选的设备字符串，描述变量应该被缓存在哪里以供读取，默认为变量的设备。如果不是 None，则缓存在另一台设备上。典型用途是在使用变量的 Ops 所在的设备上缓存，通过 Switch 和其他条件语句进行重复数据删除。

● name：变量的可选名称。默认为"变量"并自动获得统一。

● variable_def：协议缓冲区。如果不是 None，则使用其内容重新创建 Variable 对象，引用图中变量的节点，该节点必须已经存在。variable_def 和其他参数是互斥的。

● dtype：如果设置该参数，initial_value 将被转换为给定的类型。如果没有设置，要么保留数据类型（如果 initial_value 是张量），要么由 convert_to_tensor 决定。

● import_scope：可选字符串。要添加到变量的名称范围，仅在从协议缓冲区初始化时使用。

● constraint：由优化器更新后应用于变量的可选投影函数（例如，用于实现层权重的范数约束或值约束）。该函数必须将表示变量值的未投影张量作为输入，并返回投影值的张量（必须具有相同的形状）。在进行异步分布式训练时，使用约束是不安全的。

● synchronization：指示何时聚合分布式变量。接收的值是在类 tf.VariableSynchronization 中定义的常量。默认情况下，同步设置为 AUTO，当前 DistributionStrategy 选择何时同步。

● aggregation：指示如何聚合分布式变量。接收的值是在类 tf.VariableAggregation 中定义的常量。

● shape：此变量的形状。如果没有设置，则将使用 initial_value 的形状。将此参数设置为 tf.TensorShape(None)（表示未指定的形状）时，可以为变量分配不同形状的值。

深度学习会涉及一个非常核心的技术，称为模型的训练。在训练过程中，模型参数需要保持当前状态，创建一个变量，代码如下：

```
import tensorflow as tf
# 创建一个变量
vars = tf.Variable(initial_value=[1,2,3], trainable=True)
# 打印变量
print(vars)
```

输出结果如下：

```
<tf.Variable 'Variable:0' shape=(3,) dtype=int32, numpy=array([1, 2, 3])>
```

2. 随机初始化

模型训练前，模型的参数一般都是通过随机初始化给定的，TensorFlow 2.0 提供了随机初始化组件 tf.random，该组件中提供了各种各样的初始化方法。随机正态分布方法 tf.random.norma 的函数原型如下：

```
tf.random.normal(
    shape, mean=0.0, stddev=1.0, dtype=tf.dtypes.float32, seed=None, nam
e=None)
```

其参数说明如下。

● shape：张量形状。

● mean：均值。

- stddev：标准差。
- dtype：数据类型。
- seed：随机种子，如果设置该参数，则每次生成的随机数都一致。
- name：名字。

以下代码展示了如何创建一个符合正态分布的随机变量。

```
import tensorflow as tf
# 创建一个符合正态分布的随机张量
normal = tf.random.normal(shape=[3,3])
# 打印张量
print(normal)
# 将张量转换变量
normal_var = tf.Variable(initial_value=normal, trainable=True)
# 打印变量
print(normal_var)
```

输出结果如下：

```
tf.Tensor(
[[-0.70884836  0.11271033 -0.68162084]
 [-0.24210016 -1.2101713   1.7054319 ]
 [-0.17744894 -0.7054898  -0.3754071 ]], shape=(3, 3), dtype=float32)
<tf.Variable 'Variable:0' shape=(3, 3) dtype=float32, numpy=
array([[-0.70884836,  0.11271033, -0.68162084],
       [-0.24210016, -1.2101713 ,  1.7054319 ],
       [-0.17744894, -0.7054898 , -0.3754071 ]], dtype=float32)>
```

通过观察结果可以发现，张量和变量的输出是不一样的。读者可以通过查阅 TensorFlow 官网获取其他随机初始化张量的方法。

2.2.3 操作

深度学习技术的本质就是数据与数据之间的关系运算，因此在开发过程中数学运算是必不可少的。TensorFlow 2.0 提供了 tf.math 组件，该组件包含了深度学习常用到的数学运算方法，其函数原型为：

```
tf.math.add( x, y, name=None)
```

其参数说明如下。

- x：左操作数。
- y：右操作数。
- name：名字。

以下代码展示了两个张量的加法操作。

```
import tensorflow as tf
# 创建一个左操作数
left = tf.constant(value=3)
# 创建一个右操作数
right = tf.constant(value=4)
# 相加
res = tf.add(x=left, y=right)
```

```
# 输出结果
print(res)
```

输出结果如下：

```
tf.Tensor(7, shape=(), dtype=int32)
```

张量乘法函数原型如下：

```
tf.math. multiply( x, y, name=None)
```

其参数说明如下。

- x：左操作数。
- y：右操作数。
- name：名字。

以下代码展示了两个张量的乘法操作。

```
import tensorflow as tf
# 创建一个左操作数
left = tf.constant(value=3)
# 创建一个右操作数
right = tf.constant(value=4)
# 相乘
res = tf.multiply(x=left, y=right)
# 输出结果
print(res)
```

输出结果如下：

```
tf.Tensor(12, shape=(), dtype=int32)
```

tf.math 组件中提供非常丰富的数学运算函数，读者可以通过查阅 TensorFlow 官网获取其他函数的使用方法。

2.2.4 自动求导

深度学习经常需要计算函数的导数，TensorFlow 2.0 提供了强大的自动求导机制来计算导数。TensorFlow 2.0 引入了 tf.GradientTape 来实现自动求导，以下代码展示了如何利用 TensorFlow 2.0 求解函数 $y(x)=x^4$ 在 $x=3$ 时的导数。

```
import tensorflow as tf
# 创建一个变量
x = tf.Variable(initial_value=3.)
# 在 tf.GradientTape()的上下文内，所有计算步骤都会被记录以用于求导
with tf.GradientTape() as tape:
    # 4 * x^3
    y = 4 * tf.pow(x=x, y=3)
# 计算 y 关于 x 的导数
y_grad = tape.gradient(y, x)
print(y, y_grad)
```

输出结果如下：

```
tf.Tensor(324.0, shape=(), dtype=float32) tf.Tensor(432.0, shape=(),
dtype=float32)
```

tf.GradientTape 是一个自动求导的记录器。只要进入了 with tf.GradientTape() as tape 的上下文环境，则在该环境中的计算步骤都会被自动记录。比如在上面的示例中，计算步骤 y=4*tf.pow(x=x,y=3)即被自动记录。离开上下文环境后记录将停止，但记录器 tape 依然可用，因此可以通过 y_grad=tape.gradient(y,x)求张量 y 对变量 x 的导数。

任务 2.3　搭建线性回归模型

【任务描述】

经过了任务 2.2 的学习，可以知道 TensorFlow 2.0 是一个功能强大又复杂的深度学习框架。下面通过一个简单的案例来掌握 TensorFlow 2.0 在实际应用中的用法。

【任务分析】

本次任务为学习如何利用 TensorFlow 2.0 搭建一个线性回归模型。

【知识准备】

2.3.1　线性回归模型

1. 一元一次函数

假设某地房价和人口之间的关系大致满足 $y \approx 2x + 300$ 。要求根据现有的数据训练一个合适的回归模型，输入人口数量，输出房价。

2. 模拟生成数据

首先模型训练的第一步是需要收集真实数据，本任务通过模拟生成数据来代替真实数据，生成数据代码如下：

```
import tensorflow as tf
import numpy as np
import matplotlib.pyplot as plt
#-------------------1. 模拟生成数据---------------------#
# 人口数量
x = np.linspace(500, 6000, 200)
# 房价
y = 2 * x + 300 + np.random.randint(low=0, high=4000, size=x.shape)
# 绘制数据
plt.plot(x, y, 'ro')
plt.show()
```

其中函数 np.random.randint 的功能是生成指定范围内指定形状的数据，在上述代码中生成了形状与 x 一致并且数据范围在 0~4000 内的数据分布。运行代码，程序结果如图 2-3 所

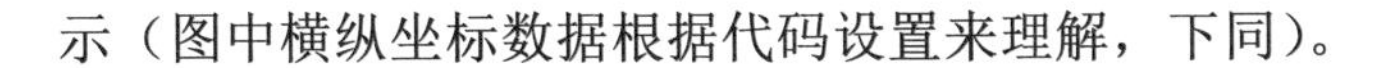
示（图中横纵坐标数据根据代码设置来理解，下同）。

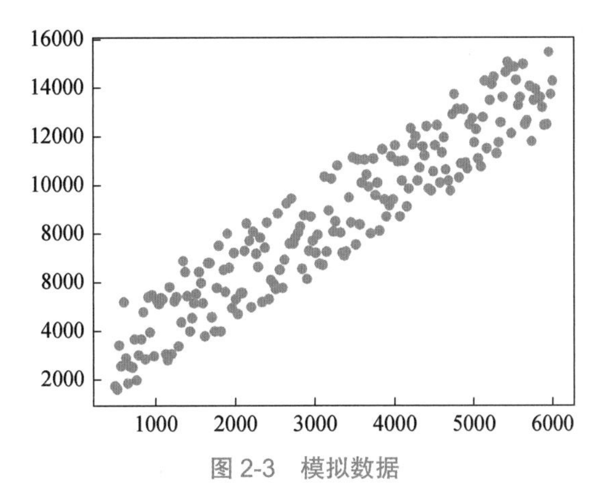

图 2-3　模拟数据

3. 数据预处理

在实际开发过程中，当完成数据收集后都需要对原始数据进行数据预处理的操作。针对本任务数据预处理代码如下：

```
x_min, y_min, x_max, y_max = x.min(), y.min(), x.max(), y.max()
x = (x - x_min) / (x_max - x_min)
y = (y - y_min) / (y_max - y_min)
# 绘制数据
plt.plot(x, y, 'ro')
plt.show()
```

程序运行结果如图 2-4 所示。

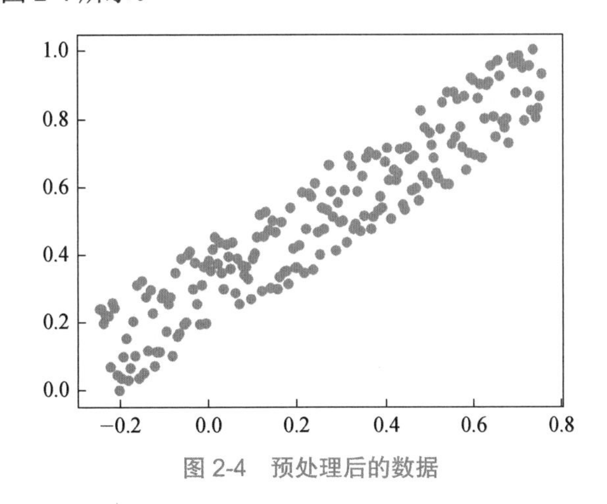

图 2-4　预处理后的数据

2.3.2　搭建模型

1. 模型定义

在深度学习应用开发过程中，定义一个适合指定任务的模型是至关重要的。本次任务中的模型非常简单，是一个一元一次函数。搭建一个一元一次函数模型的代码如下：

```
# 初始化参数
```

```
weight = tf.Variable(1., dtype=tf.float32, name='weight')
bias = tf.Variable(1., dtype=tf.float32, name='bias')
# 定义模型
def model(x):
    y = tf.multiply(weight, x) + bias
    return y
```

2. 损失函数定义

采用机器学习或者深度学习技术进行模型训练，一个关键的技术就是损失函数的定义，其往往决定最后模型的效果。TensorFlow 2.0 为了提高开发者的效率提供了 tf.losses 组件，其包含了常见的损失函数。在本次任务中，使用均方差损失函数来计算预测值和真实值之间的误差，其函数原型如下：

```
tf.keras.losses.MeanSquaredError(
    reduction=losses_utils.ReductionV2.AUTO, name='mean_squared_error')
```

其参数说明如下。

- reduction：reduction 类型（可选参数）。
- name：名字。

定义一个均分差损失函数，代码如下：

```
# 定义损失函数
MSE = tf.losses.MeanSquaredError()
```

3. 优化器定义

训练一个机器学习或者深度学习模型的本质，其实就是求解一个函数的系数。由于机器学习或深度学习模型所对应的函数是一种非常复杂的函数，因此有着各种各样的求解方法，人工智能领域把求解方法称为优化器。TensorFlow 2.0 给开发者提供了 tf.keras.optimizers 组件，该组件包含了常见的优化器。本次任务采用了 SGD 优化器，其函数原型如下：

```
tf.keras.optimizers.SGD(
    learning_rate=0.01, momentum=0.0, nesterov=False, name='SGD', **kwarg
s)
```

其参数说明如下。

- learning_rate：学习率。
- momentum：动量。
- nesterov：是否使用 nesterov 动量。
- name：名字。

定义一个 SGD 优化器，代码如下：

```
# 定义优化器
opt = tf.keras.optimizers.SGD(learning_rate=5e-2)
```

其中学习率的值，读者可以根据实际情况进行适当调整。一般地，学习率的值要小于 1。

2.3.3 模型训练

模型训练的本质就是一个不断迭代的过程，可以分为如下几个常见步骤：

（1）计算预测值。

（2）计算损失值。
（3）计算损失函数中的梯度。
（4）更新梯度的值。
（5）打印每一轮的损失值。
代码如下：

```
for e in range(50):
    # 使用tf.GradientTape()记录损失函数的梯度信息
    with tf.GradientTape() as tape:
        # 计算预测值
        y_pred = model(x=x)
        # 计算损失值
        loss = MSE(y_pred, y)
    # TensorFlow 自动计算损失函数关于自变量的梯度
    grads = tape.gradient(loss, [weight, bias])
    # TensorFlow 自动根据梯度更新参数
    opt.apply_gradients(grads_and_vars=zip(grads, [weight, bias]))
    # 打印每一轮训练的损失值
    print("第{0}轮的损失值为:{1}".format(e+1, loss))
```

在上述代码中，设置模型迭代 50 次，即求解 50 次。读者可以根据实际情况进行适当调整。运行训练代码，结果如下：

```
第 1 轮的损失值为:1.0713739395141602
第 2 轮的损失值为:0.8202072978019714
. . .
第 47 轮的损失值为:0.011396562680602074
第 48 轮的损失值为:0.011353508569300175
第 49 轮的损失值为:0.011311239562928677
第 50 轮的损失值为:0.011269696056842804
```

分析结果可知，随着不断的迭代，损失值在不断下降，说明模型的精度越来越高。读者可以尝试调整学习率和迭代的次数，来达到更好的效果。

2.3.4 模型预测

1. 数据

在开发的过程中，一旦完成了模型训练，就需要对模型的效果进行验证。和模型训练一样，模型的验证也需要提前采集数据，这里依旧采用模拟生成的方式来获取数据，代码如下：

```
# 人口数量
x_test = np.random.randint(500, 6000, 10)
# 房价
y_test = 2 * x_test + 300
```

通过上述代码生成了 10 组数据用于验证模型的有效性。需要注意的是，在模型训练时，原始数据是结果预处理后送入线性回归模型的。因此验证的时候，也需要将数据进行预处理，代码如下：

```
    x_test_min, y_test_min, x_test_max, y_test_max = x_test.min(), y_test.min(
), x_test.max(), y_test.max()
```

```
x_test = (x_test - x_test_min) / (x_test_max - x_test_min)
y_test = (y_test - y_test_min) / (y_test_max - y_test_min)
```

2. 预测

模型的预测本质就是一个“将自变量代入函数求解因变量”的过程，所以代码非常简单：

```
y_test_pred = model (x_test)
# 绘制数据
plt.plot(x_test, y_test, 'ro')
plt.plot(x_test, y_test_pred, 'g*')
plt.show()
```

其运行结果如图 2-5 所示。

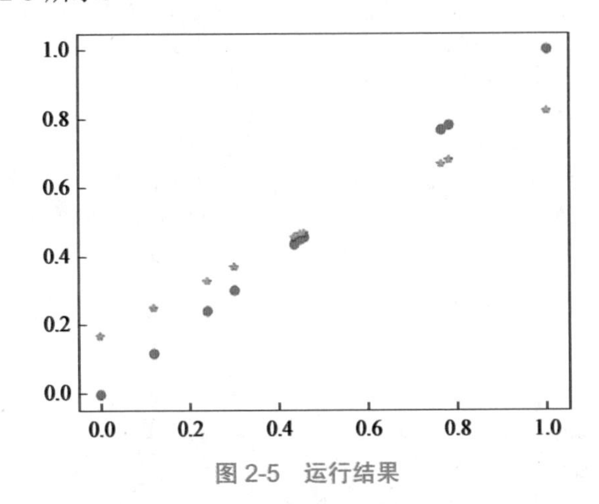

图 2-5 运行结果

其中红色的点为真实值，绿色的点为预测值。任务 2.3 的全部代码如下：

```
import tensorflow as tf
import numpy as np
import matplotlib.pyplot as plt
from tensorflow.python.framework import dtypes
#------------------1. 模拟生成数据--------------------#
# 人口数量
x = np.linspace(500, 6000, 200)
# 房价
y = 2 * x + 300 + np.random.randint(low=0, high=4000, size=x.shape)
# 绘制数据
# plt.plot(x, y, 'ro')
# plt.show()

#------------------2. 数据预处理--------------------#
x_min, y_min, x_max, y_max = x.min(), y.min(), x.max(), y.max()
x = (x - x_min) / (x_max - x_min)
y = (y - y_min) / (y_max - y_min)
# 绘制数据
# plt.plot(x, y, 'ro')
# plt.show()
```

```
#--------------------3. 模型定义---------------------#
# 初始化参数
weight = tf.Variable(1., dtype=tf.float32, name='weight')
bias = tf.Variable(1., dtype=tf.float32, name='bias')
# 定义模型
def model(x):
    y = tf.multiply(weight, x) + bias
    return y

#--------------------4. 损失函数定义---------------------#
# 定义损失函数
MSE = tf.losses.MeanSquaredError()

#--------------------5. 优化器定义---------------------#
# 定义优化器
opt = tf.keras.optimizers.SGD(learning_rate=5e-2)

#--------------------6. 训练模型---------------------#
for e in range(150):
    # 使用tf.GradientTape()记录损失函数的梯度信息
    with tf.GradientTape() as tape:
        # 计算预测值
        y_pred = model(x=x)
        # 计算损失值
        loss = MSE(y_pred, y)
    # TensorFlow自动计算损失函数关于自变量的梯度
    grads = tape.gradient(loss, [weight, bias])
    # TensorFlow自动根据梯度更新参数
    opt.apply_gradients(grads_and_vars=zip(grads, [weight, bias]))
    # 打印每一轮训练的损失值
    print("第{0}轮的损失值为:{1}".format(e+1, loss))

#--------------------7. 生成验证数据---------------------#
# 人口数量
x_test = np.random.randint(500, 6000, 30)
# 房价
y_test = 2 * x_test + 300

#--------------------8. 预处理---------------------#
x_test_min, y_test_min, x_test_max, y_test_max = x_test.min(), y_test.min(
), x_test.max(), y_test.max()
x_test = (x_test - x_test_min) / (x_test_max - x_test_min)
y_test = (y_test - y_test_min) / (y_test_max - y_test_min)

#--------------------9. 验证---------------------#
y_test_pred = model(x_test)
# 绘制数据
plt.plot(x_test, y_test, 'ro')
plt.plot(x_test, y_test_pred, 'g*')
```

```
    plt.show()
```

项目考核

一、选择题

1．TensorFlow 中的基本数据类型不包含（　　）。

A．数值型　　B．字符串型　　C．布尔型　　D．字符型

2．对于以下两个张量，如何实现这两个张量的合并而不产生新的维度？（　　）

```
import tensorflow as tf
a = tf.random.normal([4, 35, 8])
b = tf.random.normal([6, 35, 8])
# 合并张量
# Todo
```

A．tf.concat([a, b], axis=0)

B．tf.stack([a, b], axis=0)

3．以下对张量进行等长切割的操作中正确的是（　　）

```
import tensorflow as tf
x = tf.random.normal([10,35,8])
```

A．result = tf.split(x,axis=0,num_or_size_splits=10)

B．result = tf.split(x,axis=0,num_or_size_splits= [4,2,2,2])

4．如何计算∞－范数(　　)

```
import numpy as np
import tensorflow as tf
x = tf.ones([2,2])
```

A．tf.norm(x,ord=0)

B．tf.norm(x,ord=1)

C．tf.norm(x,ord=2)

D．tf.norm(x,ord=np.inf)

5．如何求解张量在某个维度上的均值？(　　)

```
import tensorflow as tf
x = tf.random.normal([4,10])
```

A．tf.reduce_max(x,axis=1)

B．tf.reduce_min(x,axis=1)

C．tf.reduce_mean(x,axis=1)

D．tf.reduce_sum(x,axis=1)

6．如何比较两个张量是否相等？(　　)

A．tf.math.not_equal(a, b)

B．tf.equal(a, b)

C．tf.math.greater(a, b)

D．tf.math.less(a, b)

7．以下张量 b 填充后得到的数组形状为(　　)。

a = tf.constant([1,2,3,4,5,6])
b = tf.constant([7,8,1,6])
b = tf.pad(b, [[0,2]])

A．[7, 8, 1, 6, 0, 0]
B．[7, 8, 1, 6, 1, 1]
C．[7, 8, 1, 6, 2, 2]
D．[0, 0, 7, 8, 1, 6]

8．对于下列张量复制后得到的张量 shape 值为(　　)。

x = tf.random.normal([4,32,32,3])
tf.tile(x,[2,3,3,1])

A．(6, 35, 35, 4)
B．(8, 96, 96, 3)
C．(8, 96, 96, 4)
D．(8, 96, 96, 1)

9．张量 arr1=[[1, 4, 5],[5, 1, 4]]，arr2=array[[1, 3, 5],[3, 5, 2]]，则 tf.mod(arr1,arr2)的结果是(　　)。

A．array([[2,　7, 10], [8,　6,　6]])
B．array([[1, 1, 1],[1, 0, 2]])
C．array([[[0, 1, 2],[0, 0, 2]],[[0, 1, 2],[0, 0, 2]]])
D．array([[1.　, 1.33333333, 1.], [1.66666667, 0.2 , 2.　]])

10．两个矩阵，a=[[0, 1, 2],[3, 4, 5]],b=[[0, 1],[2, 3],[4, 5]]，则 tf.matmul(a,b)的结果是(　　)

A．[[10, 13],[28, 40]]
B．[[28, 40],[10, 13]]
C．[[15, 18],[23, 37]]
D．[[10, 13],[25, 43]]

二、填空题

1．TensorFlow 使用________图________来表示计算任务。

2．在 TensorFlow 2.0 中，开发者可以通过________方法来创建不同数据类型的张量。

3．________是用来描述一个张量非常重要的属性，用于描述张量维数的数量，也称为阶。

4．一个向量称为________张量，一个矩阵或者一个二维数组称为________张量。

5．TensorFlow 使用________、________可以为任意的操作赋值或者从其中获取数据。

6．TensorFlow 的主要数据类型有________、________、________、________。

7．TensorFlow 1.x 版本中采用的是________机制，TensorFlow 2.0 则采用了________机制。

8．使用 TensorFlow 之前，要先导入 TensorFlow 框架。导入代码为：________________________________。

9．________用于描述张量内部的组织关系，________的形状决定了每个轴上有多少索引可以使用。

10．类型转换函数，其函数原型是________________。

11．计算机视觉方面，经常需要将一个张量从一个形状转换为另外一个形状，以满足某种计算需求。TensorFlow 2.0 提供的形状转换函数为________。

12．在 TensorFlow 2.0 中通过________________方法创建一个变量。

13．模型训练前，模型的参数一般都是通过随机初始化给定的，TensorFlow 2.0 提供的随机初始化组件为________。

14．TensorFlow 2.0 提供的________组件包含了深度学习常用到的数学运算方法。

15．在实际开发过程中，当完成数据收集后都需要对原始数据进行________操作。

16．采用机器学习或者深度学习技术进行模型训练，一个关键的技术就是________的定义，其往往决定最后模型的效果。

17．训练一个机器学习或者深度学习模型的本质，其实就是求解一个函数的系数。人工智能领域把求解方法称为________。

18．模型训练本质就是一个不断迭代的过程，可以分为如下几个常见步骤：________、________、计算损失函数中的梯度、________、打印每一轮的损失值。

19．在开发的过程中，一旦完成了模型训练，就需要对________进行验证。

三、综合题

搭建线性回归模型：

通过本项目所讲内容我们可以知道线性回归模型大致的函数可以表示为$h_0(x) = \theta_0 x + \theta_1$。我们可以将模型稍作改变实现另外的一种功能。在日常生活当中，我们都知道房价和房子的面积大致成正比，所以我们也可以利用 Matplotlib 画图工具包，将线性回归的模型直观地在图上表示出来。

假定一组房屋的价格与面积的数据为[2104, 460], [1416, 232], [1534, 315], [1200, 280],[852,178]。

任务要求：

利用这一组数据，通过调整θ_0、θ_1的值，观察线性回归模型的绘图情况及对应的“损失”为多少。

项目 3　搭建汽车油耗预测模型

利用全连接网络模型来预测汽车的效能指标 MPG（Mile Per Gallon，每加仑燃油英里数）的项目实战，讲解训练数据获取、分析与清洗的方法和神经网络模型的搭建、应用。

任务 3.1　汽车油耗数据处理
任务 3.2　搭建汽车油耗预测模型
任务 3.3　训练汽车油耗预测模型

✧ 掌握数据分析与处理函数及其应用方法。
✧ 熟悉数据清洗函数及其应用方法。
✧ 了解神经网络基本概念和神经网络模型的搭建与应用。
✧ 掌握应用全连接网络模型的方法。

任务 3.1　汽车油耗数据处理

【任务描述】

通过项目 2 的学习，我们已经对 TensorFlow 的深度学习框架有了初步的了解。接下来要开始在真实的数据上进行 TensorFlow 框架实战。

【任务分析】

一般地，进行深度学习应用开发的第一步也是至关重要的一步就是数据处理，因此同学们首先要掌握数据处理技术。

【知识准备】

处理汽车油耗数据

1. 下载油耗数据

本项目采用了 Auto MPG 数据集，主要收集了 20 世纪 70 年代末到 80 年代初不同品牌的汽车燃油效率，数据特征有每加仑量程数、气缸数、排量、马力、车重、加速效率、生产年份、生产地、汽车名字等。

官网地址为 https://archive.ics.uci.edu/ml/datasets/auto+mpg。

数据可以选择手动去官网下载，也可以通过代码自动获取，TensorFlow 2.0 提供了函数 tf.keras.utils.get_file 用于下载数据集，其函数原型如下：

```
tf.keras.utils.get_file(
    fname, origin, untar=False, md5_hash=None, file_hash=None,
    cache_subdir='datasets', hash_algorithm='auto',
    extract=False, archive_format='auto', cache_dir=None
)
```

其参数说明如下。

- fname：文件名。如果指定了绝对路径/path/to/file.txt，则文件将保存在该位置。
- origin：文件的原始 URL。
- untar：该参数已弃用。
- md5_hash：该参数已弃用。
- file_hash：下载后文件的预期哈希字符串，sha256 和 md5 哈希算法都支持。
- cache_subdir：保存文件的 Keras 缓存目录下的子目录。如果指定了绝对路径/path/to/folder，则文件将保存在该位置。
- hash_algorithm：选择哈希算法来验证文件，选项是 md5、sha256 和 auto，默认为“auto”，即自动检测正在使用的哈希算法。
- extract：其值为 True 时，表示尝试将文件提取为存档文件，如 tar 或 zip。
- archive_format：尝试提取文件的存档格式，选项为 auto、tar、zip 和 None。其中 tar 包括 tar、tar.gz 和 tar.bz 文件。默认为 auto 对应于 ['tar', 'zip']。None 或空列表将返回未找到的匹配项。
- cache_dir：存储缓存文件的位置，当其值为 None 时为默认目录，Windows 下为 C：\user\用户名\.keras\。

下载 Auto MPG 数据集，代码如下：

```
import tensorflow as tf

# 下载数据集
datasetPath = tf.keras.utils.get_file("auto-
mpg.data","http://archive.ics.uci.edu/ml/machine-learning-databases/auto-
mpg/auto-mpg.data")
```

下载完成后，结果如下：

```
Downloading data from http://archive.ics.uci.edu/ml/machine-learning-
```

```
databases/auto-mpg/auto-mpg.data
   32768/30286 [==============================] - 0s 9us/step
```

需要读者注意的是，get-file 函数如果不指定绝对路径，数据会默认下载到 C:\Users\用户名\.keras\datasets，当然读者也可以通过参数 fname 来指定绝对路径，将数据下载到合适位置。

2. 油耗数据分析

在实际开发过程中，开发人员都需要对数据进行分析。通过分析，选取合适的数据及相对应的数据预处理方法是项目开发成功的关键。

第一步，加载下载后的 Auto MPG 数据集，代码如下：

```
from tensorflow import keras
import pandas as pd
column_names = ['MPG','Cylinders','Displacement','Horsepower','Weight',
'Acceleration', 'Model Year', 'Origin']
dataset_path = 'auto-mpg.data'
raw_dataset = pd.read_csv(dataset_path, names=column_names,
na_values = "?", comment='\t', sep=" ", skipinitialspace=True)
```

pd.read_csv 是读取数据的常用 API。代码中 dataset_path 所指定的路径，读者要根据自己的实际情况进行修改。

第二步，打印数据，代码如下：

```
print(raw_dataset)
```

运行代码结果如图 3-1 所示。

```
      MPG  Cylinders  Displacement  Horsepower  Weight  Acceleration  Model Year  Origin
0    18.0          8         307.0       130.0  3504.0          12.0          70       1
1    15.0          8         350.0       165.0  3693.0          11.5          70       1
2    18.0          8         318.0       150.0  3436.0          11.0          70       1
3    16.0          8         304.0       150.0  3433.0          12.0          70       1
4    17.0          8         302.0       140.0  3449.0          10.5          70       1
..    ...        ...           ...         ...     ...           ...         ...     ...
393  27.0          4         140.0        86.0  2790.0          15.6          82       1
394  44.0          4          97.0        52.0  2130.0          24.6          82       2
395  32.0          4         135.0        84.0  2295.0          11.6          82       1
396  28.0          4         120.0        79.0  2625.0          18.6          82       1
397  31.0          4         119.0        82.0  2720.0          19.4          82       1

[398 rows x 8 columns]
```

图 3-1　部分 Auto MPG 数据

在实际开发过程中，经常会碰到只想看前某几行、后某几行或者随机几行数据的需求。为了满足需求，可以采用 Pandas 中的 head、tail 和 sample 函数来完成。获取数据的前 10 行，代码如下：

```
print(raw_dataset.head(n=10))
```

运行代码结果如图 3-2 所示。

获取后 10 行数据代码如下：

```
print(raw_dataset.tail(n=10))
```

运行代码结果如图 3-3 所示。

	MPG	Cylinders	Displacement	Horsepower	Weight	Acceleration	Model Year	Origin
0	18.0	8	307.0	130.0	3504.0	12.0	70	1
1	15.0	8	350.0	165.0	3693.0	11.5	70	1
2	18.0	8	318.0	150.0	3436.0	11.0	70	1
3	16.0	8	304.0	150.0	3433.0	12.0	70	1
4	17.0	8	302.0	140.0	3449.0	10.5	70	1
5	15.0	8	429.0	198.0	4341.0	10.0	70	1
6	14.0	8	454.0	220.0	4354.0	9.0	70	1
7	14.0	8	440.0	215.0	4312.0	8.5	70	1
8	14.0	8	455.0	225.0	4425.0	10.0	70	1
9	15.0	8	390.0	190.0	3850.0	8.5	70	1

图 3-2　前 10 行数据信息

	MPG	Cylinders	Displacement	Horsepower	Weight	Acceleration	Model Year	Origin
388	26.0	4	156.0	92.0	2585.0	14.5	82	1
389	22.0	6	232.0	112.0	2835.0	14.7	82	1
390	32.0	4	144.0	96.0	2665.0	13.9	82	3
391	36.0	4	135.0	84.0	2370.0	13.0	82	1
392	27.0	4	151.0	90.0	2950.0	17.3	82	1
393	27.0	4	140.0	86.0	2790.0	15.6	82	1
394	44.0	4	97.0	52.0	2130.0	24.6	82	2
395	32.0	4	135.0	84.0	2295.0	11.6	82	1
396	28.0	4	120.0	79.0	2625.0	18.6	82	1
397	31.0	4	119.0	82.0	2720.0	19.4	82	1

图 3-3　后 10 行数据信息

获取随机 10 行数据代码如下：

```
print(raw_dataset.sample(n=10))
```

运行代码结果如图 3-4 所示。

	MPG	Cylinders	Displacement	Horsepower	Weight	Acceleration	Model Year	Origin
75	14.0	8	318.0	150.0	4077.0	14.0	72	1
138	14.0	8	318.0	150.0	4457.0	13.5	74	1
380	36.0	4	120.0	88.0	2160.0	14.5	82	3
76	18.0	4	121.0	112.0	2933.0	14.5	72	2
297	25.4	5	183.0	77.0	3530.0	20.1	79	2
330	40.9	4	85.0	NaN	1835.0	17.3	80	2
212	16.5	8	350.0	180.0	4380.0	12.1	76	1
328	30.0	4	146.0	67.0	3250.0	21.8	80	2
277	16.2	6	163.0	133.0	3410.0	15.8	78	2
194	22.5	6	232.0	90.0	3085.0	17.6	76	1

图 3-4　随机 10 行数据信息

如果开发者想获取指定某连续几行的数据，如第 120 行到 129 行，可以通过切片的方式获取。切片获取数据的参考代码如下：

```
print(raw_dataset[120:130])
```

运行代码结果如图 3-5 所示。

	MPG	Cylinders	Displacement	Horsepower	Weight	Acceleration	Model Year	Origin
120	19.0	4	121.0	112.0	2868.0	15.5	73	2
121	15.0	8	318.0	150.0	3399.0	11.0	73	1
122	24.0	4	121.0	110.0	2660.0	14.0	73	2
123	20.0	6	156.0	122.0	2807.0	13.5	73	3
124	11.0	8	350.0	180.0	3664.0	11.0	73	1
125	20.0	6	198.0	95.0	3102.0	16.5	74	1
126	21.0	6	200.0	NaN	2875.0	17.0	74	1
127	19.0	6	232.0	100.0	2901.0	16.0	74	1
128	15.0	6	250.0	100.0	3336.0	17.0	74	1
129	31.0	4	79.0	67.0	1950.0	19.0	74	3

图 3-5　第 120 行到 129 行数据信息

借助 seaborn 工具（安装命令：pip install seaborn）可以对数据进行进一步的分析，即数据可视化。利用数据可视化可以更好地了解数据的信息，以便于选择合适的数据预处理方法。可视化代码如下：

```
import seaborn as sns
import matplotlib.pyplot as plt
sns.pairplot(raw_dataset[["MPG", "Cylinders", "Displacement", "Weight"]],
diag_kind="kde")
plt.show()
```

运行结果如图 3-6 所示。

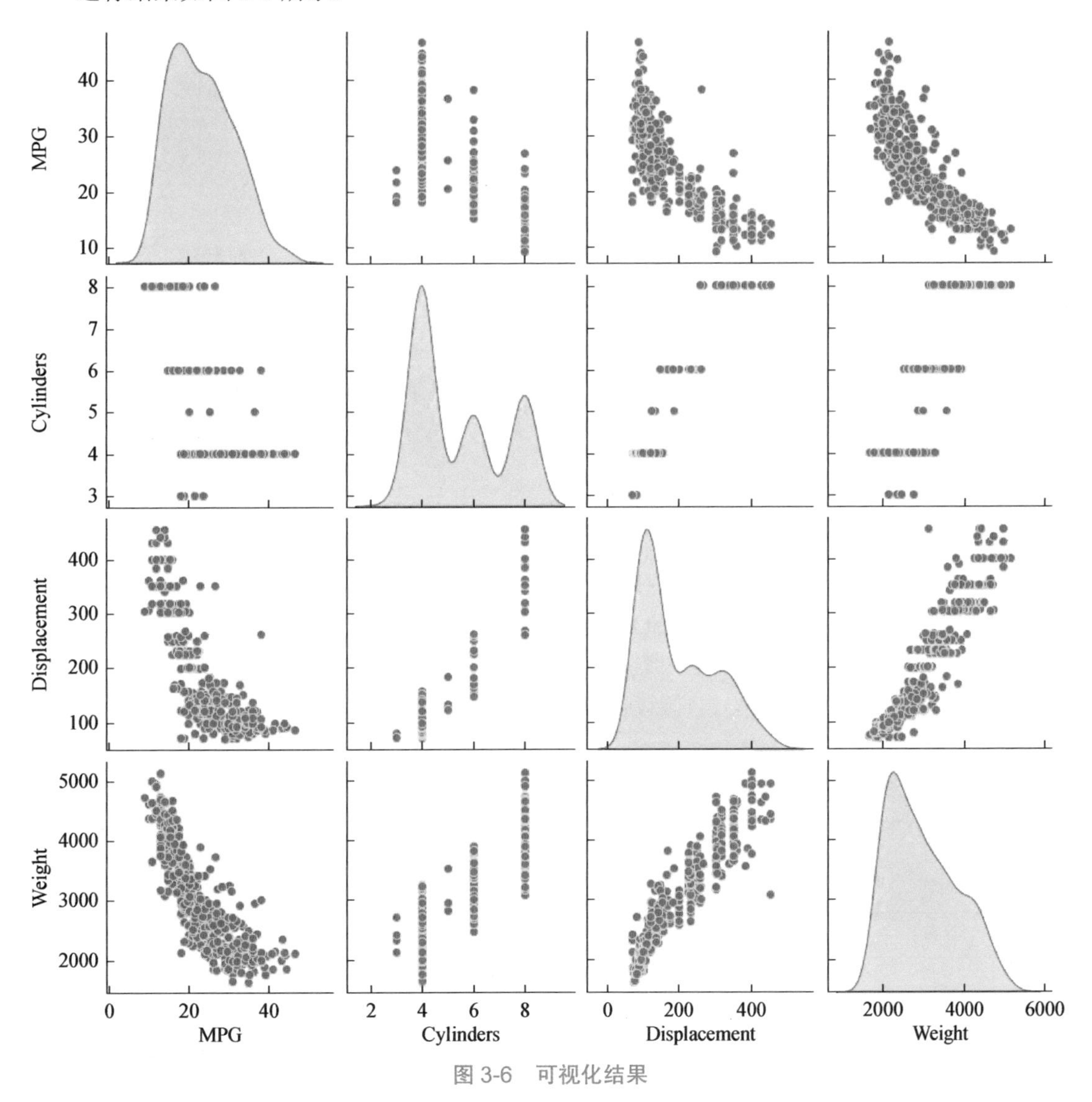

图 3-6　可视化结果

可视化横、纵坐标选取了 MPG（油耗）、Cylinders（气缸数量）、Displacement（排气量）、Weight（车重）4 项数据，做两两对比形成的散点图。散点矩阵图可以用于粗略揭示数据中，不同列之间的相关性。可以粗略估计哪些变量是正相关的，哪些是负相关的，进而为下一步数据分析提供决策。

3. 数据清洗

经过数据分析发现，Horsepower 这一列存在 NaN，这表明部分数据是无效的。因此在将数据送入模型进行训练之前，很重要的一步就是清洗无效数据。

Pandas 提供无效数据统计函数 isna()。统计无效数据代码如下：

```
print(raw_dataset.isna().sum())
```

运行结果如下所示：

```
MPG             0
Cylinders       0
Displacement    0
Horsepower      6
Weight          0
Acceleration    0
Model Year      0
Origin          0
dtype: int64
```

结果表明只有 Horsepower 这一列存在无效数据。处理无效数据的方法有很多种，比如填充 NaN 数据、直接删除对应的数据。本次任务中，选择直接删除无效数据，参考代码如下：

```
# 保留一份原始数据
dataset = raw_dataset.copy()
# 丢弃无效数据
dataset = dataset.dropna()
```

4. 数据编码与规范化

机器学习中经常会涉及数据编码技术，即数据数字化。常见的数据编码技术有 3 种。

第一种编码技术是独热（One-Hot）编码，该编码方式是把每一项数据视为一个长度为 N 的数组，数据类型有多少种，数组长度就为多少。数组中每一个元素取值只有 0、1 两种形式，并且每一个数组中只有一项是 1。假设存在一个只有 3 类的水果数据集，进行独热编码后结果如表 3-1 所示。

表 3-1　独热编码结果

	苹果	香蕉	梨
苹果	1	0	0
香蕉	0	1	0
梨	0	0	1

独热编码效率较低，直观度不够，但是实现比较容易，速度快，并且适合表达某一特征“是”或者“否”的强烈因素。再者每一分类之间，并没有强烈的关联性。

第二种编码技术是序列化唯一，如 1 表示苹果、2 表示香蕉、3 表示梨。该编码方式编码实现非常简单。但是在机器学习或深度学习中有比较大的副作用就是值的大小，往往会在神经网络的数学运算中被赋予并不期望的含义。而且这些值，也不适合规范化的 0 到 1、−1 到

+1 这样的浮点数字空间。所以在机器学习领域，除非这种值的递增本身就有特殊的意义，否则并不建议使用该编码技术。

第三种编码技术是自然语言处理中的向量化，向量化同样首先确定一个拥有 N 项的数组，每个数组元素值的取值范围会非常广，通常用的都是浮点数据，使得向量化的结果密度很高，能代表更多的分类。

Auto MPG 数据中的 Origin（原产地）1 表示美国、2 表示欧洲、3 表示日本。显然这是第二种编码技术，因此需要对该数据进行预处理，即 One-Hot 编码，代码如下：

```
# 取出 Origin 数据列，原数据集中将不会再有这一列
origin = dataset.pop('Origin')
# 根据分类编码，分别为新对应列赋值 1.0
dataset['USA'] = (origin == 1)*1.0
dataset['Europe'] = (origin == 2)*1.0
dataset['Japan'] = (origin == 3)*1.0
# 打印新的数据集尾部
print(dataset.tail())
```

运行代码结果如图 3-7 所示。

	MPG	Cylinders	Displacement	Horsepower	Weight	Acceleration	Model Year	USA	Europe	Japan
393	27.0	4	140.0	86.0	2790.0	15.6	82	1.0	0.0	0.0
394	44.0	4	97.0	52.0	2130.0	24.6	82	0.0	1.0	0.0
395	32.0	4	135.0	84.0	2295.0	11.6	82	1.0	0.0	0.0
396	28.0	4	120.0	79.0	2625.0	18.6	82	1.0	0.0	0.0
397	31.0	4	119.0	82.0	2720.0	19.4	82	1.0	0.0	0.0

图 3-7　独热编码后的结果

仔细观察 Auto MPG 的数据，可以发现各列数据的取值范围不一致。比如 Displacement 列的数据取值分布在几百的范围内，而 Weight 列数据取值分布在几千范围内。如此悬殊的分布，会极大地影响到模型收敛，从而导致模型训练失败。数据规范化可以将不同列的数据统一到一个合适的范围内，不同场景使用的数据规范化技术是有所区别的。本次任务采用的数据规范化技术，称为零-均值规范化，公式为

$$x = \frac{x - \text{mean}}{\text{std}}$$

其中，x 表示某一个数据，mean 表示一组数据的平均值，std 表示一组数据的标准差。零-均值规范化的代码如下：

```
# 计算均值和方差
data_stats=dataset.describe()
# 转置
data_stats=data_stats.transpose()
# 标准化
norm_data = (dataset - data_stats['mean'])/data_stats['std']
# 打印规范化后的数据集尾部
print(norm_data.tail())
```

运行结果如图 3-8 所示。

	MPG	Cylinders	Displacement	Horsepower	Weight	Acceleration	Model Year	USA	Europe	Japan
393	0.455359	-0.862911	-0.519972	-0.479835	-0.220842	0.021267	1.634321	0.773608	-0.457538	-0.501749
394	2.633448	-0.862911	-0.930889	-1.363154	-0.997859	3.283479	1.634321	-1.289347	2.180035	-0.501749
395	1.095974	-0.862911	-0.567753	-0.531795	-0.803605	-1.428605	1.634321	0.773608	-0.457538	-0.501749
396	0.583482	-0.862911	-0.711097	-0.661694	-0.415097	1.108671	1.634321	0.773608	-0.457538	-0.501749
397	0.967851	-0.862911	-0.720653	-0.583754	-0.303253	1.398646	1.634321	0.773608	-0.457538	-0.501749

图 3-8　标准化后的数据

零-均值规范化规范后数据的均值为 0，标准差为 1。以第 393 行为例，Displacement 和 Weight 之间的比值从 19 倍降低至 2 倍，证明了标准化技术可以缓解数据之间的取值范围差异过大的问题。

5. 数据集拆分

完成数据清洗、数据编码等数据预处理过程后，理论上开发人员就可以正式使用数据集进行模型训练了，但是一个模型的好坏是需要进行评估的。因此数据处理的最后一步就是数据集拆分，部分数据集用于评估模型性能，通常在机器学习中将数据拆分为以下三份。

（1）训练集（Training Dataset）：用于模型训练的数据集。

（2）验证集（Validation Dataset）：用于预防过拟合发生，辅助训练过程的数据集。

（3）测试集（Test Dataset）：用于评估最终训练好的模型性能的数据集。

需要注意的是，在训练过程中，只有训练集被用于模型训练，验证集和测试集都不能用于训练。验证集也不能用于评估模型训练过程中的模型的性能。通常在模型训练过程中最终会选取在验证集表现最好的模型作为最终的模型。由于数据的收集并不容易，因此把验证集和测试集合并也是可以的。数据集拆分有以下两种常见的方法。

（1）留出法：将数据集拆分为两个互斥的集合，通常选择 70%作为训练集，剩余的作为测试集。

（2）K-折交叉验证法：将数据集拆分为 K 个互斥集合，并且尽量保证每个集合数据分布一致。如此，可以得到 K 组训练集-测试集对，从而进行 K 次训练与验证。

本次任务选用留出法进行数据集拆分，拆分数据集并提取数据标签代码如下：

```
# 随机分配 70%的数据作为训练集
# random_state 相当于随机数的种子，固定为一个值是为了每次运行，随机分配得到的样本集是相同的
train_dataset = norm_data.sample(frac=0.7, random_state=0)
# 剩下的是 30%，作为测试集
test_dataset = norm_data.drop(train_dataset.index)
# 训练集和测试集的数据集都去掉 MPG 列，单独取出作为标注
train_labels = train_dataset.pop('MPG')
test_labels = test_dataset.pop('MPG')
```

任务 3.2　搭建汽车油耗预测模型

【任务描述】

掌握了相应的数据处理、分析和清洗方法，要想搭建一个预测模型还需要了解神经网络

相关知识。

【任务分析】

掌握神经元、激活函数和前馈神经网络等基本概念。

【知识准备】

3.2.1　神经元

人工神经元（Artificial Neuron），简称神经元（Neuron），是构成神经网络的基本单元，其主要是模拟生物神经元的结构和特性，接收一组输入信号并产生输出。生物学家在 20 世纪初就发现了生物神经元的结构，如图 3-9 所示。一个生物神经元通常具有多个树突和一条轴突。树突用来接收信息，轴突用来发送信息。当神经元所获得的输入信号的积累超过某个阈值时，它就处于兴奋状态，产生电脉冲。轴突尾端有许多末梢可以给其他神经元的树突产生连接（突触），并将电脉冲信号传递给其他神经元。

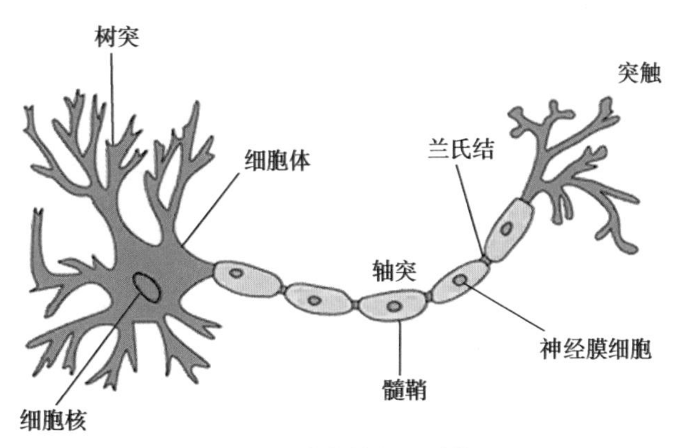

图 3-9　生物神经元结构

1943 年，心理学家 McCulloch 和数学家 Pitts 根据生物神经元的结构，提出了一种非常简单的神经元模型——MP 神经元。现代神经网络中的神经元和 MP 神经元的结构并无太多变化。不同的是，MP 神经元中的激活函数 f 为 0 或 1 的阶跃函数，而现代神经元中的激活函数通常要求是连续可导的函数。

现代人工神经元模型由连接、求和节点和激活函数组成，如图 3-10 所示。

神经元接收 n 个输入信号 $x_1, x_2, \cdots, x_n$，用向量 $x = [x_1, x_2, \cdots, x_n]$ 表示，神经元中的净输入为各个输入信号的加权和：

$$\text{input} = \sum_{j=1}^{n} \omega_j x_j + b$$

输入信号经过激活函数 $f(x)$ 转换后得到神经元输出结果 a。

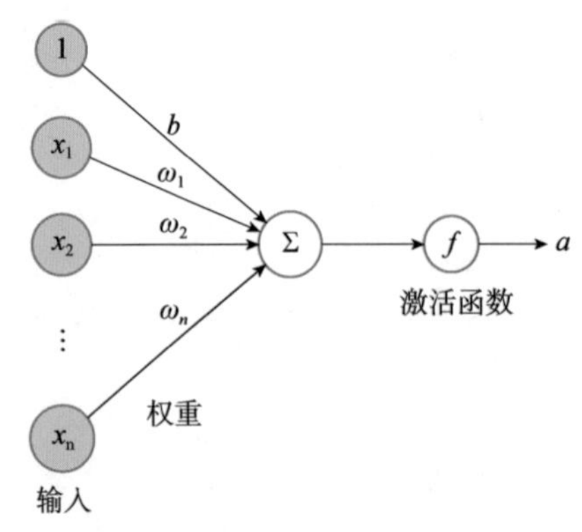

图 3-10　人工神经元模型结构图

3.2.2　激活函数

1. 作用

分析人工神经元模型可知模型从输入到输出进行的都是线性运算，一个线性函数无法解决实际应用中的绝大部分问题。为了解决模型线性问题，还需要人工神经元模型中的激活函数，它是一种非线性函数。激活函数对人工神经网络有非常重要的意义，能够提升网络的非线性能力、减少模型训练期间梯度消失的问题、加速网络收敛等。在现代神经网络技术中，激活函数的种类非常多，常见的有 Sigmoid 函数、Tanh 函数、ReLU 函数等。

2. Sigmoid函数

Sigmoid 函数是一个生物学中常见的 S 型函数，也称为 S 型生长曲线，在信息科学中也称为 Logistic 函数，如图 3-11 所示。

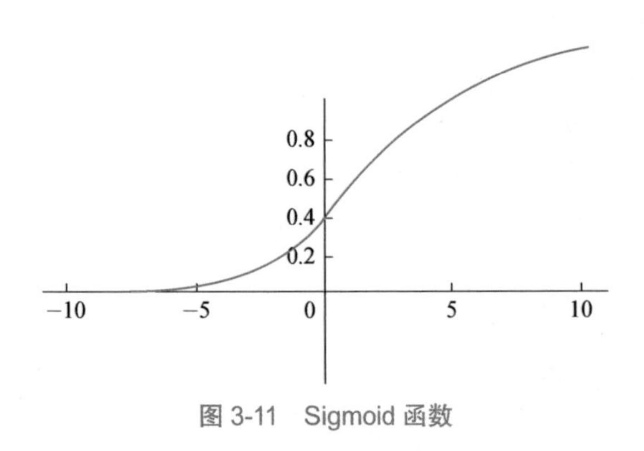

图 3-11　Sigmoid 函数

Sigmoid 函数可以使输出平滑而连续地限制在 0～1，在 0 的附近表现为近视线性函数，而在远离 0 的区域表现出非线性，输入越小，越接近于 0；输入越大，越接近于 1，其数学表达为

$$\sigma(x)=\frac{1}{1+\mathrm{e}^{-x}}$$

其导函数如下：

$$\frac{\partial y}{\partial x}=\sigma(x)\left(1-\sigma(x)\right)$$

Sigmoid 函数的导数可直接用函数的输出计算，简单高效，但 Sigmoid 函数的输出恒大于 0。非 0 中心化的输出会导致神经元输出发生偏移，可能导致梯度下降的收敛速度变慢。另一个缺点是 Sigmoid 函数会导致梯度消失问题。由导函数可知，在远离 0 的两端，导数值趋于 0，梯度也趋于 0，此时神经元的权重无法再更新，神经网络训练变得困难。TensorFlow 2.0 提供了 Sigmoid 函数，其函数原型如下：

```
tf.keras.activations.sigmoid(
    x
)
```

其参数 x 表示输入张量。

示例代码如下：

```
a = tf.constant([-20, -1.0, 0.0, 1.0, 20], dtype = tf.float32)
b = tf.keras.activations.sigmoid(a)
print(b)
```

运行结果如下：

```
tf.Tensor([2.0611537e-09   2.6894143e-01   5.0000000e-01   7.3105860e-01
1.0000000e+00], shape=(5,), dtype=float32)
```

3. Tanh函数

Tanh 函数继承自 Sigmoid 函数，改进了 Sigmoid 变化过于平缓的问题，它将输入平滑地限制在（−1，1）的范围内，如图 3-12 所示。

其数学表达为

$$\mathrm{Tanh}(x)=\frac{\mathrm{e}^{x}-\mathrm{e}^{-x}}{\mathrm{e}^{x}+\mathrm{e}^{-x}}$$

其导函数为

$$\frac{\partial y}{\partial x}=1-y^{2}$$

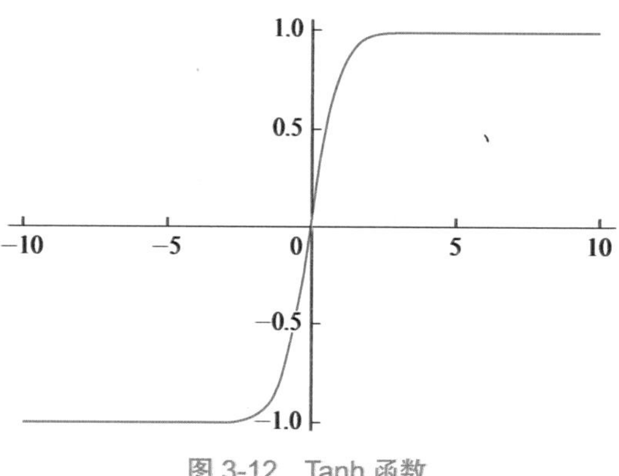

图 3-12　Tanh 函数

Tanh 函数可以看作 Sigmoid 的缩放平移版。Tanh 函数的输出是以 0 为中心的，解决了 Sigmoid 函数的偏置偏移问题。而且 Tanh 在线性区梯度更大，能加快神经网络的收敛，但是在 Tanh 函数两端的梯度趋于 0，梯度消失问题依然存在。TensorFlow 2.0 提供了 Tanh 函数，其函数原型如下：

```
tf.keras.activations.tanh(
    x
)
```

其参数 x 为输入张量。

示例代码如下：

```
a = tf.constant([-20, -1.0, 0.0, 1.0, 20], dtype = tf.float32)
b = tf.keras.activations.tanh(a)
print(b)
```

运行代码，结果如下：

```
tf.Tensor([-1.          -0.7615942  0.          0.7615942  1.         ],
shape=(5,), dtype=float32)
```

4. ReLU函数

修正线性单元，也称 Rectifier 函数，如图 3-13 所示。

ReLU 是目前深度学习广泛使用的激活函数，ReLU 函数首次被广泛关注是在 2012 年的 ImageNet 分类比赛上，“冠军”网络 AlexNet 使用的激活函数正是 ReLU，其数学表达式为

$$\mathrm{ReLU}(x)=\begin{cases}x, x>0\\0, x\leqslant 0\end{cases}=\max(0,x)$$

由于 ReLU 并不是全段可导的，因此认为规定了不可导点 0 处其梯度为 0，导函数为

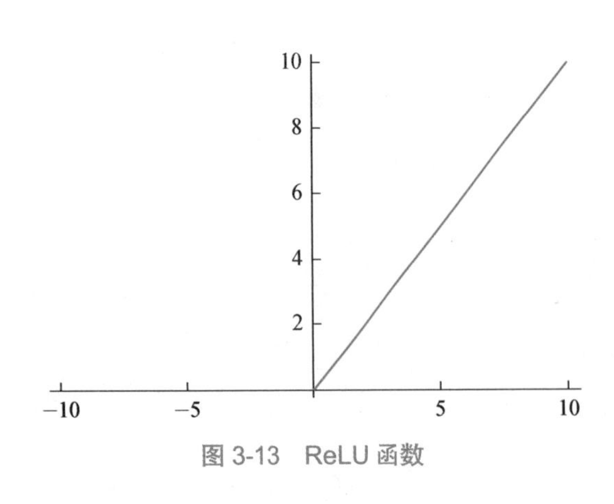

图 3-13　ReLU 函数

$$\frac{\partial x}{\partial y}=\begin{cases}1, x>0\\0, x\leqslant 0\end{cases}$$

ReLU 函数具有生物可解释性，Lennie 等人研究表明人类大脑中同一时刻大概只有 1%到 4%的神经元处于激活状态，从信号上看神经元同时只对小部分输入信号进行响应，屏蔽了大部分信号。Sigmoid 函数和 Tanh 函数会导致一个稠密的神经网络，而 ReLU 具有较好的稀疏性，使得神经网络在训练的时候效果更好。ReLU 的梯度为 0 或常数，可以有效缓解梯度消失的问题。此外，ReLU 还有个优点，它计算速度快、资源开销小。TensorFlow 2.0 提供了 ReLU 函数，其函数原型如下：

```
tf.keras.activations.relu(
    x, alpha=0.0, max_value=None, threshold=0
)
```

其参数说明如下。

- x：输入张量。
- alpha：控制低于阈值的值的斜率。
- max_value：设置饱和阈值。
- threshold：阈值。

示例代码如下：

```
a = tf.constant([-10, -5, 0.0, 5, 10], dtype = tf.float32)
b = tf.keras.activations.relu(a)
print(b)
```

运行代码结果如下：

```
tf.Tensor([ 0.  0.  0.  5. 10.], shape=(5,), dtype=float32)
```

3.2.3　前馈神经网络

1. 输入层、输出层及隐藏层

单一的一个神经元的功能是有限的，为了胜任更加复杂的任务，可以通过多个神经元连接在一起形成一个神经网络来完成。图 3-14 为多层神经网络示意图。网络最左边的一层称为输入层，其神经元称为输入神经元。最右边的一层称为输出层，其神经元称为输出神经元。其他层称为隐藏层，一般隐藏层的层数和具体任务相关。如图 3-14 所示，该网络有 4 个输入神经元，第二层为隐藏层，有 5 个神经元，从输入层到第一个隐藏层有 $4\times5=20$ 条连接线。两个隐藏层之间有 $5\times3=15$ 条连接线。每层神经元都与下层多个神经元相连，其中每个连接都有独自的权重参数，控制神经元输入信息的权重，这些权重就由模型训练得到。一般称如图 3-14 所示的结构网络为全连接网络。全连接网络的输入神经元的个数和输出神经元个数是不能随意设定的，一般往往和具体任务中的数据息息相关。

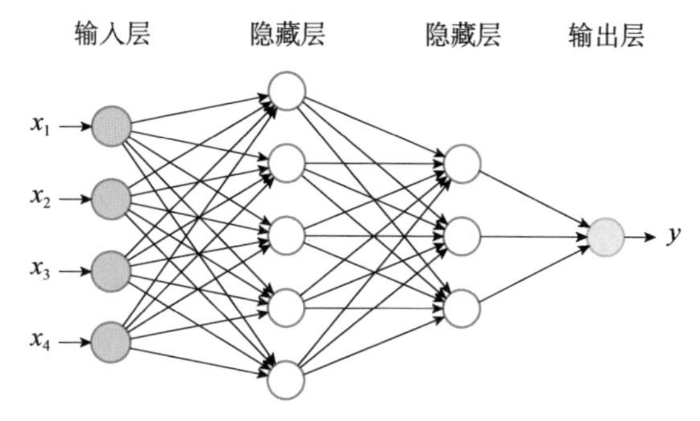

图 3-14　多层神经网络示意图

例如，存在一个 4 类的水果数据集，要训练一个神经网络用于水果分类。假设数据集中图片的分辨率大小为 32×32 的灰度图像，那么神经网络的输入层的神经元个数为 $32\times32=1024$。输出层的神经元个数和类别数相关，在该例中输出神经元个数为 4，一个神经元代表一类，取 4 个神经元中值最高的那个神经元作为类别输出。假设输出层 4 个神经元的输出值是 $[0.1,0.2,0.5,0.2]$，那么类别为 0.5 所对应的是水果。

2. 全连接网络实践

TensorFlow 2.0 中提供了函数 Dense 用于搭建全连接网络，其函数原型如下：

```
    tf.keras.layers.Dense(
         units, activation=None, use_bias=True,
         kernel_initializer='glorot_uniform',
         bias_initializer='zeros', kernel_regularizer=None,
         bias-regularizer=None, activity-regularizer=None, kernel-constraint=N
one,
         bias_constraint=None, **kwargs
    )
```

其参数说明如下。

- units：正整数，输出空间的维数。
- activation：要使用的激活函数。如果未指定任何内容，则不会应用任何激活，即线性激活。
- use_bias：布尔值，是否使用偏置向量。
- kernel_initializer：内核权重矩阵的初始值设定项。
- bias_initializer：偏置向量的初始化器。
- kernel_regularizer：应用于核权重矩阵的正则化函数。
- bias_regularizer：应用于偏置向量的正则化函数。
- activity_regularizer：正则化函数施加到所述层的输出。
- kernel_constraint：应用于核权重矩阵的约束函数。
- bias_constraint：应用于偏置向量的约束函数。

汽车油耗预测模型为 3 层的全连接网络，其中第一层输出神经元个数为 64，第二层输出层神经元个数为 64，最后一层神经元个数为 1。为了方便多层神经网络的定义，TensorFlow 提供了 Sequential 函数用于网络定义。汽车油耗预测模型代码如下：

```
    model = keras.Sequential([
            keras.layers.Dense(64, activation='relu', input_shape=[len(train_
dataset.keys())]),
```

```
        keras.layers.Dense(64, activation='relu'),
        keras.layers.Dense(1)
])
```

全连接网络一般除最后一层，都会在后面的层中加入激活函数。

任务 3.3 训练汽车油耗预测模型

【任务描述】

掌握了数据处理方法和神经网络基本概念后，可以进行模型的建立、训练和应用。

【任务分析】

首先搭建优化模型，再设置优化参数，最后训练和评估预测模型。

【知识准备】

训练模型

1. 优化器设置

现代深度学习技术，模型训练一般采用梯度下降法来更新参数。常见的梯度下降法有SGD、Adagrad、RMSprop、Adam 等算法。针对常见的梯度下降法 TensorFlow 2.0 都提供了对应的函数供开发者选择。本次任务选用 RMSprop 优化器，其函数原型为：

```
tf.keras.optimizers.RMSprop(
    learning_rate=0.001, rho=0.9, momentum=0.0, epsilon=1e- 07, centered=
False,name='RMSprop', **kwargs
)
```

其参数说明如下。

- learning_rate：optimizers.schedules.LearningRateSchedule 的时间表、张量或浮点值，或不带参数并返回要使用的实际值的可调用对象。学习率默认为 0.001。
- rho：梯度的折扣因子，默认为 0.9。
- momentum：标量或标量张量，默认为 0.0。
- epsilon：数值稳定性的小常数，默认为 1e-7。
- centered：布尔值。如果为 True，则通过梯度的估计方差对梯度进行归一化。将此设置为 True 可能有助于训练，但在计算和内存方面消耗会更多。其默认为 False。
- name：创建操作的可选名称前缀，默认为 RMSprop。
- **kwargs：关键字参数，允许设为 clipnorm 或 clipvalue。clipnorm（float）表示按规范剪辑梯度；clipvalue（float）表示按值裁剪渐变。

实例代码如下：

```
optimizer = tf.keras.optimizers.RMSprop(0.01)
```

2. 构建训练过程

模型训练是一个较为复杂的过程，为了提高开发效率，TensorFlow 2.0 将训练过程封装为一个 fit 函数，其函数原型如下：

```
fit(
x=None, y=None, batch_size=None, epochs=1, verbose='auto',callbacks=None, validation_split=0.0, validation_data=None,shuffle=True,class_weight=None, sample_weight=None, initial_epoch=0, steps_per_epoch=None,validation_steps=None, validation_batch_size=None, validation_freq=1,max_queue_size=10, workers=1, use_multiprocessing=False
)
```

其参数说明如下。

- x：输入训练数据。
- y：输入标签数据。
- batch_size：整数或无。每次梯度更新的样本数如果未指定，batch_size 将默认为 32。如果数据采用数据集、生成器或 keras.utils.Sequence 实例的形式则不用指定 batch_size。
- epochs：整数。训练模型的时期数。epoch 是对提供的整个 x 和 y 数据的迭代。请注意，与 initial_epoch 一起使用时，epochs 应理解为“final epoch”。
- verbose：'auto'、0、1 或 2。0= 无声，1= 进度条，2= 每个 epoch 一行。'auto' 在大多数情况下默认为 1，但在与 ParameterServerStrategy 一起使用时默认为 2。注意，进度条在记录文件时不是特别有用，因此在不以交互方式运行时建议使用 verbose=2。
- callbacks：keras.callbacks.Callback 实例列表。在训练期间应用的回调列表参见 tf.keras.callbacks。注意，tf.keras.callbacks.ProgbarLogger 和 tf.keras.callbacks.History 回调是自动创建的，不需要传递到 model.fit。tf.keras.callbacks.ProgbarLogger 的创建与否可基于 model.fit 的详细参数“tf.distribute.experimental.ParameterServerStrategy”。
- validation_split：介于 0 和 1 之间的浮点数，要用作验证数据的训练数据的一部分。该模型将把这部分训练数据分开，不会对其进行训练，并将在每个时期结束时评估损失和此数据的任何模型指标。在混洗之前，验证数据是从提供的 x 和 y 数据中的最后一个样本中选择的。当 x 是数据集、生成器或 keras.utils.Sequence 实例时，不支持此参数。
- validation_data：在每个时期结束时评估损失和任何模型指标的数据。该模型将不会在此数据上进行训练。
- shuffle：Boolean（是否在每个 epoch 之前打乱训练数据）。当 x 是生成器或 tf.data.Dataset 的对象时，将忽略此参数。'batch' 是处理 HDF5 数据限制的特殊选项；它以批量大小的块进行打乱。当 steps_per_epoch 不是 None 时该参数无效。
- class_weight：可选字典将类索引（整数）映射到权重（浮点数）值，用于对损失函数进行加权（仅在训练期间）。这告诉模型要更多关注来自代表性不足的类的样本，它很有用。
- sample_weight：训练样本的可选 NumPy 权重数组，用于对损失函数进行加权（仅在训练期间）。可以传递与输入样本长度相同的平面（1D）NumPy 数组（权重和样本之间的 1∶1 映射），或者在时间数据的情况下，可以传递具有形状（样本、序列长度）的二维数组，对每个样本的每个时间应用不同的权重。当 x 是数据集、生成器或 keras.utils.Sequence 实例时，不支持此参数，而是提供 sample_weights 作为 x 的第三个元素。

- initial_epoch：整数。开始训练的时期（对于恢复之前的训练运行很有用）。
- steps_per_epoch：整数或无。一个时期结束并开始下一个时期之前的总步数（样本批次）。使用输入张量（如 TensorFlow 数据张量）进行训练时，默认 None 等于数据集中的样本数除以批量大小，如果无法确定，则该值为 1。如果 x 是 tf.data 数据集，并且 steps_per_epoch 为 None，则 epoch 将运行，直到输入数据集用完。传递无限重复的数据集时，必须指定 steps_per_epoch 参数。
- validation_steps：仅当提供了 validation_data 并且是 tf.data 数据集时才可以使用。在每个时期结束时，执行验证时停止之前要绘制的总步数（样本批次）。如果 validation_steps 为 None，则验证将一直运行，直到 validation_data 数据集用完为止。在无限重复数据集的情况下，它将陷入无限循环。如果指定了“validation_steps”并且只会消耗部分数据集，则评估将从每个时期的数据集开头开始。
- validation_batch_size：整数或无。每个验证批次的样本数如果未指定，将默认为 batch_size。如果数据采用数据集、生成器或 keras.utils.Sequence 实例的形式，请不要指定 validation_batch_size。
- validation_freq：在提供验证数据时使用 collections.abc.Container 的实例或整数。如果是整数，则指定在执行新的验证运行之前要运行的训练周期数，例如 validation_freq=2，每 2 个 epoch 运行一次验证。如果是容器，则指定运行验证的纪元，如 validation_freq=[1, 2, 10] 在第 1、2 和 10 轮结束时运行验证。
- max_queue_size：整数，仅用于生成器或 keras.utils.Sequence 输入。生成器队列的最大值如果未指定，max_queue_size 将默认为 10。
- workers：整数，仅用于生成器或 keras.utils.Sequence 输入。使用基于进程的线程时要启动的最大进程数。如果未指定，workers 将默认为 1。
- use_multiprocessing：布尔值，仅用于生成器或 keras.utils.Sequence 输入。如果为 True，则使用基于进程的线程。如果未指定 use_multiprocessing 将默认为 False。

代码如下：

```
EPOCHS = 100
history = model.fit(x=train_dataset, y=train_labels, epochs=EPOCHS, valid
ation_split=0.2)
```

3. 损失函数设置

损失函数用于描述网络模型的预测值和真实值之间的差距大小，是衡量神经网络学习质量的关键。如果损失函数选择不正确，即使是性能再好的模型结构，最终都难以训练出正确的网络模型。

一般地，损失函数值越小，表示神经网络的预测结果越接近真实值。大多数情况下，微小的改动权重参数不会使得神经网络输出所期望的结果，这导致很难去刻画如何优化权重，即寻找最合适的权重。因此需要损失函数来指导如何更好地去改变权重参数，损失函数就好比运动场上的教练。损失函数可分为分类损失函数、回归损失函数两大类。

分类损失函数应用于分类任务，有 Logistic 损失函数、负对数似然损失函数和交叉熵损失函数。假设有一个 4 类的水果数据集，那么第 1 类对应的标签是$[1,0,0,0]$，这也是网络理想的输出值。损失函数的作用就是刻画预测值和对应真实值的差距。

回归损失函数应用于回归任务，有 L2 损失函数、L1 损失函数、均方对数差损失函数等。

在回归任务中，L2 损失函数的应用最为广泛，本次任务也采用 L2 损失函数，代码如下：

```
model.build()
model.compile(loss='mse', optimizer=optimizer, metrics=['acc'])
```

4. 训练

完整训练代码如下：

```
from tensorflow import keras
import tensorflow as tf
import pandas as pd
column_names = ['MPG','Cylinders','Displacement','Horsepower','Weight',
'Acceleration', 'Model Year', 'Origin']
dataset_path = "?" #读者可以根据实际情况设置数据路径
raw_dataset = pd.read_csv(dataset_path, names=column_names,
na_values = "?", comment='\t', sep=" ", skipinitialspace=True)

#---------------------数据分析---------------------#
# print(raw_dataset)
# print(raw_dataset.head(n=10))
# print(raw_dataset.tail(n=10))
# print(raw_dataset.sample(n=10))
# print(raw_dataset[120:130])
# print(raw_dataset.isna().sum())
# import seaborn as sns
# import matplotlib.pyplot as plt
# sns.pairplot(raw_dataset[["MPG", "Cylinders", "Displacement", "Weight"]
], diag_kind="kde")
# plt.show()

#---------------------数据清洗---------------------#
# 保留一份原始数据
dataset = raw_dataset.copy()
# 丢弃无效数据
dataset = dataset.dropna()

#---------------------数据预处理---------------------#
# one-hot
# 取出Origin数据列，原数据集中将不会再有这一列
origin = dataset.pop('Origin')
# 根据分类编码，分别为新对应列赋值1.0
dataset['USA'] = (origin == 1)*1.0
dataset['Europe'] = (origin == 2)*1.0
dataset['Japan'] = (origin == 3)*1.0
# 打印新的数据集尾部
print(dataset.tail())

# 标准化
# 计算均值和方差
data_stats=dataset.describe()
```

```
# 转置
data_stats=data_stats.transpose()
# 标准化
norm_data = (dataset - data_stats['mean'])/data_stats['std']
# 打印规范化后的数据集尾部
print(norm_data.tail())

#--------------------数据集拆分--------------------#
# 随机分配 70%的数据作为训练集
# random_state 相当于随机数的种子，固定为一个值是为了每次运行，随机分配得到的样本集是
相同的
train_dataset = norm_data.sample(frac=0.7, random_state=0)
# 剩下的是 30%的数据，作为测试集
test_dataset = norm_data.drop(train_dataset.index)

# 训练集和测试集的数据集都去掉MPG 列，单独取出作为标注
train_labels = train_dataset.pop('MPG')
test_labels = test_dataset.pop('MPG')

#--------------------模型定义--------------------#
model = keras.Sequential([
        keras.layers.Dense(64, activation='relu', input_shape=[len(train_
dataset.keys())]),
        keras.layers.Dense(64, activation='relu'),
        keras.layers.Dense(1)
])

optimizer = tf.keras.optimizers.RMSprop(0.01)
model.build()
model.compile(loss='mse', optimizer=optimizer, metrics=['mae','mse'])

model.summary()

EPOCHS = 100
history = model.fit(x=train_dataset, y=train_labels, epochs=EPOCHS, valid
ation_split=0.2)
```

运行代码，结果如下：

```
. . .
7/7 [==============================] - 0s 9ms/step - loss: 0.0066 - mae:
0.0555 - mse: 0.0066 - val_loss: 0.2361 - val_mae: 0.3370
- val_mse: 0.2361
Epoch 938/1000
7/7 [==============================] - 0s 8ms/step - loss: 0.0143 - mae:
0.0831 - mse: 0.0143 - val_loss: 0.2078 - val_mae: 0.3191
- val_mse: 0.2078
Epoch 939/1000
7/7 [==============================] - 0s 8ms/step - loss: 0.0065 - mae:
0.0567 - mse: 0.0065 - val_loss: 0.1993 - val_mae: 0.3137
- val_mse: 0.1993
Epoch 940/1000
```

```
    7/7 [==============================] - 0s 11ms/step - loss: 0.0074 - mae: 
0.0630 - mse: 0.0074 - val_loss: 0.2648 - val_mae: 0.3616 - val_mse: 0.2648
    Epoch 941/1000
    7/7 [==============================] - 0s 6ms/step - loss: 0.0107 - mae: 
0.0763 - mse: 0.0107 - val_loss: 0.2109 - val_mae: 0.3252
    - val_mse: 0.2109
    . . .
```

输出结果包含了每一轮所对应的训练时间、训练集损失值、训练集 MSE 及 MAE、验证集损失值、验证集 MSE 及 MAE 和当前轮次。

5. 评估

模型评估是深度学习应用开发中非常重要的一个环节，直接影响该模型是否可以用于实际生产环境，TensorFlow 2.0 为开发者提供了评估函数，其函数原型为：

```
    evaluate(
        x=None, y=None, batch_size =None, verbose=1, sample_weight=None, step
s=None,callbacks=None, max_queue_size=10, workers=1, use_multiprocessing=Fal
se,return_dict=False, **kwargs
    )
```

其参数说明如下。

- x：输入训练数据。
- y：输入标签数据。
- batch_size：整数或无。每次梯度更新的样本数如果未指定，batch_size 将默认为 32。
- verbose：'auto'、0、1 或 2。0＝无声，1＝进度条，2＝每个 epoch 一行。'auto' 在大多数情况下默认为 1，但在与 ParameterServerStrategy 一起使用时默认为 2。注意，进度条在记录文件时不是特别有用，因此在不以交互方式运行时建议使用 verbose=2（注：有些参数与前面的函数相同，这里保留，以便函数说明统一）。
- sample_weight：测试样本的权重，用于对损失函数进行加权。可以传递与输入样本长度相同的平面 NumPy 数组，或者在同一时间的情况下，可以传递具有形状（samples,sequence_length）的二维数据，对每个样本的每个时间应用不同的权重。当 x 是数据集时不支持此参数，而是将样本权重作为 x 的第三个元素传递。
- steps：整数或无。宣布评估回合结束前的总步骤数（样本批次）。使用默认值 None 表示忽略。如果 x 是 tf.data 数据集并且步骤为 None 时，则“评估”将运行，直到数据集耗尽。数组输入不支持此参数。
- callbacks：keras.callbacks.Callback 实例列表。
- max_queue_size：整数，仅用于生成器或 keras.utils.Sequence 输入。生成器队列的最大值如果未指定，max_queue_size 将默认为 10。
- workers：整数，仅用于生成器或 keras.utils.Sequence 输入。使用基于进程的线程时要启动的最大进程数。如果未指定，workers 将默认为 1。
- use_multiprocessing：布尔值。用于生成器或 keras.utils.Sequence 输入。如果为 True，则使用基于进程的线程。如果未指定 use_multiprocessing 将默认为 False。
- return_dict：如果为 True，则损失和度量结果作为 dict 返回，每个键都是度量的名称。如果为 False，它们将作为列表返回。

该函数将返回损失值和测量值，返回的测量值由构建训练过程中的 model.fit 函数中的

metrics 来决定，本任务中的测量值为 MSE 和 MAE。读者也可以自己尝试增加其他测量值，如精度。评估代码如下：

```
# 使用测试集预测数据
loss, mae, mse = model.evaluate(test_dataset, test_labels, verbose=0)
# 显示预测结果
print('测试集绝对误差为:', loss)
```

参考运行结果如下：

```
测试集绝对误差为: 0.12279843538999557
```

6. 可视化训练过程

文字训练数据输出并不能形象直观地反映一个模型训练的过程。为了更好地刻画训练过程，可以通过可视化训练过程来帮助开发者更好地掌握模型训练的过程。利用 Matplotlib 可视化训练过程，代码如下：

```
import matplotlib.pyplot as plt
def plot_history(history):
    hist = pd.DataFrame(history.history)
    hist['epoch'] = history.epoch

    # plt.figure()
    plt.figure('MAE --- MSE', figsize=(8, 4))
    plt.subplot(1, 2, 1)
    plt.xlabel('Epoch')
    plt.ylabel('Mean Abs Error [MPG]')
    plt.plot(
        hist['epoch'], hist['mae'],
        label='Train Error')
    plt.plot(
        hist['epoch'], hist['val_mae'],
        label='Val Error')
    plt.ylim([0, 0.6])
    plt.legend()

    plt.subplot(1, 2, 2)
    plt.xlabel('Epoch')
    plt.ylabel('MSE [$MPG^2$]')
    plt.plot(
        hist['epoch'], hist['mse'],
        label='Train Error')
    plt.plot(
        hist['epoch'], hist['val_mse'],
        label='Val Error')
    plt.ylim([0, 0.6])
    plt.legend()
    plt.show()

plot_history(history)
```

运行结果如图 3-15 所示。

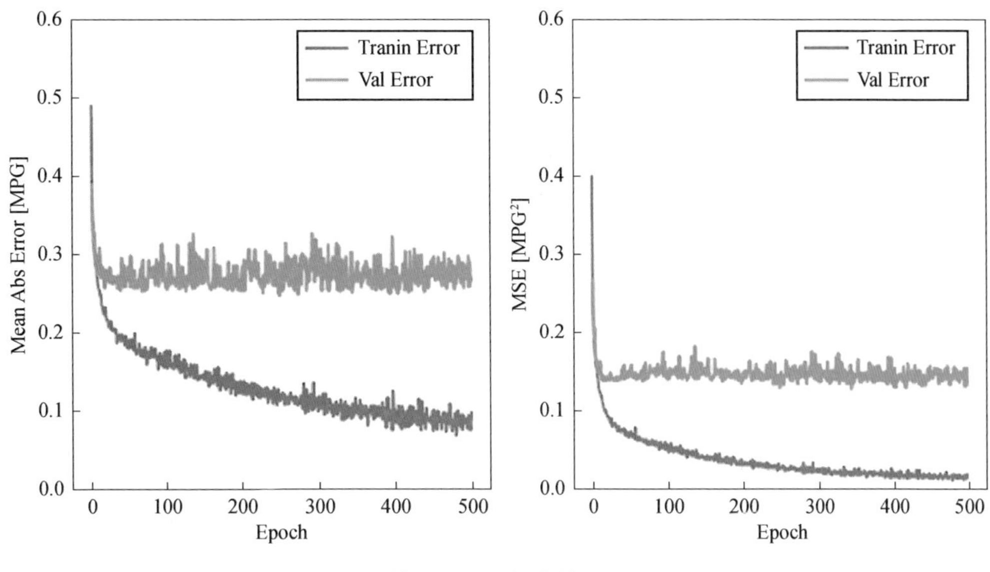

图 3-15 可视化结果

7. 正则化

分析图 3-15 可知，在训练进行到第 60 轮时，模型验证误差就不再下降，但是训练误差依旧在下降，在机器学习中把这种现象称为过拟合。为了解决这种过拟合现象，一般采用正则化技术。

正则化技术是保证算法泛化能力的有效工具，常见的正则化技术有数据增强、权重衰减、Dropout、提前停止等。本次任务采用提前停止技术来解决模型过拟合问题。

提前停止可以限制模型最小化损失函数所需要的训练迭代次数，是机器学习中最简单的一种正则化技术。在模型训练的过程中，如果迭代次数过少，算法容易欠拟合，而迭代次数过多则算法容易过拟合。TensorFlow 2.0 提供了提前停止函数，其函数原型如下：

```
tf.keras.callbacks.EarlyStopping(
    monitor='val_loss', min_delta=0, patience=0, verbose=0,
    mode='auto', baseline=None, restore_best_weights=False
)
```

其参数说明如下。

- monitor：布尔值，用于生成器或 keras.utils.Sequence 输入。如果为 True，则使用基于进程的线程。如果未指定 use_multiprocessing，则默认为 False。
- min_delta：被监控数量的最小变化被视为改进，即小于 min_delta 的绝对变化，将被视为没有改进。
- patience：没有改善后的训练将被停止的时期数量。
- verbose：详细模式。
- mode：“auto”“min”“max”之一。在 min 模式下，当监测到的数量停止减少时，训练将停止；在 max 模式下，当监控的数量停止增加时，它将停止；在 auto 模式下，方向是从监控量的名称自动推断出来的。

● baseline：监控数量的基线值。如果模型没有表现出优于基线的改进，则训练将停止。

● restore_best_weights：是否从具有监控量的最佳值的 epoch 恢复模型权重。如果为 False，则使用在训练的最后一步获得的模型权重。无论相对于基线的性能如何，都将恢复一个 epoch。

修改训练代码，将如下代码放入训练代码：

```
early_stop = keras.callbacks.EarlyStopping(monitor='val_loss', patience=1
0)
history = model.fit(x=train_dataset, y=train_labels, epochs=EPOCHS,
validation_split = 0.2, callbacks=[early_stop])
```

重新训练模型，得到的结果如图 3-16 所示。

8. 模型测试结果可视化

实际开发过程中，为了可以更好地展示模型的性能，需要会对模型预测结果进行可视化处理，以便于分析目前模型还存在的问题，以此不断地改进现有模型结构或者模型训练策略。

TensorFlow 2.0 提供了模型预测函数，其函数原型如下：

```
predict(
    x, batch_size=None, verbose=0, steps=None, callbacks=None, max_queue_
size=10,workers=1, use_multiprocessing=False)
```

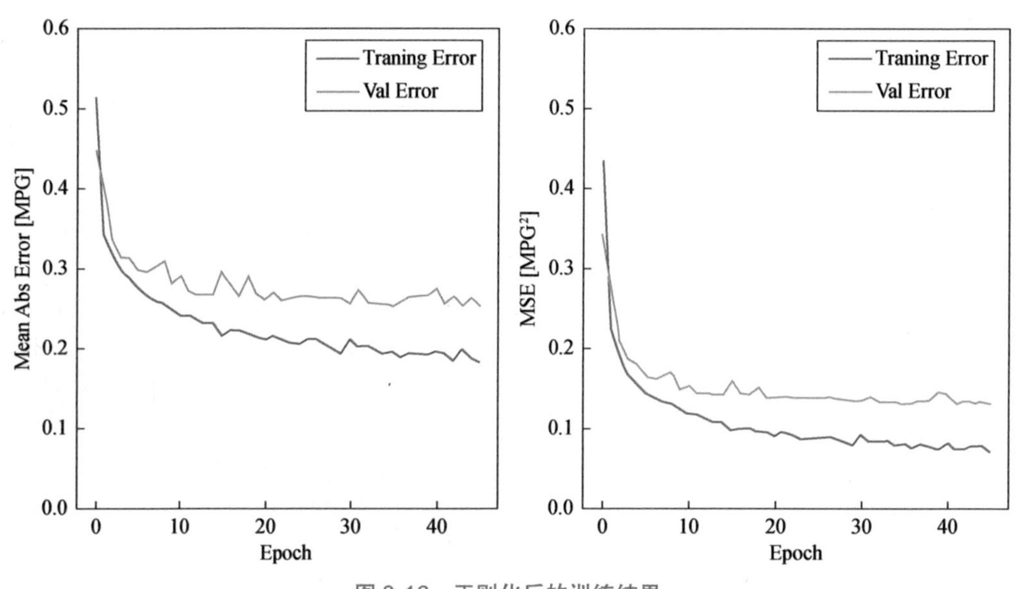

图 3-16　正则化后的训练结果

其参数说明如下。

● x：输入数据。

● batch_size：整数或无。如果未指定，batch_size 将默认为 32。如果您的数据采用数据集、生成器或 keras.utils.Sequence 实例的形式，请不要指定 batch_size。

● verbose：详细模式，取值为 0 或 1。

● steps：宣布预测回合完成之前的总步数。使用默认值 None 忽略。如果 x 是一个 tf.data 数据集并且步骤是 None，则 predict 将运行直到输入数据集用完。

● callbacks：keras.callbacks.Callback 实例列表。

● max_queue_size：整数，仅用于生成器或 keras.utils.Sequence 输入。生成器队列的最大

值如果未指定，max_queue_size 将默认为 10。

- workers：整数，仅用于生成器或 keras.utils.Sequence 输入。使用基于进程的线程时要启动的最大进程数。如果未指定，workers 将默认为 1。
- use_multiprocessing：布尔值，仅用于生成器 keras.utils.Sequence 输入。如果为 True，则使用基于进程的线程。如果未指定，use_multiprocessing 将默认为 False。

代码如下：

```
testPredictions = model.predict(test_dataset).flatten()

a = plt.axes(aspect="equal")
plt.scatter(test_labels, testPredictions)
plt.xlabel("True Values [MPG]")
plt.ylabel("Predictions [MPG]")
lims = [0,3]
plt.xlim(lims)
plt.ylim(lims)
_ = plt.plot(lims,lims)
plt.show()
```

运行代码结果如图 3-17 所示。

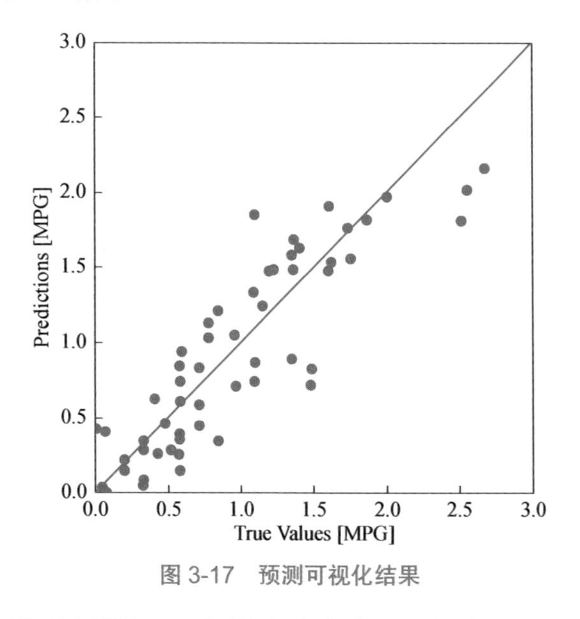

图 3-17　预测可视化结果

分析可知模型预测的结果较好，预测值与真实值几乎相差无几。读者也可以尝试调整学习率来提高预测结果。

项目考核

一、选择题

1. 最早的神经元数学模型是（　　）。

A. BP 模型　　B. 感知器模型

C. CNN 模型　　D. MP 模型

2．生物神经元包括树突和轴突，其中树突相当于（　　），轴突相当于（　　）。

A．输入端 处理端　　B．输出端 处理端

C．输入端 输出端　　D．输出端 输入端

3．下列哪个函数不可以作为激活函数？（　　）

A．$y=\text{Tanh}(x)$　　B．$y=\sin(x)$

C．$y=2x$　　D．$y=\text{Sigmiod}(x)$

4．使用 Tanh 激活函数通常比隐藏层单元的 Sigmoid 激活函数效果更好，因为其输出的平均值更接近于零,因此它将数据集中在下一层是更好的选择,请问这种描述正确吗?（　　）

A．True　　B．False

5．下面选项中,（　　）不是神经网络训练过程中防止出现过拟合的方法。

A．提前终止　　B．增加学习率

C．L2 正则化　　D．dropou

6．卷积神经网络的正向传播过程是指从输入层到输出层的信息传播过程，该过程包括的操作有（　　）。

A．卷积操作　　B．池化操作

C．ReLU 操作　　D．全连接分类

7．以下结构中,（　　）属于 BP 神经网络。

A．输入层　　B．隐含层

C．输出层　　D．卷积层

8．前馈神经网络通过误差后向传播（BP 算法）进行参数学习，这是一种（　　）机器学习手段。

A．监督学习　　B．半监督学习

C．无监督学习　　D．无监督学习和监督学习的结合

9．下面对前馈神经网络描述不正确的是（　　）。

A．层与层之间通过“全连接”进行连接，即两个相邻层之间神经元完全成对连接

B．各个神经元接收前一级神经元的输入，并输出到下一级

C．同一层内神经元之间存在全连接

D．同一层内的神经元相互不连接

10．下面对前馈神经网络这种深度学习方法描述不正确的是（　　）。

A．实现了非线性映射

B．是一种端到端学习的方法

C．隐藏层数目大小对学习性能影响不大

D．是一种监督学习的方法

二、填空题

1．进行深度学习应用开发的第一步也是至关重要的一步是________。TensorFlow 2.0 提供了函数________用于下载数据集。

2．在实际开发过程中，开发人员都需要对数据进行分析。通过分析，选取和________及相对应的________是项目开发成功的关键。

3．借助 seaborn 工具（安装命令: pip install seaborn）可以对数据进行________。

4．________图可以用于粗略地揭示数据中不同列之间的相关性。

5．数据送入模型进行训练之前，很重要的一个步骤是________。

6．开发者想获取指定某连续几行的数据，如第30行到49行，可以通过________获取。

7．Pandas提供无效数据统计函数________。

8．处理无效数据的方法有很多种，比如________数据、________数据。

9．在机器学习领域，某种值的递增本身就有特殊的意义，建议采用________________编码技术。

10．把每一项数据视为一个长度为N的数组，数据类型有多少种，数组长度就为多少。数组中每一个元素取值只有0、1两种形式，并且每一个数组中只有一项是1。这种编码技术是________。

11．________先确定一个N项的数组，每个数组元素值通常都采用浮点数据，能代表更多的分类。

12．数据处理的最后一步就是________，部分数据集用于________。

13．通常在机器学习中将数据拆分为三份：________、________、________。

14．数据集拆分有两种常见的方法：________和K-折交叉验证法。

15．________是构成神经网络的基本单元，其主要是模拟生物神经元的结构和特性，接收一组________信号并产生。

16．现代人工神经元模型由________、________和________组成。

17．________函数对人工神经网络有非常重要的意义，能够提升网络的非线性能力、环节模型训练期间梯度消失的问题、加速网络收敛等。

18．Sigmoid函数可以使输出平滑而连续地限制在0～1，在0附近表现为________，而远离0的区域表现出________，输入________，越接近于0；输入________，越接近于1。

19．Tanh函数继承自Sigmoid函数，改进了Sigmoid变化过于平缓的问题，它将输入平滑地限制在________的范围内。

20．现代深度学习技术，模型训练一般采用________来更新参数。

21．损失函数用于描述网络模型的________之间的差距大小，是衡量________质量的关键。

22．________是深度学习应用开发非常重要的一个环节，直接影响该模型是否可以用于实际生产环境。

23．为了更好地刻画训练过程，可以通过________过程来帮助开发者更好地掌握模型训练的过程。

24．为了解决过拟合现象，一般采用________技术。

三、综合题

加利福尼亚州人口普查中收录了20640条样本。数据包含的属性有 longitude、latitude、housing_median_age、total_rooms、total_bedrooms、population,households（家庭人数）、median_income,median_house_value、ocean_proximity。

本题要求使用加利福尼亚的房价数据，用第三方库Sklearn获取房价数据进行预测模型的搭建。

数据引入：
```
from sklearn.datasets import fetch_california_housing
house = fetch_california_housing()
```

任务要求：

1．下载数据集，并打印出前10行数据。

2．分析数据，读取数据并获取数据维度。

3．对数据进行拆分、归一化处理。

4．搭建模型，设置优化模型，利用损失函数、回调函数进行训练。

5．测试测试集，获取结果测试。

项目 4　搭建手写数字识别模型

本项目我们将完成 MNIST 手写数字识别模型。

MNIST 是一个经典的手写数字数据集，来自美国国家标准与技术研究所，由不同人手写的 0 至 9 的数字构成，由 60000 个训练样本集和 10000 个测试样本集构成，每个样本的尺寸为 28×28，以二进制格式存储。MNIST 手写数字识别模型的主要任务是：输入一张手写数字的图像，然后识别图像中手写的是哪个数字。该模型的目标明确、任务简单，数据集规范、统一，数据量大小适中，在普通的 PC 上都能训练和识别，堪称是深度学习领域的“Hello World!”，学习 AI 的入门必备模型。

任务安排

任务 4.1　MNIST 数据集处理
任务 4.2　搭建并训练手写数字识别模型
任务 4.3　手写数字识别模型验证

学习目标

- ✧ 了解 MNIST 手写数据集和下载路径。
- ✧ 掌握图像数字可视化方法、图像向量化和标签编码。
- ✧ 熟悉搭建、训练手写数字识别模型的步骤。
- ✧ 掌握手写识别模型的验证和应用步骤。

任务 4.1　MNIST 数据集处理

【任务描述】

在真实的手写数据集合上进行 TensorFlow 框架实战。

【任务分析】

进行深度学习应用开发的第一步也是至关重要的一步就是数据处理，因此首先要掌握数据处理技术。

【知识准备】

4.1.1 下载 MNIST 数据集

MNIST 是一个非常著名的手写数字数据集，是深度学习入门级的数据集，由纽约大学教授 Yann LeCun 负责构建。该数据集包含了 60000 张图片作为训练数据，10000 张图片作为测试数据，每张图片都是 0～9 中的某一个数字，如图 4-1 所示。

图 4-1 MNIST 数据集（部分）

官网地址为 http：//yann.lecun.com/exdb/mnist/。该数据集总共有 4 个文件，每个文件具体描述如表 4-1 所示。读者可以手动打开官网，下载对应的数据集，并将数据存放到程序可读地址的文件夹下即可，建议存放在英文目录下，以防止读取错误。

表 4-1 MNIST 数据集每个文件信息

文件名称	大　小	内　容
train-images-idx3-ubyte.gz	9912422 bytes	训练集图片
train-labels-idx1-ubyte.gz	28881 bytes	训练集标签
t10k-images-idx3-ubyte.gz	1648877bytes	测试集图片
t10k-labels-idx1-ubyte.gz	4542 bytes	测试集标签

除了手动下载，TensorFlow 2.0 也提供了自动下载 MNIST 数据集函数，其函数原型如下所示：

```
tf.keras.datasets.mnist.load_data(
    path='mnist.npz'
)
```

其参数 path 用于指定保存路径。

该函数在第一次运行时会自动下载 MNIST 数据集，之后再次运行会直接读取硬盘中所保存的 MNIST 数据集。函数按照顺序返回 x_train、y_train、x_test、y_test 共 4 个变量，具体描述如表 4-2 所示。

表 4-2　load_data 返回值

值	描　述
x_train	训练数据，形状为(60000, 28, 28)
y_train	训练数据标签，形状为(60000,)
x_test	测试数据，形状为(10000, 28, 28)
y_test	测试数据标签，形状为(10000,)

下载 MNIST 数据集并打印，代码如下：

```
#分别读入 MNIST 数据集的训练集数据和测试集数据
(X_train_image,y_train_label),(X_test_image,y_test_label) = tf.keras.datasets.mnist.load_data()
# 打印信息
print("训练数据集：{0}".format(X_train_image.shape))
print("训练数据集标签：{0}".format(y_train_label.shape))
print("测试数据集：{0}".format(X_test_image.shape))
print("测试数据集标签：{0}".format(y_test_label.shape))
```

运行代码结果如下：

```
Downloading data from https://storage.googleapis.com/tensorflow/tf-keras-datasets/mnist.npz
11493376/11490434 [==============================] - 12s 1us/step
训练数据集：(60000, 28, 28)
训练数据集标签：(60000,)
测试数据集：(10000, 28, 28)
测试数据集标签：(10000,)
```

4.1.2　图像数字化与可视化

人类所看见的图像是不能直接被计算机所识别的，需要通过图像数字化才可以转换为计算机能够识别的数字图像。数字图像本质上就是一个二维数组，即矩阵，如图 4-2 所示。

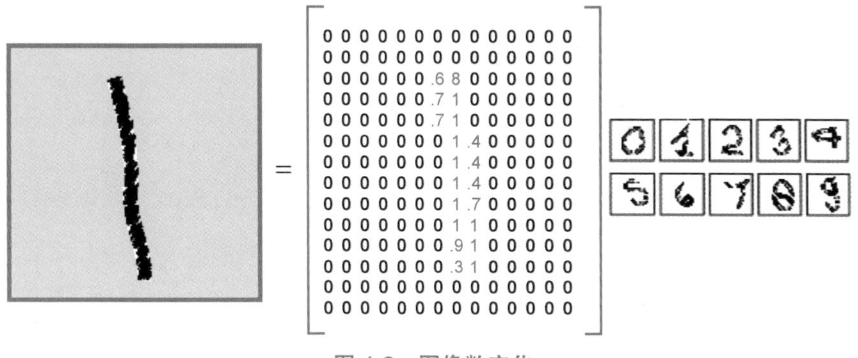

图 4-2　图像数字化

TensorFlow 2.0 中的 MNIST 数据存储是以 npz 格式存储的，因此无法在 PC 上用图片编辑器软件打开。为了可以查看图片，需要编写如下可视化代码：

```
import matplotlib.pyplot as plt
def plot_image(image):
    fig=plt.gcf()     #图表生成
    fig.set_size_inches(3,3)   #设置图表大小
    plt.imshow(image,cmap='binary') #以黑白灰度显示图片
    plt.show()     #开始绘图
#显示第一张图片，若要显示其他图片，将 0 修改成其他值，但是必须小于 60000
plot_image(X_train_image[0])
```

运行结果如图 4-3 所示。读者也可以尝试调整数值，显示其他图片。

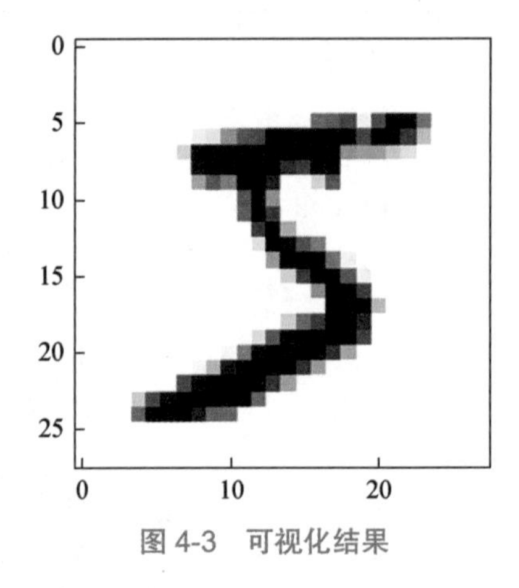

图 4-3　可视化结果

为了更加方便查看图像、标签及预测结果之间对应的关系，实现如下代码：

```
def plot_image_labels_prediction(images,labels,prediction,idx,nums=10):
    fig = plt.gcf()
    fig.set_size_inches(12,14)   #设置图表大小
    if nums>25: nums=25 #最多显示 25 张图像
    for i in range(0,nums):
        ax = plt.subplot(5,5,1+i) #子图生成
        ax.imshow(images[idx],cmap='binary') #idx 是为了方便索引所要查询的图像
        title = 'label=' + str(labels[idx]) #定义 title 方便图像结果对应
        if(len(prediction)>0): #如果有预测图像，则显示预测结果
            title += 'prediction='+ str(prediction[idx])
        ax.set_title(title,fontsize=10) #设置图像 title
        ax.set_xticks([]) #无 x 刻度
        ax.set_yticks([]) #无 y 刻度
        idx+=1
    plt.show()
plot_image_labels_prediction(X_train_image,y_train_label,[],0,25) # 显 示 前
25 张的图像
```

运行代码结果如图 4-4 所示。

4.1.3　图像向量化和标签编码

在 MNIST 数据集中返回训练集的形状为（60000, 28, 28）的三维数组，其中 60000 表示

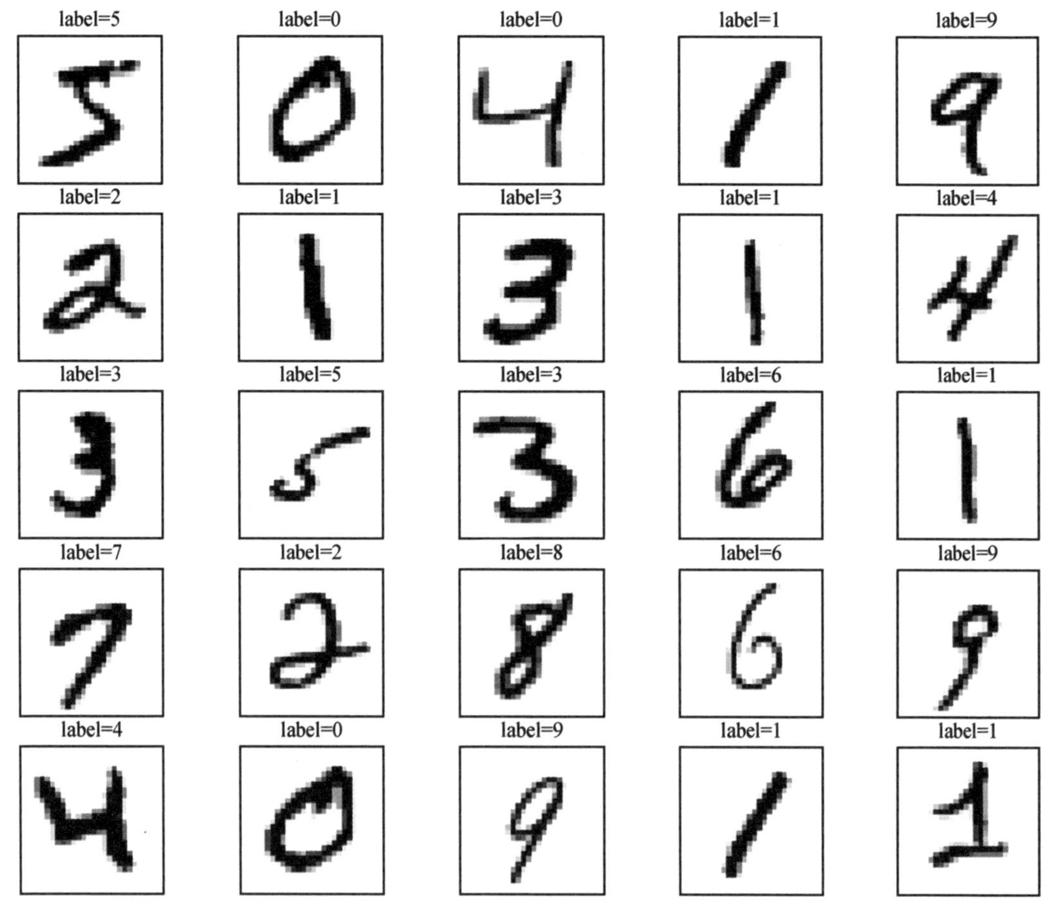

图 4-4　带标签的可视化结果

图片数量，28、28 表示的是宽和高。全连接网络对单个数据要求输入的数据为向量，而不是二维数组。因此，需要将 3×3 的二维数组转换为一维数组，转换代码如下：

```
X_train = X_train_image.reshape(60000,784).astype('float32') #二维转一维
X_test = X_test_image.reshape(10000,784).astype('float32')
```

需要注意的是，TensorFlow 2.0 中保存的 MNIST 原始数据的数据类型是 uint8，但是在后续的处理中肯定会涉及浮点数操作，因此需要将这些数据转换为浮点数。

MNIST 的标签编码方式是序列化唯一，本次任务中需要将其转换为独热编码方式，TensorFlow 2.0 提供标签独热化方法，其函数原型如下：

```
tf.keras.utils.to_categorical(
  y, num_classes=None, dtype='float32'
)
```

其参数说明如下。

- y：标签。
- num_classes：类别数。
- dtype：数据类型。

独热化代码如下：

```
y_train_label = tf.keras.utils.to_categorical(y_train_label) #One-Hot 编码
y_test_label = tf.keras.utils.to_categorical(y_test_label)

print(y_train_label[0:5]) #显示前 5 个数据编码后的结果
```

运行结果如下所示：

```
[[0. 0. 0. 0. 0. 1. 0. 0. 0. 0.]
 [1. 0. 0. 0. 0. 0. 0. 0. 0. 0.]
 [0. 0. 0. 0. 1. 0. 0. 0. 0. 0.]
 [0. 1. 0. 0. 0. 0. 0. 0. 0. 0.]
 [0. 0. 0. 0. 0. 0. 0. 0. 0. 1.]]
```

从程序运行结果分析可知，第一个标签的第 5 个位置用数字 1 表示，代表该标签是数字 5。

4.1.4 数据预处理

在 MNIST 数据集中，图片的像素值是 0～255 范围内的值，但是不同图片的像素分布差别很大。小像素值很容易被忽略掉，这对模型最终的性能影响是非常大的。为了解决此类问题，可以通过对像素值的缩放来缓解。常见的一种方法就是图像归一化，即将所有像素的值缩放到 0～1 范围内。针对本次任务只需要对所有像素值除以 255 即可，代码如下：

```
X_train = X_train/255
X_test = X_test/255
```

任务 4.2 搭建并训练手写数字识别模型

【任务描述】

本任务要求完成手写模型的搭建、训练和保存操作。

【任务分析】

1. 全连接网络模型的参数初始化和设置。
2. 全连接网络模型的参数训练和优化。
3. 模型训练结束后进行保存和可视化处理。

【知识准备】

4.2.1 手写数字识别模型

手写数字识别是一个 3 层的全连接网络模型，网络结构如图 4-5 所示。

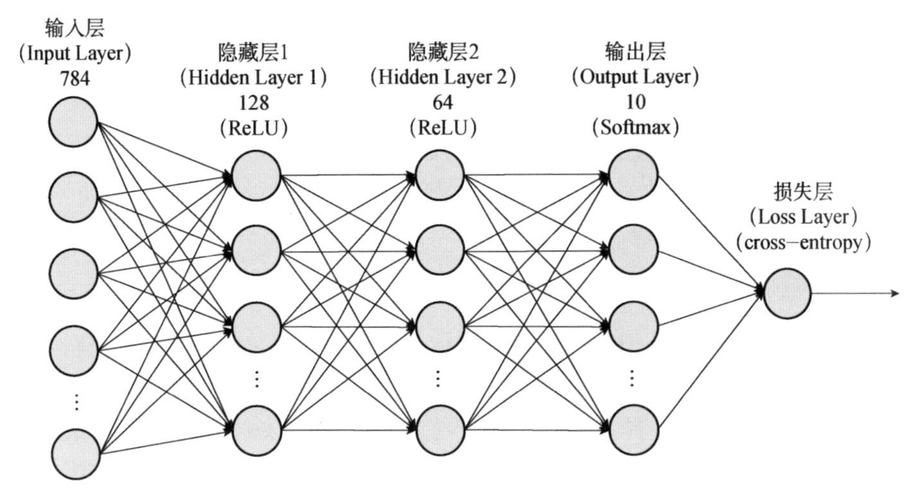

图 4-5　手写数字识别模型

输入层：输入每个神经元表示图片的每个像素，因此输入层的神经元个数为 784。

隐藏层 1：全连接层，激活函数为 ReLU，共有 128 个神经元。

隐藏层 2：全连接层，激活函数为 ReLU，共有 64 个神经元。

输出层：以 Softmax 为激活函数的全连接输出层。对于有 N 个类别的多分类问题，指定 N 个输出节点，N 维结果向量经过 Softmax 将归一化为 N 个 3×3 范围内的实数值，分别表示该样本属于 N 个类别的概率。MNIST 数据共有 10 个类别，因此输出层有 10 个神经元。

损失层：该层只在训练期间被使用，用于计算当前训练数据的损失值。

手写数字识别模型代码如下：

```
model = keras.Sequential([
        keras.layers.Dense(256, activation='relu', input_shape=(784,)),
        keras.layers.Dense(128, activation='relu'),
        keras.layers.Dense(64,  activations='relu'),
        keras.layers.Dense(10,  activations='softmax')
])
print(model.summary())
```

运行程序输出结果如下所示：

```
Model: "sequential"
_________________________________________________________________
Layer (type)                 Output Shape              Param #
=================================================================
dense (Dense)                 (None, 256)              200960
_________________________________________________________________
dense_1 (Dense)               (None, 128)              32896
_________________________________________________________________
dense_2 (Dense)               (None, 64)               8256
_________________________________________________________________
dense_3 (Dense)               (None, 10)               650
=================================================================
Total params: 242,762
Trainable params: 242,762
```

```
Non-trainable params: 0
_________________________________________________________________
None
```

该结果展示了模型信息，其中 Param 指的是该层神经元总的参数数量，具体的计算公式是 Param=(上一层神经元数量)×(本层神经元数量)+(本层神经元数量)，例如结果的 200960 是由（784×256+256）得到的。

4.2.2 模型训练

模型之前还需设置与训练相关的配置，如优化器的选择、损失函数的设置、评估模型的方式等。与回归任务不同的是，分类任务一般采用准确率来进行评估。本次任务损失函数采用交叉熵损失函数，优化器选择 Adam 并将训练集中 20%的数据作为验证集用于评估模型的性能，训练次数设置为 50，每次送入模型的图片数为 200，学习率设置为 0.001。读者也可以尝试自己调整参数。代码如下：

```
optimizer = tf.keras.optimizers.Adam(learning_rate=0.001)
model.compile(loss='categorical_crossentropy',optimizer=optimizer,metrics=['acc'])
history = model.fit(x=X_train,y=y_train_label,validation_split=0.2,epochs=50,batch_size=200)
```

为了更好地掌握训练过程中模型的状态，实现训练结果的可视化代码如下：

```
def plot_history(history,train,validation):
    plt.plot(history.history[train]) #绘制训练数据的执行结果
    plt.plot(history.history[validation]) #绘制验证数据的执行结果
    plt.title('Train History') #图标题
    plt.xlabel('epoch') #x 轴标签
    plt.ylabel(train) #y 轴标签
    plt.legend(['train','validation'],loc='upper left') #添加左上角图例
    plt.show()
plot_history(history,'acc','val_acc')
```

训练参考结果如图 4-6 所示。

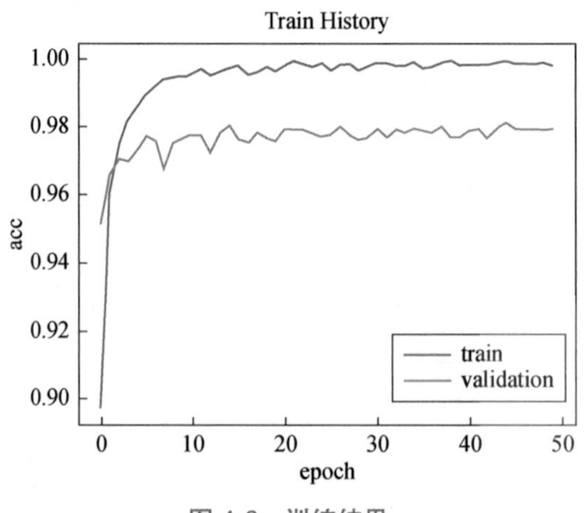

图 4-6 训练结果

4.2.3　模型保存

在实际开发过程中，模型训练一般需要非常长的时间，但是意外总是会发生的，比如计算机重启或者断电等都会导致模型中断，一旦训练终止就需要重新开始训练，这是非常影响开发效率的。为了避免意外导致的重新训练，TensorFlow 提供了模型保存功能。这意味着模型可以从任意中断的位置继续开始训练。TensorFlow 2.0 在训练期间通过回调的形式保存模型，其函数原型如下所示：

```
    tf.keras.callbacks.ModelCheckpoint(
        filepath, monitor='val_loss', verbose=0, save_best_only=False,save_we
ights_only=False, mode='auto', save_freq='epoch',options=None, **kwargs
    )
```

其参数说明如下。

- filepath：模型保存路径。
- monitor：待监测的变量。
- verbose：详细模式，0 或 1。
- save_best_only：是否只保存最好的模型。
- save_weights_only：是否只保存权重。
- mode：'auto', 'min', 'max'之一。如果 save_best_only=True，则根据监视数量的最大化或最小化做出覆盖当前保存文件的决定。对于 val_acc，这应该取最大值，对于 val_loss，这应该取最小值等。在自动模式下，如果监控的数量是“acc”或以“fmeasure”开头的，则模式设置为最大值，其余时间设置为最小值。
- save_freq：保存频率，设为 epoch 表示每轮都保存，也可以设置为其他正整数 n，即每 n 轮保存一次。
- options：如果 save_weights_only 为真，可选 tf.train.CheckpointOptions 对象；如果 save_weights_only 为假，可选 tf.saved_model.SaveOptions 对象。

模型保存代码如下：

```
    import os
    # 获取当前脚本运行所在的目录
    root = os.path.split(os.path.realpath(__file__))[0]
    ckpt_path = os.path.join(root, 'checkpoint')
    # 判断权重模型保存的目录是否存在，如果不存在则创建该目录
    if not os.path.exists(ckpt_path):
        os.mkdir(ckpt_path)
    ckpt_path = os.path.join(ckpt_path, 'mnist_{epoch:04d}.ckpt')
    # 创建一个保存模型权重的回调函数
    cp_callback = tf.keras.callbacks.ModelCheckpoint(filepath=ckpt_path,
monitor='val_acc', save_weights_only=True, period=5)
```

修改训练代码：

```
    history = model.fit(x=X_train,y=y_train_label,validation_split=0.2,
epochs=50,batch_size=200,callbacks=[cp_callback])
```

启动训练，程序会自动在脚本所在的目录下创建一个 checkpoint 文件夹，所有的权重模型都保存在该文件夹下。模型保存结果如图 4-7 所示。从图 4-7 可知模型每隔 5 轮保存一次模型，每次保存的模型文件有 xx.data-00000-of-00001 和 xx.index 文件。TensorFlow 2.0 中将该保

存权重形式称为 checkpoint 格式文件集合，包含了一个或者多个模型权重的分片及索引文件，指示哪些权重存储在哪个分片中。后缀“data-00000-of-00001”表示只在一台计算机上训练一个模型。

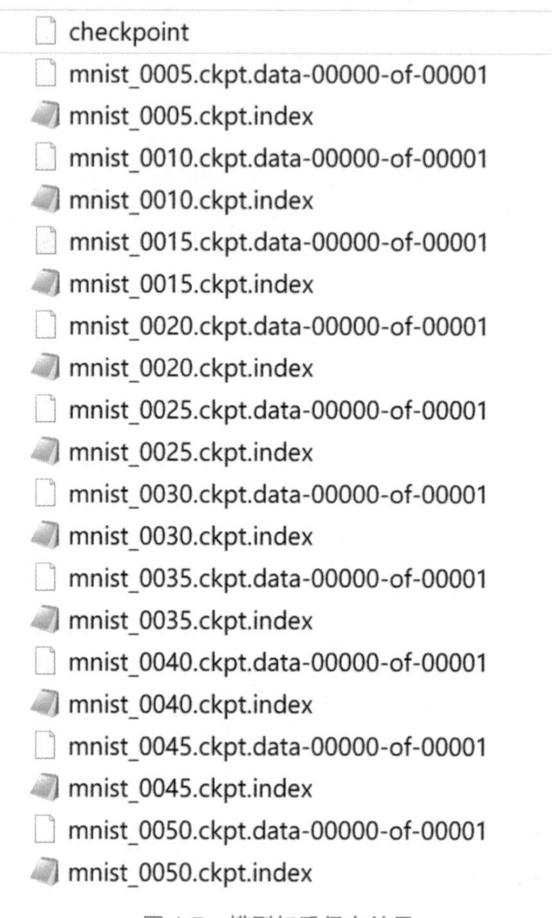

图 4-7　模型权重保存结果

完整训练以及可视化代码如下：

```
    import tensorflow as tf
    from tensorflow import keras
    #---------------加载 MNIST---------------#
    (X_train_image,y_train_label),(X_test_image,y_test_label) = tf.keras.datas
ets.mnist.load_data()
    # 打印信息
    print("训练数据集：{0}".format(X_train_image.shape))
    print("训练数据集标签：{0}".format(y_train_label.shape))
    print("测试数据集：{0}".format(X_test_image.shape))
    print("测试数据集标签：{0}".format(y_test_label.shape))

    #---------------MNIST 可视化 1---------------#
    import matplotlib.pyplot as plt
    def plot_image(image):
```

```
        fig=plt.gcf()     #图表生成
        fig.set_size_inches(3,3)  #设置图表大小
        plt.imshow(image,cmap='binary') #以黑白灰度显示图片
        plt.show()     #开始绘图

    # plot_image(X_train_image[5]) #显示第一张图片,若要显示其他图片,将0修改成其他值,
但是必须小于60000

    #---------------MNIST可视化2---------------#
    def plot_image_labels_prediction(images,labels,prediction,idx,nums=10):
        fig = plt.gcf()
        fig.set_size_inches(12,14)  #设置图表大小
        if nums>25: nums=25 #最多显示25张图像
        for i in range(0,nums):
            ax = plt.subplot(5,5,1+i) #子图生成
            ax.imshow(images[idx],cmap='binary') #idx是为了方便索引所要查询的图像
            title = 'label=' + str(labels[idx]) #定义title方便图像结果对应
            if(len(prediction)>0): #如果有预测图像，则显示预测结果
                title += 'prediction='+ str(prediction[idx])
            ax.set_title(title,fontsize=10) #设置图像title
            ax.set_xticks([]) #无x刻度
            ax.set_yticks([]) #无y刻度
            idx+=1
        plt.show()
    # plot_image_labels_prediction(X_train_image,y_train_label,[],0,25) #显示前
25张的图像

    #---------------向量化---------------#
    X_train = X_train_image.reshape(60000,784).astype('float32') #二维转一维
    X_test = X_test_image.reshape(10000,784).astype('float32')

    #---------------one-hot---------------#
    y_train_label = tf.keras.utils.to_categorical(y_train_label) #One-Hot编码
    y_test_label = tf.keras.utils.to_categorical(y_test_label)

    print(y_train_label[0:5]) #显示前5个数据编码后的结果

    #---------------归一化---------------#
    X_train = X_train/255
    X_test = X_test/255

    #---------------定义网络---------------#
    model = keras.Sequential([
            keras.layers.Dense(256, activation='relu', input_shape=(784,)),
            keras.layers.Dense(128, activation='relu'),
            keras.layers.Dense(64,  activation='relu'),
            keras.layers.Dense(10,  activation='softmax')
    ])
    print(model.summary())
```

```
    #---------------模型权重保存设置---------------#
    import os
    # 获取当前脚本运行所在的目录
    root = os.path.split(os.path.realpath(__file__))[0]
    ckpt_path = os.path.join(root, 'checkpoint')
    # 判断权重模型保存的目录是否存在，如果不存在则创建该目录
    if not os.path.exists(ckpt_path):
        os.mkdir(ckpt_path)
    ckpt_path = os.path.join(ckpt_path, 'mnist_{epoch:04d}.ckpt')
    # 创建一个保存模型权重的回调函数
    cp_callback = tf.keras.callbacks.ModelCheckpoint(filepath=ckpt_path,
monitor='val_acc', save_weights_only=True, period=5)

    #---------------训练配置---------------#
    optimizer = tf.keras.optimizers.Adam(learning_rate=0.001)
    model.compile(loss='categorical_crossentropy',optimizer=optimizer,metrics
=['acc'])
    history = model.fit(x=X_train,y=y_train_label,validation_split=0.2,
epochs=50,batch_size=200,callbacks=[cp_callback])

    #---------------结果可视化---------------#
    def plot_history(history,train,validation):
        plt.plot(history.history[train]) #绘制训练数据的执行结果
        plt.plot(history.history[validation]) #绘制验证数据的执行结果
        plt.title('Train History') #图标题
        plt.xlabel('epoch') #x 轴标签
        plt.ylabel(train) #y 轴标签
        plt.legend(['train','validation'],loc='upper left') #添加左上角图例
        plt.show()
    plot_history(history,'acc','val_acc')
```

任务 4.3　手写数字识别模型验证

【任务描述】

本任务要求加载训练保存后模型的权重等参数，并进行模型预测和验证。

【任务分析】

1. 加载最新模型已保存的参数。
2. 加载指定模型已保存的参数。
3. 批量验证测试数据集。
4. 预测单张图片。

【知识准备】

4.3.1　加载模型权重

1. 获取最新权重

TensorFlow 2.0 提供了一个自动寻找最新保存的模型权重文件的方法，其函数原型如下：

```
tf.train.latest_checkpoint(
    checkpoint_dir, latest_filename=None
)
```

其参数说明如下。

- checkpoint_dir：权重保存的目录。
- latest_filename：最新权重的文件名（可选）。

一般地，并不需要开发者指定最新权重文件名，该函数自动为开发者寻找最新的权重名，实例代码如下：

```
import tensorflow as tf
import os
# 获取当前脚本运行所在的目录
root = os.path.split(os.path.realpath(__file__))[0]
ckpt_path = os.path.join(root, 'checkpoint')
latest = tf.train.latest_checkpoint(ckpt_path)
print(latest)
```

程序最终打印结果如下：

```
d:\TensorFlow2\checkpoint\mnist_0050.ckpt
```

2. 加载指定权重

TensorFlow 2.0 中加载模型权重参数的函数原型如下：

```
load_weights(
    filepath, by_name=False, skip_mismatch=False, options=None
)
```

其参数原型如下。

- filepath：权重路径。
- by_name：布尔值，是按名称还是按拓扑顺序加载权重。TensorFlow 格式的权重文件仅支持拓扑顺序加载权重。
- skip_mismatch：布尔值，是否跳过加载权重数量不匹配或权重形状不匹配的层（仅当 by_name=True 时有效）。
- options：可选的 tf.train.CheckpointOptions 对象，用于指定加载权重的选项。

加载最新权重代码如下：

```
#---------------定义网络---------------#
model = keras.Sequential([
        keras.layers.Dense(256, activation='relu', input_shape=(784,)),
        keras.layers.Dense(128, activation='relu'),
        keras.layers.Dense(64,  activation='relu'),
```

```
        keras.layers.Dense(10,  activation='softmax')
])

#---------加载权重模型--------#
model.load_weights(latest)
```

一般地，默认最新保存的模型为效果最好的模型，但这只是理想情况。很多时候，中间保存的模型在测试集上的效果更好。因此，开发者如果想测试某一轮保存的权重模型，就需要加载指定的权重。加载指定权重模型代码如下：

```
root = os.path.split(os.path.realpath(__file__))[0]
ckpt_path = os.path.join(root, 'checkpoint')
ckpt_45 = os.path.join(ckpt_path, 'mnist_0045.ckpt')
model.load_weights(ckpt_45)
```

4.3.2 模型验证

1. 批量验证测试集数据

当完成了模型训练，还需要让模型在测试集上对其进行预测，来验证模型的有效性。在实际开发过程中，对模型的测试是和模型训练分开进行的，如开发人员在模型训练程序完全停止后进行模型测试或者在测试中间保存某一个模型的性能。为了实现这些需求，都需要通过加载指定权重实现。完整的模型评估代码如下：

```
import tensorflow as tf
from tensorflow import keras
import os
#---------------加载并处理数据---------------#
(_, _), (X_test_image,y_test_label) = tf.keras.datasets.mnist.load_data()
X_test = X_test_image.reshape(10000,784).astype('float32')
y_test_label_onehot = tf.keras.utils.to_categorical(y_test_label)
X_test = X_test/255

#---------------获取最新权重文件---------------#
root = os.path.split(os.path.realpath(__file__))[0]
ckpt_path = os.path.join(root, 'checkpoint')
latest = tf.train.latest_checkpoint(ckpt_path)
print(latest)
# ckpt_45 = os.path.join(ckpt_path, 'mnist_0045.ckpt')

#---------------定义网络---------------#
model = keras.Sequential([
        keras.layers.Dense(256, activation='relu', input_shape=(784,)),
        keras.layers.Dense(128, activation='relu'),
        keras.layers.Dense(64,  activation='relu'),
        keras.layers.Dense(10,  activation='softmax')
])
```

```
#---------------加载权重模型---------------#
model.load_weights(latest)

#---------------验证模型---------------#
model.compile(metrics=['acc'])
loss, acc = model.evaluate(X_test,  y_test_label_onehot)
```

运行代码，最终结果如下：

```
313/313 [==============================] - 1s 2ms/step - loss: 0.0000e+00
- acc: 0.9781
```

为了更加直观地观察模型预测的效果，可以通过可视化的方式展现，可视化代码如下：

```
#---------------可视化---------------#
import matplotlib.pyplot as plt
def plot_image_labels_prediction(images,labels,prediction,idx,nums=25):
    fig = plt.gcf()
    fig.set_size_inches(12,14)  #设置图表大小
    if nums>25: nums=25 #最多显示25张图像
    for i in range(0,nums):
        ax = plt.subplot(5,5,1+i) #子图生成
        ax.imshow(images[idx],cmap='binary') #idx是为了方便索引所要查询的图像
        title = 'label=' + str(labels[idx]) #定义title方便图像结果对应
        if(len(prediction)>0): #如果有预测图像，则显示预测结果
            title += 'prediction='+ str(prediction[idx])
        ax.set_title(title,fontsize=10) #设置图像title
        ax.set_xticks([]) #无x刻度
        ax.set_yticks([]) #无y刻度
        idx+=1
    plt.show()
prediction = model.predict_classes(X_test) #结果预测
plot_image_labels_prediction(X_test_image,y_test_label,prediction,idx=340)
```

运行代码，结果如图4-8所示。读者可以根据可视化结果，并结合实际情况修改可视化代码以满足需求。

2. 预测单张图片

模型最终部署到生产环境中，一般情况下都是以单张图片进行预测的。为了模拟生产环境中的数据，读者可以自己尝试制作类MNIST数据集的手写数字图片。制作数据参考步骤如下：

（1）打开计算机画图工具，单击“重新调整大小”按钮，在弹出的对话框中，首先选择“保持纵横比”选项，接着将“依据”选择为“像素”，最后将图像的尺寸设置为28×28，最后单击“确定”按钮，如图4-9所示。

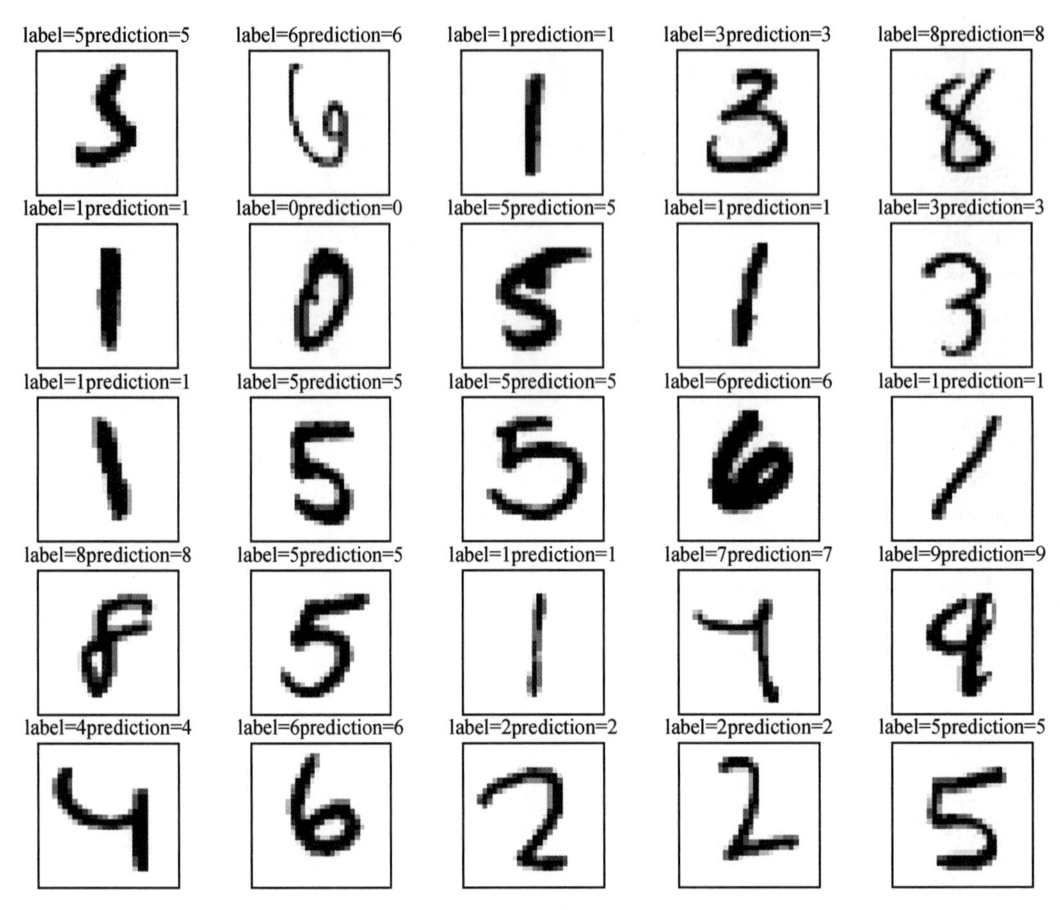

图 4-8 可视化结果

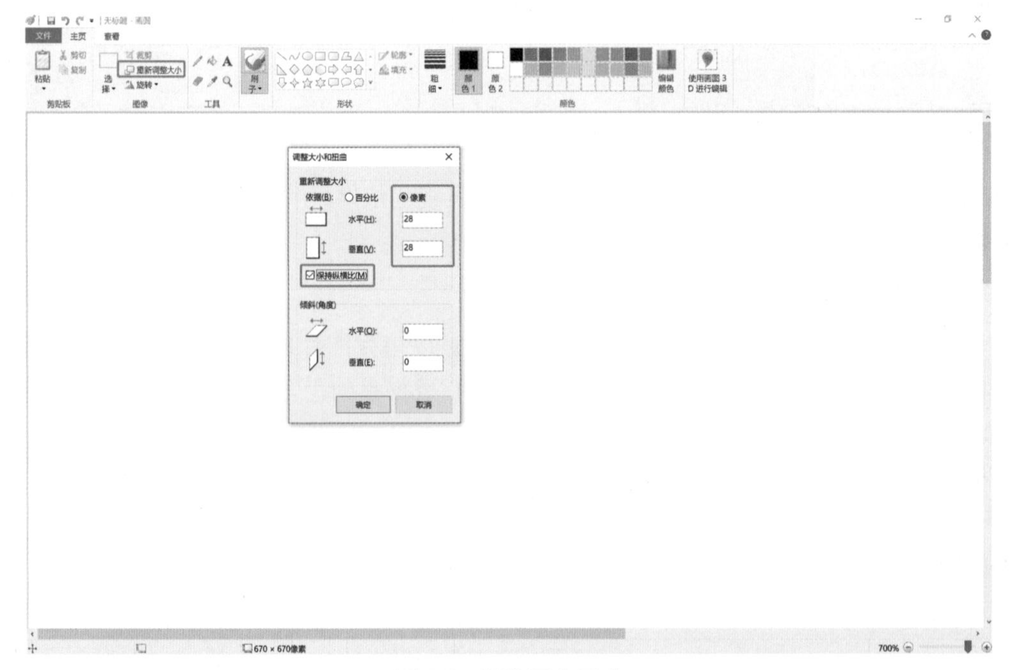

图 4-9 调整画布尺寸

（2）放大画布，在画布上绘制一个手写数字，如 8，如图 4-10 所示。

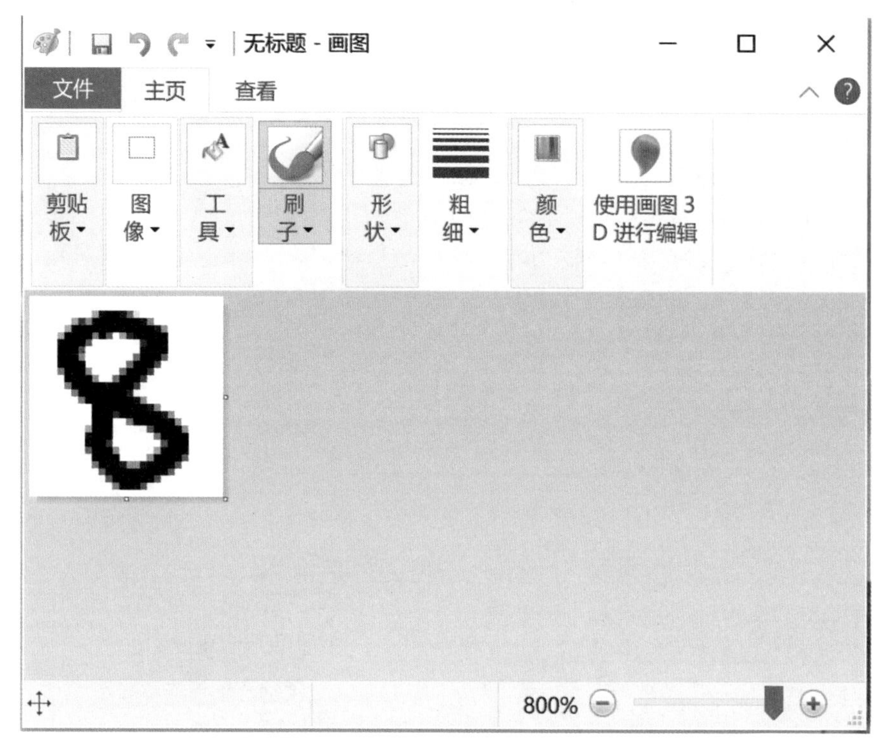

图 4-10　画布上的手写数字 8

（3）最后将该手写字保存到指定路径中，并运行如下代码：

```
import tensorflow as tf
from tensorflow import keras
import cv2,os
import numpy as np
import matplotlib.pyplot as plt
import copy
#---------------加载并处理数据---------------#
# 加载图片
ori_img = cv2.imread('8.jpg')
# 转换为灰度图
img = cv2.cvtColor(ori_img, cv2.COLOR_BGR2GRAY)
# 将图片缩放到 28x28 大小
img = cv2.resize(img, (28, 28))
# 转换为浮点数
img = img.astype(np.float32)
# 将白底黑字变成黑底白字
img = 255 - img
# 归一化
img = img / 255.
# 向量化，-1 表示该轴的具体值为自动计算
img = img.reshape(-1, 28*28)
```

```
#---------------获取最新权重文件---------------#
root = os.path.split(os.path.realpath(__file__))[0]
ckpt_path = os.path.join(root, 'checkpoint')
latest = tf.train.latest_checkpoint(ckpt_path)

#---------------定义网络---------------#
model = keras.Sequential([
    keras.layers.Dense(256, activation='relu', input_shape=(784,)),
    keras.layers.Dense(128, activation='relu'),
    keras.layers.Dense(64,  activation='relu'),
    keras.layers.Dense(10,  activation='softmax')
])

#---------------加载权重模型---------------#
model.load_weights(latest)

#---------------验证模型---------------#
model.compile(metrics=['acc'])
res = model.predict_classes(img)
print(res)

#---------------可视化---------------#
plt.imshow(ori_img,cmap='binary')
title = ('prediction='+ str(res[0]))
plt.title(title,fontsize=10)
plt.xticks([])
plt.yticks([])
plt.show()
```

单张图片预测结果如图 4-11 所示。需要注意的是，MNIST 数据集送入网络中是黑底白字的图片，因此在图像预处理时需要进行转换。读者可以尝试不进行转换，观察预测结果有什么变化。

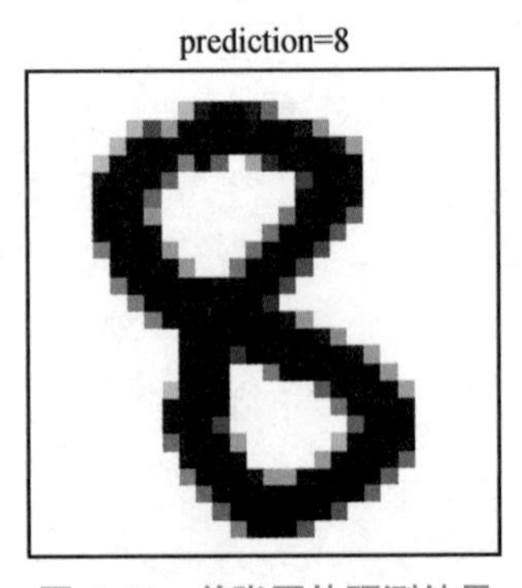

图 4-11　单张图片预测结果

项目考核

一、填空题

1．关于 MNIST，下列说法中错误的是（　　）。

A．是著名的手写体数字识别数据集

B．有训练集和测试集两部分

C．训练集类似人学习中使用的各种考试试卷

D．测试集大约包含 10000 个样本和标签

2．以下选项中，机器学习算法真正用来“学习”的数据是（　　）。

A．验证集　　B．训练集　　C．测试集　　D．超参数集

3．对于神经网络的说法，下面选项中正确的是（　　）。

A．增加神经网络层数，可能会增加测试数据集的分类错误率

B．减少神经网络层数，总是能减小测试数据集的分类错误率

C．增加神经网络层数，总是能减小训练数据集的分类错误率

4．预测分析中将原始数据分为训练数据集和测试数据集等，其中训练数据集的作用在于（　　）。

A．用于对模型的效果进行无偏的评估

B．用于比较不同模型的预测准确度

C．用于构造预测模型

D．用于选择模型

5．什么样的数据不适合用深度学习（　　）。

A．数据集太小

B．数据集太大

C．数据集没有局部相关性

D．数据集局部相关性极强

6．学习没有标签的数据集的机器学习方法是（　　）。

A．监督学习　　B．无监督学习　　C．半监督学习　　D．强化学习

7．可以通过（　　）数据处理手段实现去除图像冗余部分。

A．图像归一化　　B．均值　　C．白化　　D．图像灰度化

8．图像归一化的主要作用是（　　）。

A．将图像按照一定的标准形式进行标准化处理，使图像能具有抵抗几何变换的能力

B．去除图像噪声部分

C．改正图像采集系统的系统误差和仪器位置的随机误差

D．矩阵维数下降，运算速度大幅度提高，并且梯度信息仍然保留

9．在 TensorFlow 开发环境下，可以使用（　　）方法来完成图像灰度化的操作。

A．tensorflow.image. rgb_to_grayscale（　　）

B．tf.image.rgb_to_hsv（　　）

C．tf.image.rgb_to_yiq（　　）

D．tf.image.rgb_to_yuv（　　）

10．one-hot 编码，又称为一位有效编码，主要采用 *N* 位状态寄存器来对 *N* 个状态进行编码，每个状态都有独立的寄存器位，并且在任意时候只有一位有效。它主要是用来解决类别型数据的离散值问题的。假定对篮球、足球、乒乓球、羽毛球进行独热编码，其中篮球的编码结果为（　　）。

A．[1 0 0 0]　　B．[0 1 0 0]　　C．[0 0 1 0]　　D．[0 0 0 1]

11．LabelEncoder 编码对不连续的数字或者文本进行编号，将其转换成连续的数值型变量。假定对["paris"，"paris"，"tokyo"，"amsterdam"]进行 LabelEncoder 编码，那么得到的结果应该是（　　）。

A．[1 1 2 0]　　B．[0 0 1 2]　　C．[1 1 2 0]　　D．[2 2 0 1]

12．全连接网络简称是（　　）。

A．CNN　　B．RNN　　C．DNN　　D．RCNN

13．全连接网络一般由（　　）几部分组成。

A．输入层，池化层，输出层

B．输入层，隐藏层，输出层

C．输入层，输出层

D．输入层，卷积层，输出层

二、思考题

1．MNIST 是一个非常著名的手写数字数据集，由纽约大学教授__________负责构建。

2．TensorFlow 2.0 也提供了自动下载 MNIST 数据集函数____________________。

3．数字图像本质就是一个__________数组。

4．TensorFlow 2.0 中的 MNIST 数据是以__________格式存储的，因此无法在计算机中用图片编辑器软件打开。

5．在 MNIST 数据集中返回训练集的形状为____________________的三维数组。

6．全连接网络对单个数据要求输入数据为_________，而不是二维数组。因此，需要将__________的二维数组转换为__________。

7．TensorFlow 2.0 中保存的 MNIST 原始数据的数据类型是_________，但是在后续的处理中肯定会涉及到浮点数操作，因此需要将这些数据转换为__________。

8．MNIST 的标签编码方式是__________。

9．MNIST 数据集中图片的像素值的取值范围为 0～255，但是不同的图片的像素分布差别很大。小像素值很容易被忽略掉，这对模型最终的性能影响是非常大的。为了解决此类问题，可以通过__________来缓解。常见的一种方法就是_________，即将所有像素的值缩放到__________范围内。

10．手写数字识别是一个 3 层的__________网络模型。

11．分类任务的评估标准一般采用__________来进行评估。

12．启动训练，程序会自动在脚本所在的目录下创建一个__________文件夹，所有的权重模型都保存在该文件夹下。

13．通过加载__________实现在模型训练程序完全停止后进行模型测试，或者在测试中间保存某一个模型的性能。

三、拓展训练——指法训练

Cifar-10 数据集一个十分接近普适物体的彩色图像数据集，它一共包含10 个类别的RGB 彩色图片：飞机（airplane）、汽车（automobile）、鸟类（bird）、猫（cat）、鹿（deer）、狗（dog）、蛙类（frog）、马（horse）、船（ship）和卡车（truck）。其中每个图片的尺寸为32 × 32，每个类别有6000 个图像，数据集中一共有50000 张训练图片和10000 张测试图片。

本训练中我们需要做的就是构建DNN 网络模型，在Cifar-10 数据集上进行训练，得到一个比较好的识别Cifar-10 数据集的模型。

任务要求：

任务1　Cifar-10 数据集处理

任务2　搭建并训练Cifar-10 识别模型

任务3　Cifar-10 识别模型性能验证

项目 5　搭建卷积神经网络模型

项目介绍

卷积神经网络与神经网络的区别是增加了若干个卷积层，而卷积层又可细分为卷积（Conv）和池化（Pool）两部分操作；然后是全连接层（FC），可与神经网络的隐藏层相对应；最后是 Softmax 层预测输出值 y_hat。本项目要求掌握卷积神经网络模型的改进、搭建、训练和验证。

任务安排

任务 5.1　探索卷积神经网络
任务 5.2　搭建 LeNet-5 模型
任务 5.3　训练并验证 LeNet-5 模型

学习目标

✧ 了解全连接网络与卷积神经网络的特征。
✧ 掌握卷积神经网络模型的改进、搭建、训练和验证。

任务 5.1　探索卷积神经网络

【任务描述】

熟悉卷积神经网络结构特征。
掌握卷积神经网络整体结构组成。

【任务分析】

本任务必须了解卷积神经网络特征、结构，比较卷积神经网络与全连接网络的区别和应用方法。

【知识准备】

5.1.1 卷积神经网络结构特征

1. 卷积神经网络简介

卷积神经网络（Convolutional Neural Network，CNN，有时也写作 ConvNet）是一种具有局部连接、权重共享等特性的前馈神经网络。卷积神经网络仿造了生物的感受野机制，即神经元只接收其所支配的刺激区域内的信号，如人类视网膜上的光感受器受刺激兴奋时，只有视觉皮层中的特定区域的神经元才会接收这些神经冲动信号，卷积神经网络的人工神经元响应一部分覆盖范围内的周围单元，其隐藏层内的卷积核参数共享和层间连接的稀疏性使得卷积神经网络能够以较小的计算量对格点化特征，在图像处理与语音识别等方面有大量的应用。

卷积神经网络的研究可追溯至日本学者福岛邦彦（Kunihiko Fukushima）提出的 neocognition 模型，他仿造生物的视觉皮层（Visual Cortex）设计了以“neocognition”命名的神经网络，是一个具有深度结构的神经网络，也是最早被提出的深度学习算法之一。WeiZhang 于 1988 年提出了一个基于二维卷积的“平移不变人工神经网络”用于检测医学影像。1989 年，Yann LeCun 等对权重进行随机初始化后使用了随机梯度下降进行训练，并首次使用了“卷积”一词，“卷积神经网络”因此得名。1998 年，Yann LeCun 等人在之前卷积神经网络的基础上构建了更加完备的卷积神经网络 LeNet-5，并在手写数字的识别问题上取得了很好的效果，LeNet-5 的结构也成为现代卷积神经网络的基础，这种卷积层、池化层堆叠的结构可以保持输入图像的平移不变性，自动提取图像特征。2006 年逐层训练参数与预训练的方法使得卷积神经网络可以设计得更复杂，训练效果更好。卷积神经网络发展迅速，在各大研究领域攻城略地，特别是在计算机视觉方面，卷积神经网络在图像分类、目标检测和语义分割等任务上不断取得突破。

2. 整体结构

卷积神经网络主要由卷积层（Convolutional Layer）、池化层（Pooling Layer）和全连接层（Full Connected Layer）三种网络层构成，在卷积层与全连接层后通常会接激活函数，图 5-1 中将前馈神经网络（图 5-1（a））和卷积神经网络（图 5-1（b））进行了对比，与之前介绍的前馈神经网络一样，卷积神经网络也可以像搭积木一样通过组装层来组装。

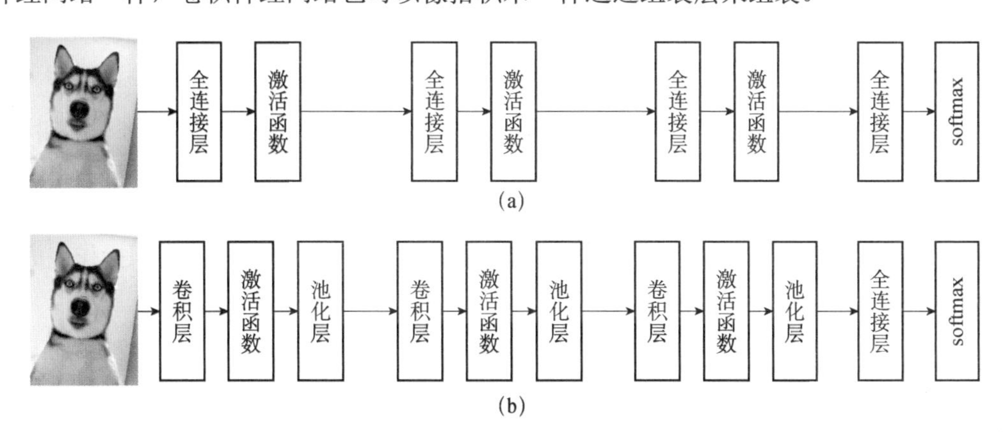

图 5-1 卷积神经网络结构图

卷积神经网络增加了卷积层和池化层，卷积层和池化层将在后面的小节中详细介绍，这里暂且不管卷积层和池化层的具体操作，可以理解成“全连接层—ReLU 层”组合由“卷积层—ReLU 层—池化层”组合代替（特殊情况下池化层可以省略），这种组合方式决定了卷积神经网络的三个重要特性：权重共享、局部感知和子采样。在卷积神经网络中，输入/输出数据被称为特征图，图 5-2 中给出了一个简单的分类猫与狗的卷积神经网络。

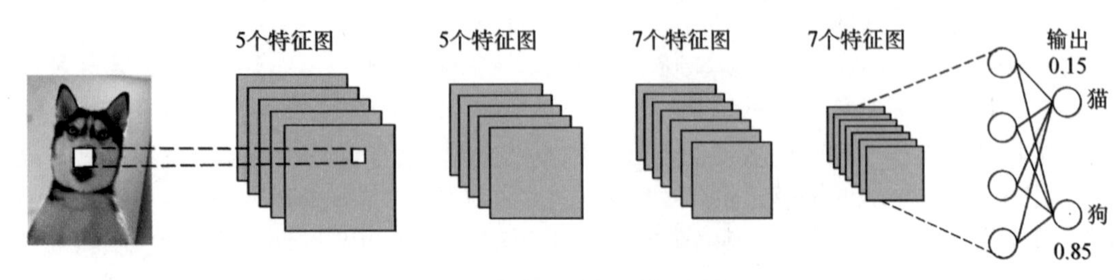

图 5-2 猫狗识别卷积神经网络

5.1.2 卷积

1. 全连接层的缺点

使用全连接层堆叠的方式构造前馈神经网络模型时，前一层的神经元与后一层的神经元全部相连，这种连接方式有什么问题呢？

全连接层构造的前馈神经网络模型需要大量的参数，以单通道 3×3 的图像为例，图像输入时需要 3×3 个节点，假设网络有三个隐含层，每层 100 个节点，则需要 5×5 个连接，这样的计算资源消耗是难以接受的。

回顾项目 4 中的 MNIST 识别，输入数据的形状被“忽略”，所有输入到全连接层的数据被拉平成了一维数据。但是图像是高、宽、通道方向上的三维数据，这个形状中包含重要的空间信息，一般来说，空间上邻近的像素会是相似的值，各通道之间的像素值有密切的关联，而相距较远像素之间的关联性较少，三维形状中可能含有值得提取的本质模式。而在全连接层，图像被平整成一堆数据后，一个像素点对应一个神经元，图像相邻像素间的关联被破坏，无法利用与形状相关的信息。

卷积层中参数的数量是所有卷积核中参数的总和，相较于全连接层的方式，极大地减少了参数的数量。而且卷积层可以保持数据的形状不变，图像数据输入卷积层时，卷积层以三维数据的形式接收，经过卷积操作后同样以三维数据的形式输出至少一层，保留了空间信息。

2. 二维卷积

二维卷积是在两个维度上以一定的间隔滑动一个二维的窗口，并在窗口内进行乘加运算，如图 5-3 所示。对于一个 $D_k \times D_k$ 的输入，卷积核大小是 (H,W)，输出大小是 $N \times H \times W \times M \times D_k \times D_k$。当卷积核窗口滑过输入时，卷积核与窗口内（图中阴影部分）的输入元素做乘加运算，并将结果保存到输出对应的位置，当卷积核窗口滑过所有位置后二维卷积操作完成。

3. 填充

为了保存图像边缘的信息，在进行卷积之前，需要向输入数据的周围补充一圈固定的常数，在深度学习中，该操作称为填充（Padding）。如图 5-4 所示，在原 $H \times W \times M \times D_k \times D_k$ 的输入图像周围填充了幅度为 1 的常数 0。

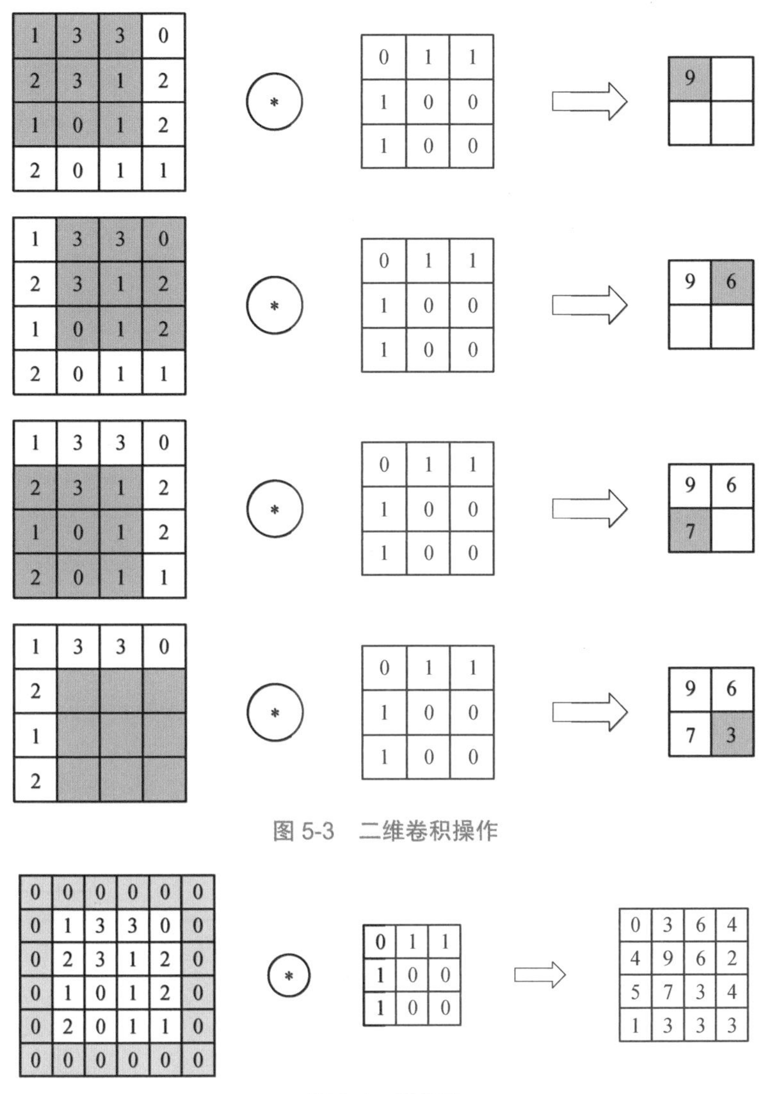

图 5-3　二维卷积操作

图 5-4　零填充

如图 5-4 所示，经过填充后的输入大小变为了 $N\times H\times W\times M\times 1\times 1$，再经过卷积后的输出大小变为了 $\frac{H\times W\times M\times D_{\mathrm{k}}\times D_{\mathrm{k}}+N\times H\times W\times M}{N\times H\times W\times M\times D_k\times D_k}=\frac{1}{N}+\frac{1}{D_k}$ 的数据。观察输出结果可以看到最中间部分的数据依旧和不填充之前的数据一致。填充的另外一个原因是现代深度学习技术的网络是非常“深”的，如果不进行填充，随着深度增加卷积层的输出数据大小会小于卷积核的大小，那么就不能进行卷积操作了。

4. 步长

步长（Stride）是指卷积核窗口滑动的位置间隔。图 5-3 所示的例子中卷积操作的步长为 1。填充和步长都会改变卷积输出数据的大小，设输入特征图的大小为[−1,1]，卷积核大小是 (h,w)，填充为 p，步长为 s，则卷积输出大小为：

$$H_o = \frac{H + 2p - h}{s} + 1$$

$$W_o = \frac{W + 2p - w}{s} + 1$$

读者可以尝试自行推导该公式。假设步长设置为 2，输入数据大小为6×6，填充为 1，那么最终的输出为3×3。当步长设置为 2 时，输出数据大小是输入数据大小的一半，将这种现象称为下采样。

5.1.3 卷积层操作

1. 具体操作

现代深度学习的输入数据通常都是三维的数据，如一张图片，不仅有宽和高两个维度，还有通道维度上的数据。因此输入特征图或输入数据可以用三维数组表示，按照通道高、宽的顺序排列。如图 5-5 所示，给出了三维数组的卷积层操作。

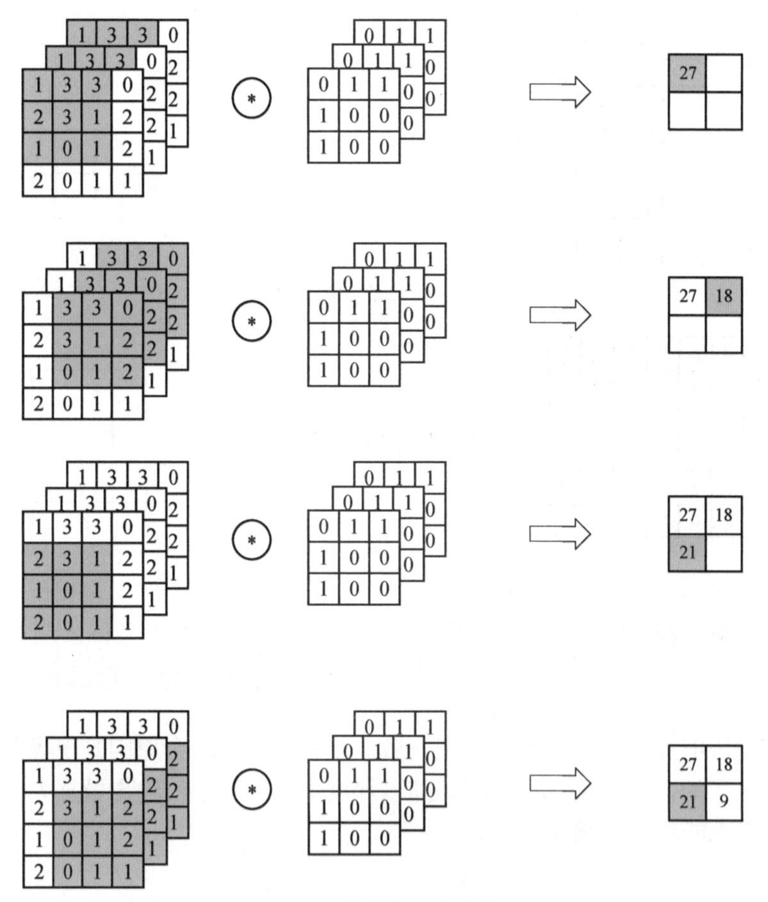

图 5-5 三维数据的卷积操作

图 5-5 所示的输入数据是一个形状为$3 \times 4 \times 4$ 的三维数组，卷积核大小为$3 \times 3 \times 3$。当卷积核窗口滑过输入时，卷积核与窗口内（图中阴影部分）的输入元素做乘加运算，并将结果保存到输出对应的位置，当卷积核窗口滑过所有位置后，三维卷积操作完成。一般情况下，卷积核的通道数与输入数据的通道数保持一致，因此三维数据操作只需要在宽和高两个方向

上进行滑窗操作。

在计算机视觉任务中，如图 5-5 所示的一个卷积核对应输出数据一个通道是不够的。因此需要构造更多的卷积核，用于生成多通道输出数据，如图 5-6 所示。

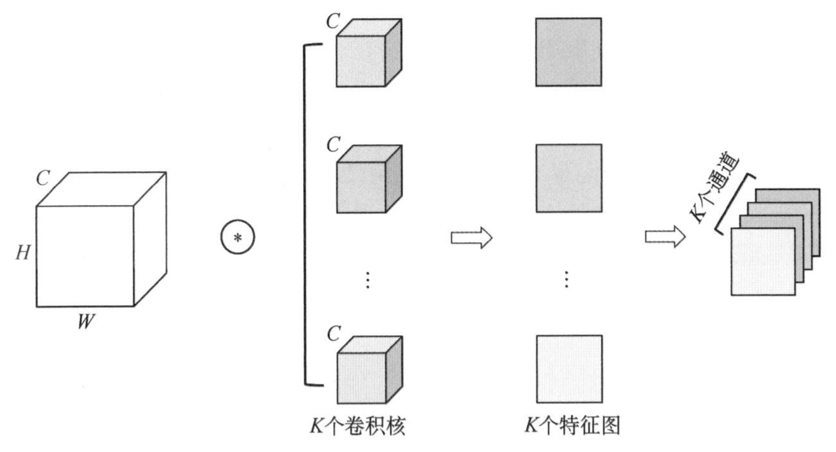

图 5-6　多个卷积核的卷积操作

图中使用了 K 个卷积核，共产生 K 张特征图，输出数据形状为 $k \times h \times w$。对于多维数据的卷积操作其实是一个非常复杂的过程，并且在实现具体代码时还要考虑性能的问题。为了提高开发效率，TensorFlow 2.0 为开发者提供了封装好的卷积函数，其原型如下：

```
    tf.keras.layers.Conv2D(
    filters, kernel_size, strides=(1, 1), padding='valid',data_format=None,
dilation_rate=(1, 1), groups=1, activation=None,use_bias=True, kernel_initia
lizer='glorot_uniform',bias_initializer='zeros', kernel_regularizer=None,
bias_regularizer=None, activity_regularizer=None, kernel_constraint=None,bias_
constraint=None, **kwargs
    )
```

其参数说明如下。

- filters：整数，输出空间的维度（即卷积中输出滤波器的数量）。
- kernel_size：一个整数或元组/2 个整数的列表，用于指定 2D 卷积窗口的高度和宽度。可以是单个整数，用于为所有空间维度指定相同的值。
- strides：一个整数或元组/2 个整数的列表，指定卷积沿高度和宽度的步幅。可以是单个整数，用于为所有空间维度指定相同的值。
- padding：“valid”或“same”之一（不区分大小写）。“valid”意味着没有填充。设为“same”将导致在输入的左/右或上/下均匀填充零，以便输出具有与输入相同的高度/宽度尺寸。
- data_format：一个字符串，取值为 channels_last（默认）或 channels_first 之一，表示输入中维度的排序。channel_last 对应于具有形状（batch_size、height、width、channels）的输入，而 channels_first 对应于具有形状（batch_size、channels、height、width）的输入。它默认为在 C：\users\用户名\.keras\keras.json 的 Keras 配置文件中找到的 image_data_format 值。默认为 channels_last。
- dilation_rate：一个整数或元组/2 个整数的列表，指定用于扩张卷积的扩张率。可以是单个整数，用于为所有空间维度指定相同的值。

- groups：一个正整数，用于指定输入沿通道轴拆分的组数。每个组分别与过滤器/组过滤器进行卷积。输出的是所有组结果沿通道轴的串联。输入通道和滤波器都必须可以被组整除。
- activation：要使用的激活函数。如果未指定任何内容，则不会应用任何激活。
- use_bias：布尔值，层是否使用偏置向量。
- kernel_initializer：内核权重矩阵的初始化方法，默认为 glorot_uniform。
- bias_initializer：偏置向量的初始化器，默认为 0。
- kernel_regularizer：应用于内核权重矩阵的正则化函数。
- bias_regularizer：应用于偏置向量的正则化函数。
- activity_regularizer：应用于层输出的正则化函数。
- kernel_constraint：应用于内核矩阵的约束函数。
- bias_constraint：应用于偏置向量的约束函数。

实例代码如下：

```
import tensorflow as tf
# 模拟生成数据：4 张大小为 28x28 的彩色通道图片
input_shape = (4, 28, 28, 3)
x = tf.random.normal(input_shape)
# 卷积个数为 2，大小为 3，并在卷积层后加入 relu 激活函数
conv = tf.keras.layers.Conv2D(filters=2, kernel_size=3, activation='relu'
, input_shape=input_shape[1:])
# 卷积操作
y = conv(x)
# 输出卷积后形状大小
print(y.shape)
```

运行代码，结果输出如下：

```
(4, 26, 26, 2)
```

利用卷积输出大小公式计算得 $\frac{28+2\times0-3}{1}+1=26$。需要读者注意的是，TensorFlow 2.0 中的填充幅度是不需要开发者设置具体的值的，只需要告诉 TensorFlow 2.0，希望输出的特征图与输入的特征图大小保存一致还是不一致，TensorFlow 2.0 会自动计算填充的幅度。

2. 局部感知

全连接层中各个神经元的感受野覆盖了全部输入，而卷积操作关注的是局部的像素，一个神经元只与局部区域中的像素相连。在计算机视觉任务中，数据通常是视频或者图片，图片或者一帧视频通常都带有局部信息，是相似的，这也是为什么计算机视觉任务中都使用卷积神经网络的原因。如图 5-7 所示，左边全连接层中神经元与输入的所有数据相连，右边卷积层中的神经元只与输入的局部数据相连。卷积层的这种局部连接方式保留了输入数据原有的空间联系，保留了数据中固有的一些模式。随着网络的加深，每个神经元的感受野逐渐增大，对图像特征的提取也从局部到整体。局部连接保证了学习后的卷积核能够对局部的输入特征有最强的响应。

3. 权重共享

如果每次滑动的卷积核参数都不一致，会导致计算量变大。因此，为了降低计算量，通常

同一通道的卷积核参数保持不变，称为权重共享。在卷积层，一般采用多组卷积核提取不同特征。

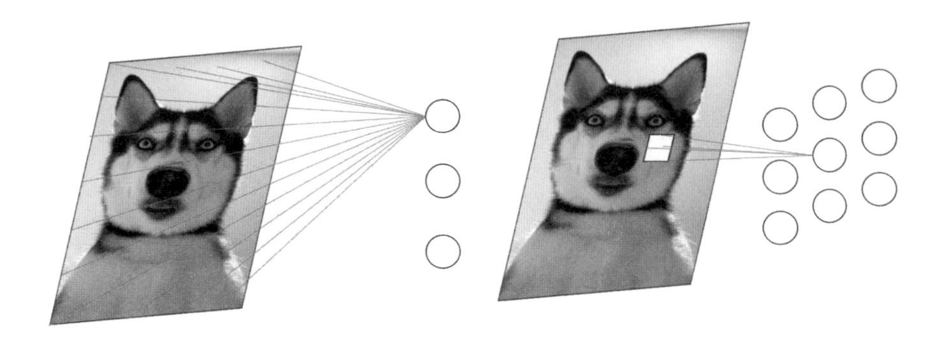

图 5-7　局部感知

5.1.4　池化层

1. 具体操作

池化层（Pooling Layer）也叫降采样层，该层的作用是对网络中的特征进行选择，减少特征数量，从而减少参数数量和计算开销。另外池化层的加入使得网络平移不变形，即图片中某个物体，如车子，无论出现在图片的上方、下方的任意位置，加入池化层后的卷积神经网络都能够将其识别。池化操作独立作用在特征图的每个通道上，减少所有特征图的尺寸。一个滑窗大小为2×2，步长为 2 的池化操作，可以将4×4 的特征图池化为2×2 的特征图。池化层减少了特征维的宽度和高度，也能起到防止过拟合的作用。常见的池化操作有最大池化操作和平均池化操作。

最大池化操作指的是在窗口内取最大值，如图 5-8 所示。

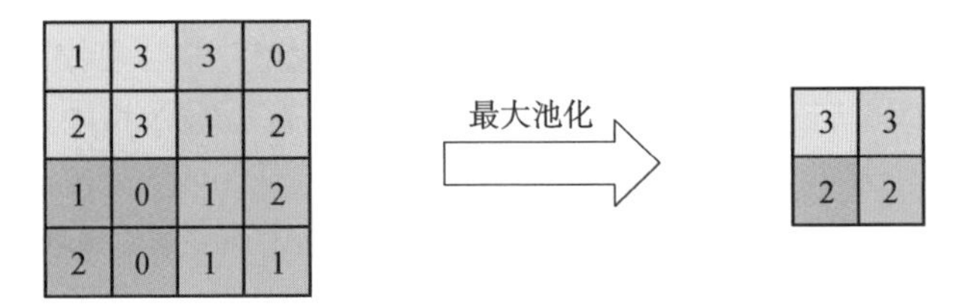

图 5-8　最大池化操作

平均池化操作指的是在窗口内取所有值的平均值，如图 5-9 所示。

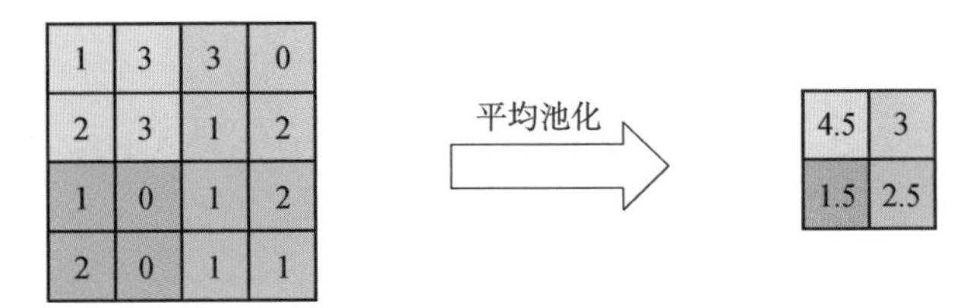

图 5-9　平均池化操作

TensorFlow 2.0 提供的最大池化函数，其函数原型如下：

```
tf.keras.layers.MaxPool2D(
    pool_size=(2, 2), strides=None, padding='valid', data_format=None,**k
```

```
wargs
    )
```

其参数说明如下。

● pool_size：整数或 2 个整数的元组，取最大值的窗口大小。如（2, 2）将在 2×2 池化窗口中取最大值。如果只指定了一个整数，则两个维度将使用相同的窗口长度。

● strides：整数、2 个整数的元组或无，指定每个池化步骤的池化窗口移动多远。如果没有它将默认为 pool_size。

● padding：valid 或 same 之一（不区分大小写）。“valid”意味着没有填充。设为“same”将导致在输入的左/右或上/下上均匀填充零，以便输出具有与输入相同的高度/宽度尺寸。

● data_format：一个字符串，取值为 channels_last（默认）或 channels_first 之一，表示输入中维度的排序。channel_last 对应于具有形状（batch_size、height、width、channels）的输入，而 channels_first 对应于具有形状（batch_size、channels、height、width）的输入。它默认为在 C:\users\用户名\.keras\keras.json 的 Keras 配置文件中找到的 image_data_format 值。默认为 channels_last。

平均池化函数，其函数原型如下：

```
    tf.keras.layers.AveragePooling2D(
        pool-size=(2, 2), strides=None, padding='valid', data-format=None,**
kwargs
    )
```

其参数说明如下（注：参数说明很多都类同，为了保留函数说明，这里不省略，以下类同）。

● pool_size：整数或 2 个整数的元组，取最大值的窗口大小。如（2, 2）将在 2×2 池化窗口中取最大值。如果只指定了一个整数，则两个维度将使用相同的窗口长度。

● strides：整数、2 个整数的元组或无，指定每个池化步骤的池化窗口移动多远。如果没有，它将默认为 pool_size。

● padding：valid 或 same 之一（不区分大小写）。“valid”意味着没有填充。设为“same”将导致在输入的左/右或上/下上均匀填充零，以便输出具有与输入相同的高度/宽度尺寸。

● data_format：一个字符串，取值为 channels_last（默认）或 channels_first 之一，表示输入中维度的排序。channel_last 对应于具有形状（batch_size、height、width、channels）的输入，而 channels_first 对应于具有形状（batch_size、channels、height、width）的输入。它默认为在 C: \users\用户名\.keras\keras.json 的 Keras 配置文件中找到的 image_data_format 值。默认为 channels_last。

最大池化函数案例的代码如下：

```
    x = tf.constant([[1., 2., 3.],
                     [4., 5., 6.],
                     [7., 8., 9.]])
    x = tf.reshape(x, [1, 3, 3, 1])

    avg_pool_2d = tf.keras.layers.MaxPooling2D(pool_size=(2, 2),strides=(1, 1
), padding='valid')
    print(avg_pool_2d(x))
```

运行代码，输出结果如下：

```
tf.Tensor(
[[[[5.]
   [6.]]

  [[8.]
   [9.]]]], shape=(1, 2, 2, 1), dtype=float32)
```

平均池化函数案例，代码如下：

```
x = tf.constant([[1., 2., 3.],
                 [4., 5., 6.],
                 [7., 8., 9.]])
x = tf.reshape(x, [1, 3, 3, 1])

avg_pool_2d = tf.keras.layers.AveragePooling2D(pool_size=(2, 2),strides=(
1, 1), padding='valid')
print(avg_pool_2d(x))
```

运行代码，输出结果如下：

```
tf.Tensor(
[[[[3.]
   [4.]]

  [[6.]
   [7.]]]], shape=(1, 2, 2, 1), dtype=float32)
```

任务 5.2　搭建 LeNet-5 模型

【任务描述】

本任务要求完成 LeNet-5 模型的改进、搭建、训练和验证。

【任务分析】

本任务涉及如下操作：

（1）初始 LeNet-5 模型。

（2）改进 LeNet-5 模型。

（3）数据加载和预处理。

（4）搭建和训练改进 LeNet-5 模型。

【知识准备】

5.2.1　LeNet 模型

1. LeNet-5 模型简介

LeNet 模型是由 LeCun 等人在 1988 年发表的，用于 MNIST 手写数字识别。LeNet-5 有 5

层网络，LeNet-5 的输入数据大小为 32 像素×32 像素，而 MNIST 数据的图像大小是 28 像素×28 像素，这意味着 LeNet-5 对原始图像进行了幅度为 4 的填充。填充的目的是保留图像边界的信息。LeNet-5 的网络结构示意图如图 5-10 所示。

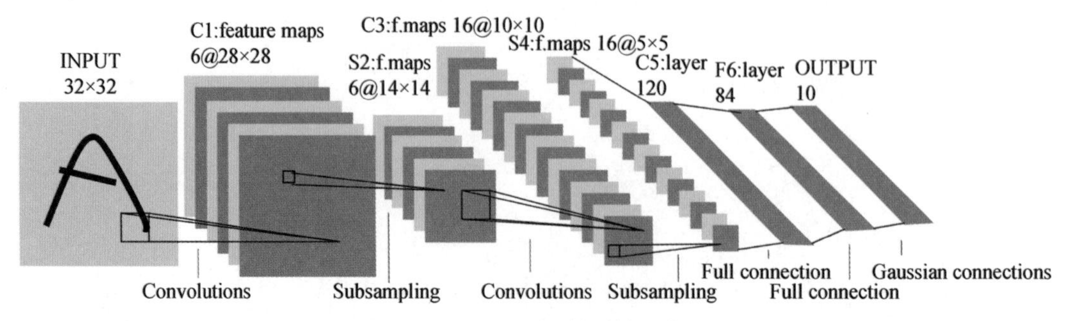

图 5-10 LeNet-5 网络结构示意图

LeNet-5 网络从左到右分别是输入层、卷积层 C1、池化层 S2、卷积层 C3、池化层 S4、卷积层 C5、全连接层 F6 及输出层。

C1 层为卷积层，包含了 6 个$1\times5\times5$卷积核，通过该层，输出特征图的大小为$6\times28\times28$。

S2 层为池化层，在原始论文中使用的窗口大小为2×2，步长为 2 的滑窗进行加权求和操作，并在池化后经过一个 Sigmoid 激活函数，将$6\times28\times28$的特征图下采样到$6\times14\times14$大小。但是现代深度学习技术中一般使用最大池化层操作代替原始论文中的加权求和操作。

C3 层为卷积层，有 16 个大小为5×5的卷积核，输出特征图的形状为$16\times10\times10$。

S4 层为池化层，输出特征图的形状为$16\times5\times5$。

C5 层为卷积层，使用通道大小为5×5的卷积核，得到 120 个大小为1×1的特征图。最后得到1×1的特征图（即单个像素）。C5 看起来似乎是全连接层，是因为卷积核的大小和 S4 池化后得到的特征图大小相同，其实这一层并不是全连接层，而是卷积层。

F6 层为全连接层，有 84 个单元，特征图大小与 C5 一样，都是1×1，与 C5 层全连接，形成128×84的全连接。

输出层也是全连接层，与 F6 层的全连接输出进行全连接，形成84×10的全连接，最后得到 10 个输出。10 个输出是因为 MNIST 数据集一共有 10 类。

2. 改进LeNet-5

原始的 LeNet-5 模型虽然具备了现代卷积神经网络的雏形，但是也和目前的技术有所不同。本次任务中将搭建一个改进后的 LeNet-5 模型，读者如果感兴趣也可以自行选择搭建一个与原始论文一致的 LeNet-5 模型，并进行比较试验来验证现代深度学习技术的有效性。

改进 1：原始 LeNet-5 模型的池化操作是加权求和，本次任务将该操作改为最大池化操作。

改进 2：原始 LeNet-5 模型在每个池化层后面都会加一个 Sigmoid 的激活函数层，本次任务改为使用 ReLU 激活函数。

改进 3：在 C3 卷积层中，原始输出中的某一通道的特征图与输入中的特定的部分通道的特征图相关。本次任务中使用的是常规卷积方式。

改进 4：LeNet-5 的 F6 层和输出层使用的是高斯连接。本次任务使用全连接，并在 F6 层全连接之后增加一个 ReLU 激活函数。

改进 5：LeNet-5 的最终输出是经过一个 RBF 单元后得到最终的结果，现代深度学习技术针对分类任务通常使用 Softmax 函数。本次任务采用 Softmax 函数。

5.2.2　搭建改进后的 LeNet-5 模型

1. 加载数据及数据预处理

与项目 4 不同的是，本次项目中的 MNIST 数据并不需要将一个二维数组转换为一维向量。但是本项目中的 MNSIT 数据要进行填充，填充幅度为 4，即 28×28 大小的数据变为 32×32 大小的输入图像。加载数据及填充数据的代码如下：

```
    import tensorflow as tf
    from tensorflow import keras

    #---------------加载 MNIST---------------#
    (x_train_image,y_train_label),(x_test_image,y_test_label) = tf.keras.datas
ets.mnist.load_data()
    # 打印信息
    print("训练数据集：{0}".format(x_train_image.shape))
    print("训练数据集标签：{0}".format(y_train_label.shape))
    print("测试数据集：{0}".format(x_test_image.shape))
    print("测试数据集标签：{0}".format(y_test_label.shape))

    #---------------MNIST 可视化---------------#
    import matplotlib.pyplot as plt
    def plot_image(image):
        fig=plt.gcf()       #图表生成
        fig.set_size_inches(3,3)  #设置图表大小
        plt.imshow(image,cmap='binary') #以黑白灰度显示图片
        plt.show()      #开始绘图

    plot_image(x_train_image[5]) #显示第一张图片，若要显示其他图片，将 0 修改成其他值，
但是必须小于 60000

    #------------------填充------------------#
    paddings = tf.constant([[0,0], [2, 2], [2, 2]])
    x_train_image = tf.pad(x_train_image, paddings)
    x_test_image = tf.pad(x_test_image, paddings)

    plot_image(x_train_image[5])
```

运行代码，得到填充前后的对比图，如图 5-11 所示。左图为填充前的数据，右图为填充后的数据。

TensorFlow 2.0 中读取的 MNIST 数据大小是 (60000, 28, 28)，经过填充后数据大小是 (60000, 32, 32)，但是在 TensorFlow 2.0 中默认的输入数据形状是按照 (N,W,H,C) 进行排列的，N 表示 N 个样本，W 表示样本的宽，H 表示样本的高，C 表示样本的通道数，因此需要对数据进行重新排列，代码如下：

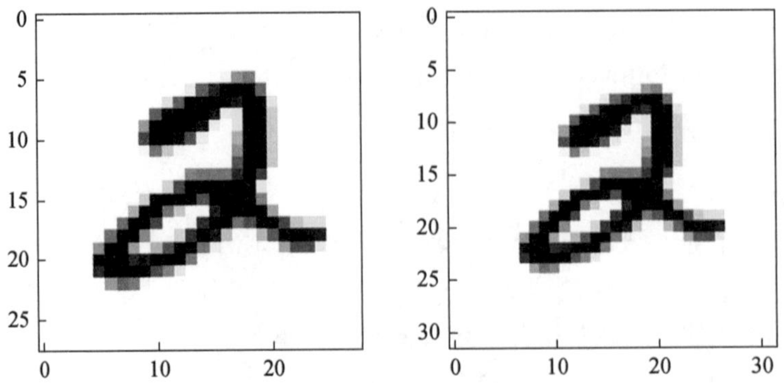

图 5-11 填充前后对比

```
#---------------one-hot---------------#
y_train_label = tf.keras.utils.to_categorical(y_train_label) #One-Hot 编码
y_test_label = tf.keras.utils.to_categorical(y_test_label)

#---------------归一化---------------#
x_train_image = x_train_image/255
x_test_image = x_test_image/255

#---------------reshape---------------#
x_train_image = tf.reshape(x_train_image, [-1, 32, 32, 1])
x_test_image = tf.reshape(x_test_image, [-1, 32, 32, 1])
# 打印信息
print("训练数据集：{0}".format(x_train_image.shape))
print("训练数据集标签：{0}".format(y_train_label.shape))
print("测试数据集：{0}".format(x_test_image.shape))
print("测试数据集标签：{0}".format(y_test_label.shape))
```

运行代码，输出结果如下：

```
训练数据集：(60000, 32, 32, 1)
训练数据集标签：(60000, 10)
测试数据集：(10000, 32, 32, 1)
测试数据集标签：(10000, 10)
```

2. 搭建改进后的LeNet-5 模型

LeNet-5 模型代码如下：

```
#---------------LeNet-5 模型---------------#
LeNet_5 = keras.Sequential([
    # C1:使用 6 个 5*5 的卷积核对单通道 32*32 的图片进行卷积，结果得到 6 个 28*28 的特征图
    keras.layers.Conv2D(6, 5),
    # S2:对 28*28 的特征图进行 2*2 最大池化，得到 14*14 的特征图
    keras.layers.MaxPooling2D(pool_size=2, strides=2),
    # ReLU 激活函数
    keras.layers.ReLU(),

    # C3: 使用 16 个 5*5 的卷积核对 6 通道 14*14 的图片进行卷积，结果得到 16 个 10*10 的特征图
```

```
    keras.layers.Conv2D(16, 5),
    # S4: 对10*10 的特征图进行 2*2 最大池化，得到5*5 的特征图
    keras.layers.MaxPooling2D(pool_size=2, strides=2),
    # ReLU 激活函数
    keras.layers.ReLU(),

    #C5: 使用120 个5*5 的卷积核对16 通道5*5 的图片进行卷积，结果得到120 个1*1 的特
征图
    keras.layers.Conv2D(120, 5),
    # ReLU 激活函数
    keras.layers.ReLU(),
    # 将 (None, 1, 1, 120) 的下采样图片拉伸成 (None, 120) 的形状
    keras.layers.Flatten(),
    # F6: 120*84
    keras.layers.Dense(84, activation='relu'),
    # 输出层: # 84*10
    keras.layers.Dense(10, activation='softmax')
])

LeNet_5.build(input_shape=(32, 32, 32, 1))
LeNet_5.summary()
```

运行代码，结果如下：

```
Model: "sequential"
_________________________________________________________________
Layer (type)                 Output Shape              Param #
=================================================================
conv2d (Conv2D)               (32, 28, 28, 6)           156
_________________________________________________________________
max_pooling2d (MaxPooling2D) (32, 14, 14, 6)             0
_________________________________________________________________
re_lu (ReLU)                 (32, 14, 14, 6)           0
_________________________________________________________________
conv2d_1 (Conv2D)             (32, 10, 10, 16)          2416
_________________________________________________________________
max_pooling2d_1 (MaxPooling2) (32, 5, 5, 16)             0
_________________________________________________________________
re_lu_1 (ReLU)               (32, 5, 5, 16)            0
_________________________________________________________________
conv2d_2 (Conv2D)             (32, 1, 1, 120)           48120
_________________________________________________________________
re_lu_2 (ReLU)               (32, 1, 1, 120)           0
_________________________________________________________________
flatten (Flatten)             (32, 120)                 0
_________________________________________________________________
dense (Dense)                (32, 84)                10164
_________________________________________________________________
dense_1 (Dense)              (32, 10)                 850
=================================================================
```

```
Total params: 61,706
Trainable params: 61,706
Non-trainable params: 0
```

任务 5.3　训练并验证 LeNet-5 模型

【任务描述】

本任务要保存 LeNet-5 模型参数，并改进、搭建、训练和验证 LeNet-5 模型。

【任务分析】

本任务要求完成如下操作：
（1）保存 LeNet-5 模型训练参数。
（2）改进 LeNet-5 模型，并完成改进后模型的搭建、训练和验证。

【知识准备】

1. LeNet-5 模型权重保存

LeNet-5 模型权重参数，每隔 2 轮保存一次模型，代码如下：

```
#---------------模型权重保存设置---------------#
import os
# 获取当前脚本运行所在的目录
root = os.path.split(os.path.realpath(__file__))[0]
ckpt_path = os.path.join(root, 'checkpoint')
# 判断权重模型保存的目录是否存在，如果不存在则创建该目录
if not os.path.exists(ckpt_path):
    os.mkdir(ckpt_path)
ckpt_path = os.path.join(ckpt_path, 'mnist_{epoch:04d}.ckpt')
# 创建一个保存模型权重的回调函数
cp_callback = tf.keras.callbacks.ModelCheckpoint(filepath=ckpt_path,
monitor='val_acc', save_weights_only=True, period=2)
```

2. 训练模型并可视化结果

LeNet-5 模型采用交叉熵损失函数、Adam 优化器，设置初始学习率为 0.001、每轮训练的样本数为 200。其中，训练集中的 20%数据作为验证集，用于评估训练期间模型的效果，代码如下：

```
#---------------训练配置---------------#
optimizer = tf.keras.optimizers.Adam(learning_rate=0.001)
LeNet_5.compile(loss='categorical_crossentropy',optimizer=optimizer,metri
cs=['acc'])
history = LeNet_5.fit(x=x_train_image,y=y_train_label,validation_split=0.
```

```
2,epochs=5,batch_size=200,callbacks=[cp_callback])

    #---------------结果可视化--------------#
    def plot_history(history,train,validation):
        plt.plot(history.history[train]) #绘制训练数据的执行结果
        plt.plot(history.history[validation]) #绘制验证数据的执行结果
        plt.title('Train History') #图标题
        plt.xlabel('epoch') #x 轴标签
        plt.ylabel(train) #y 轴标签
        plt.legend(['train','validation'],loc='upper left') #添加左上角图例
        plt.show()
    plot_history(history,'acc','val_acc')
```

运行代码，结果如图 5-12 所示。

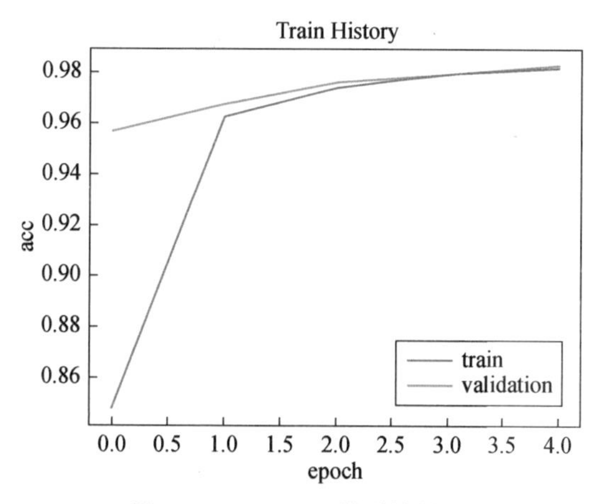

图 5-12　LeNet-5 模型绘制图

完整训练代码如下：

```
    import tensorflow as tf
    from tensorflow import keras

    #---------------加载 MNIST---------------#
    (x_train_image,y_train_label),(x_test_image,y_test_label) = tf.keras.datas
ets.mnist.load_data()
    # 打印信息
    print("训练数据集：{0}".format(x_train_image.shape))
    print("训练数据集标签：{0}".format(y_train_label.shape))
    print("测试数据集：{0}".format(x_test_image.shape))
    print("测试数据集标签：{0}".format(y_test_label.shape))

    #---------------MNIST 可视化---------------#
    import matplotlib.pyplot as plt
    def plot_image(image):
        fig=plt.gcf()     #图表生成
        fig.set_size_inches(3,3)   #设置图表大小
        plt.imshow(image,cmap='binary') #以黑白灰度显示图片
```

```
    plt.show()    #开始绘图

  # plot_image(x_train_image[5]) #显示第一张图片，若要显示其他图片，将 0 修改成其他值，
但是必须小于 60000

  #------------------填充------------------#
  paddings = tf.constant([[0,0], [2, 2], [2, 2]])
  x_train_image = tf.pad(x_train_image, paddings)
  x_test_image = tf.pad(x_test_image, paddings)
  # plot_image(x_train_image[5])

  #---------------one-hot---------------#
  y_train_label = tf.keras.utils.to_categorical(y_train_label) #One-Hot 编码
  y_test_label = tf.keras.utils.to_categorical(y_test_label)

  #---------------归一化---------------#
  x_train_image = x_train_image/255
  x_test_image = x_test_image/255

  #---------------reshape---------------#
  x_train_image = tf.reshape(x_train_image, [-1, 32, 32, 1])
  x_test_image = tf.reshape(x_test_image, [-1, 32, 32, 1])
  # 打印信息
  print("训练数据集：{0}".format(x_train_image.shape))
  print("训练数据集标签：{0}".format(y_train_label.shape))
  print("测试数据集：{0}".format(x_test_image.shape))
  print("测试数据集标签：{0}".format(y_test_label.shape))

  #---------------LeNet-5 模型---------------#
  LeNet_5 = keras.Sequential([
      # C1:使用 6 个 5*5 的卷积核对单通道 32*32 的图片进行卷积，结果得到 6 个 28*28 的特征
图
      keras.layers.Conv2D(6, 5),
      # S2:对 28*28 的特征图进行 2*2 最大池化，得到 14*14 的特征图
      keras.layers.MaxPooling2D(pool_size=2, strides=2),
      # ReLU 激活函数
      keras.layers.ReLU(),

      # C3: 使用 16 个 5*5 的卷积核对 6 通道 14*14 的图片进行卷积，结果得到 16 个 10*10 的
特征图
      keras.layers.Conv2D(16, 5),
      # S4: 对 10*10 的特征图进行 2*2 最大池化，得到 5*5 的特征图
      keras.layers.MaxPooling2D(pool_size=2, strides=2),
      # ReLU 激活函数
      keras.layers.ReLU(),
```

```
        #C5: 使用 120 个 5*5 的卷积核对 16 通道 5*5 的图片进行卷积，结果得到 120 个 1*1 的特
征图
        keras.layers.Conv2D(120, 5),
        # ReLU 激活函数
        keras.layers.ReLU(),
        # 将 (None, 1, 1, 120) 的下采样图片拉伸成 (None, 120) 的形状
        keras.layers.Flatten(),
        # F6: 120*84
        keras.layers.Dense(84, activation='relu'),
        # 输出层: # 84*10
        keras.layers.Dense(10, activation='softmax')
    ])

    LeNet_5.build(input_shape=(32, 32, 32, 1))
    LeNet_5.summary()

    #----------------模型权重保存设置----------------#
    import os
    # 获取当前脚本运行所在的目录
    root = os.path.split(os.path.realpath(__file__))[0]
    ckpt_path = os.path.join(root, 'checkpoint')
    # 判断权重模型保存的目录是否存在，如果不存在则创建该目录
    if not os.path.exists(ckpt_path):
        os.mkdir(ckpt_path)
    ckpt_path = os.path.join(ckpt_path, 'mnist_{epoch:04d}.ckpt')
    # 创建一个保存模型权重的回调函数
    cp_callback = tf.keras.callbacks.ModelCheckpoint(filepath=ckpt_path,monit
or='val_acc',save_weights_only=True,period=2)

    #----------------训练配置----------------#
    optimizer = tf.keras.optimizers.Adam(learning_rate=0.001)
    LeNet_5.compile(loss='categorical_crossentropy',optimizer=optimizer,metri
cs=['acc'])
    history = LeNet_5.fit(x=x_train_image,y=y_train_label,validation_split=0.
2,epochs=30,batch_size=200,callbacks=[cp_callback])

    #----------------结果可视化---------------#
    def plot_history(history,train,validation):
        plt.plot(history.history[train]) #绘制训练数据的执行结果
        plt.plot(history.history[validation]) #绘制验证数据的执行结果
        plt.title('Train History') #图标题
        plt.xlabel('epoch') #x 轴标签
        plt.ylabel(train) #y 轴标签
        plt.legend(['train','validation'],loc='upper left') #添加左上角图例
        plt.show()
    plot_history(history,'acc','val_acc')
```

3．评估模型性能

一旦完成模型训练，就需要在测试集上对模型进行性能评估。评估代码与项目 4 中的评估代码类似，这里不再赘述，代码如下：

```
import tensorflow as tf
from tensorflow import keras
import os
#---------------加载MNIST---------------#
(x_train_image,y_train_label),(x_test_image,y_test_label) = tf.keras.datas
ets.mnist.load_data()

#------------------填充------------------#
paddings = tf.constant([[0,0], [2, 2], [2, 2]])
x_train_image = tf.pad(x_train_image, paddings)
x_test_image = tf.pad(x_test_image, paddings)

#---------------one-hot---------------#
y_train_label_onehot = tf.keras.utils.to_categorical(y_train_label) #One-
Hot编码
y_test_label_onehot = tf.keras.utils.to_categorical(y_test_label)

#---------------归一化---------------#
x_train_image = x_train_image/255
x_test_image = x_test_image/255

#---------------reshape---------------#
x_train_image = tf.reshape(x_train_image, [-1, 32, 32, 1])
x_test_image = tf.reshape(x_test_image, [-1, 32, 32, 1])

#---------------获取最新权重文件---------------#
root = os.path.split(os.path.realpath(__file__))[0]
ckpt_path = os.path.join(root, 'checkpoint')
latest = tf.train.latest_checkpoint(ckpt_path)

#---------------LeNet-5模型---------------#
LeNet_5 = keras.Sequential([
    # C1:使用6个5*5的卷积核对单通道32*32的图片进行卷积，结果得到6个28*28的特征
图
    keras.layers.Conv2D(6, 5),
    # S2:对28*28的特征图进行2*2最大池化，得到14*14的特征图
    keras.layers.MaxPooling2D(pool_size=2, strides=2),
    # ReLU激活函数
    keras.layers.ReLU(),

    # C3: 使用16个5*5的卷积核对6通道14*14的图片进行卷积，结果得到16个10*10的
特征图
    keras.layers.Conv2D(16, 5),
    # S4: 对10*10的特征图进行2*2最大池化，得到5*5的特征图
    keras.layers.MaxPooling2D(pool_size=2, strides=2),
    # ReLU激活函数
```

```
        keras.layers.ReLU(),

        #C5：使用 120 个 5*5 的卷积核对 16 通道 5*5 的图片进行卷积，结果得到 120 个 1*1 的特
征图
        keras.layers.Conv2D(120, 5),
        # ReLU 激活函数
        keras.layers.ReLU(),
        # 将 (None, 1, 1, 120) 的下采样图片拉伸成 (None, 120) 的形状
        keras.layers.Flatten(),
        # F6: 120*84
        keras.layers.Dense(84, activation='relu'),
        # 输出层：# 84*10
        keras.layers.Dense(10, activation='softmax')
    ])

    #---------------加载权重模型---------------#
    LeNet_5.load_weights(latest)

    #---------------验证模型---------------#
    LeNet_5.compile(metrics=['acc'])
    loss, acc = LeNet_5.evaluate(x_test_image,  y_test_label_onehot)

    #---------------可视化---------------#
    import matplotlib.pyplot as plt
    def plot_image_labels_prediction(images,labels,prediction,idx,nums=25):
        fig = plt.gcf()
        fig.set_size_inches(12,14)  #设置图表大小
        if nums>25: nums=25 #最多显示 25 张图像
        for i in range(0,nums):
            ax = plt.subplot(5,5,1+i) #子图生成
            ax.imshow(images[idx],cmap='binary') #idx 是为了方便索引所要查询的图像
            title = 'label=' + str(labels[idx]) #定义 title 方便图像结果对应
            if(len(prediction)>0): #如果有预测图像，则显示预测结果
                title += 'prediction='+ str(prediction[idx])
            ax.set_title(title,fontsize=10) #设置图像 title
            ax.set_xticks([]) #无 x 刻度
            ax.set_yticks([]) #无 y 刻度
            idx+=1
        plt.show()
    prediction = LeNet_5.predict_classes(x_test_image) #结果预测
    plot_image_labels_prediction(x_test_image,y_test_label,prediction,idx=340)
```

运行代码，结果如下：

```
    313/313 [==============================] - 3s 8ms/step - loss: 0.0000e+00
- acc: 0.9881
```

最终结果优于项目 4 中全连接网络模型，读者也可以尝试调整训练的次数，以达到性能更好的训练模型。

可视化结果如图 5-13 所示。

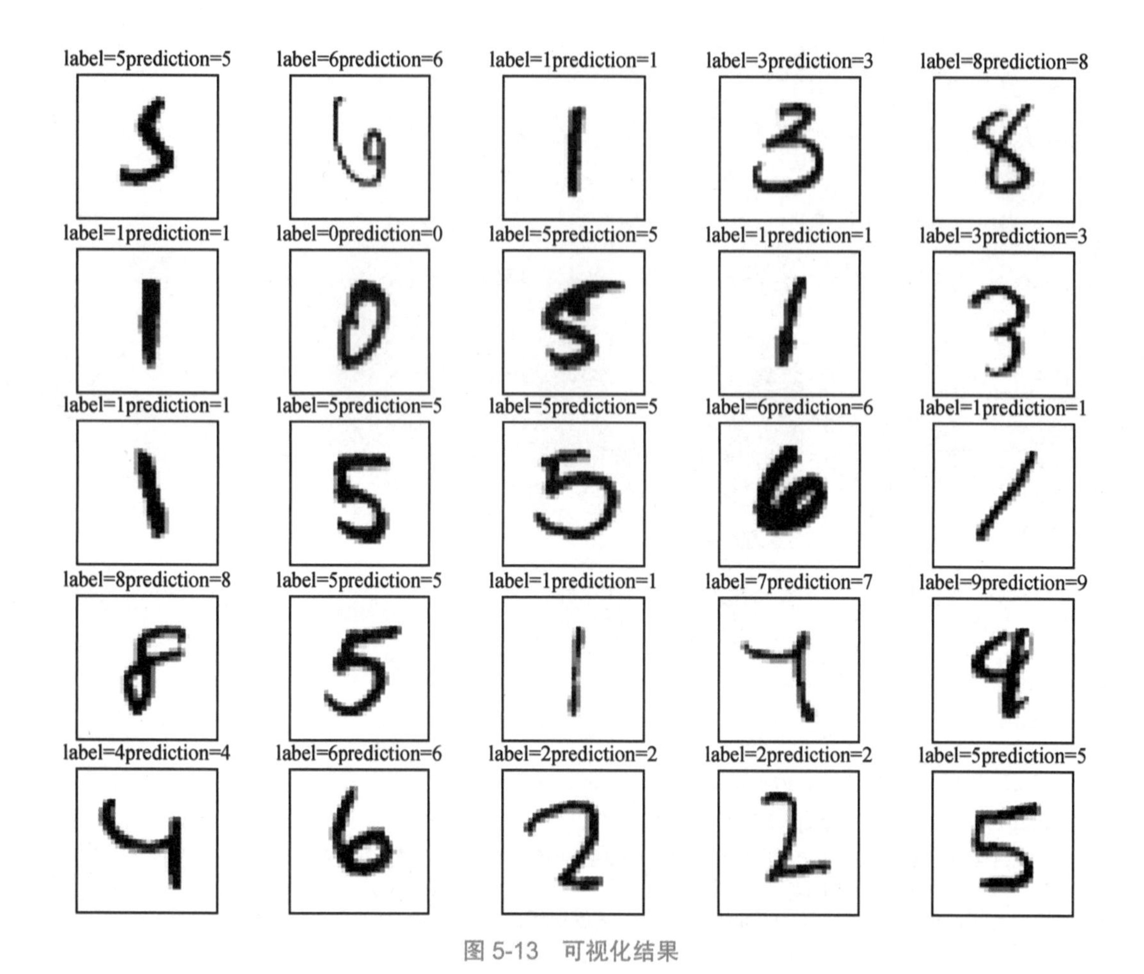

图 5-13 可视化结果

项目考核

一、选择题

1．卷积神经网络的简称是（　　）。

A．KNN　　B．DNN　　C．CNN　　D．FNN

2．卷积层的主要作用是（　　）。

A．提取输入的不同特征　　B．实现线性到非线性的转换

C．提取输入的主要特征　　D．降低网络开销，减少参数量

3．在典型的卷积神经网络中，（　　）明显起到减少网络开销、减少参数量的作用。

A．卷积层　　B．全连接层　　C．池化层　　D．展开层

4．典型的卷积神经网络主要由（　　）几层组成。

A．卷积层，池化层，全连接层　　B．卷积层，全连接层，输出层

C．卷积层，池化层，输出层　　D．卷积层，全连接层

5．卷积神经网络（Convolutional Neural Network，CNN，有时也写作 ConvNet）是一种具有局部连接、权重共享等特性的前馈神经网络。而对于卷积层神经网络而言，最独特的卷积层是其非同凡响的精髓所在，而卷积层的核心在于卷积核，下列关于卷积核的描述中错误的是（　　）。

A．可以看作对某个局部的加权求和

B．对应局部感知，它的原理是在观察某个物体时我们既不能观察每个像素也不能一次观察整体，而是先从局部开始认识

C．卷积是图像处理常用的方法，给定输入图像，在输出图像中每一个像素是输入图像中一个小区域中像素的加权平均，其中权值由一个函数定义，这个函数称为卷积核

D．将图像像素进行堆叠获取特征

6．下列关于池化层的相关作用的描述中错误的是（　　）。

A．扩展图像，增强特征明显性

B．保留主要的特征同时减少参数和计算量

C．防止过拟合，提高模型泛化能力

D．特征不变性，主要特征不会受到影响

7．池化层中一般而言使用最多的是最大池化层和平均池化层，下列关于它们的描述中错误的是（　　）。

A．平均池化适用于前景亮度小于背景亮度时

B．最大池化适用于前景亮度小于背景亮度时

C．最大池化可以提取特征纹理，平均池化可以保留背景信息

D．平均池化使用于前景亮度大于背景亮度时

8．在卷积层中，我们也需要为其选择激活函数，最常用的是（　　）。

A．ReLU　　B．Softmax　　C．Sigmoid　　D．Tanh

9．在多分类神经网络构建过程中，对于最终输出 dense 层的激活函数，我们一般可以选择（　　）。

A．Tanh　　B．Softmax　　C．ReLU　　D．Sigmoid

10．将多维转换成一维，常用于卷积和全连接之间的是（　　）。

A．池化层　　B．Dropout　　C．Convolution　　D．Flatten

二、填空题

1．卷积神经网络是一种具有局部连接、权重共享等特性的________网络。

2．卷积神经网络的人工神经元隐含层内的________共享和________的稀疏性使得卷积神经网络能够以________的计算量对格点化特征，在图像处理与语音识别等方面有大量的应用。

3．________的结构成为现代卷积神经网络的基础，这种________、________堆叠的结构可以保持输入图像的平移不变性，自动提取图像特征。

4．卷积神经网络主要由________、________和________三种网络层构成。

5．卷积神经网络中，________数据称为特征图。

6．卷积层中参数的数量是所有卷积核中参数的总和，相较于全接连的方式，极大地________了参数的数量。

7．________是在两个维度上以一定的间隔滑动一个二维的窗口，并在窗口内进行________运算。

8．为了保存图像边缘的信息，在进行卷积之前，需要向输入数据的周围补充一圈固定的常数，在深度学习中该操作称为________。

9．________是指卷积核窗口滑动的位置间隔。

10．________和________都会改变卷积输出数据的大小。

11．现代深度学习的输入数据通常都是三维的数据，如一张图片，不仅仅有________和________两个维度，还有________维度上的数据。

12．卷积核的通道数与输入数据的通道数是一致的，因此三维数据操作只需要在________和________两个方向上进行滑窗操作。

13．在处理图像这样的高维度输入时，让每个神经元都与前一层中的所有神经元进行全连接是不现实的。相反，让每个神经元只与输入数据的一个局部区域连接。该连接的空间大小叫作神经元的________。

14．为了减少计算量，通常同一通道的卷积核参数保持不变，称为________。

15．在卷积层，一般采用多组________提取不同特征。

16．________，该层的作用是对网络中的特征进行选择，________特征数量，从而减少参数数量和计算开销。

17．LeNet-5 网络从左到右分别是________、________、________、________、池化层 S4、卷积层 C5、全连接层 F6 及输出层。

三、综合题

在上一项目中，我们已经使用简单 DNN 网络来训练识别 Cifar-10 数据集，在本项目中我们需要做的就是构建 CNN 网络模型，在 Cifar-10 数据集上训练，得到一个好于 DNN 网络模型的识别 Cifar-10 数据集的模型。

任务要求：

1．识别 Cifar-10 数据集。

2．搭建并训练 Cifar-10 识别模型。

3．验证 Cifar-10 识别模型性能。

项目 6　搭建猫狗识别网络模型

项目介绍

本项目通过搭建猫狗识别网络模型，讲解猫狗数据集的读取和处理方法，以及图像增强方法和改进、搭建、训练猫狗分类识别模型。

任务安排

任务 6.1　探索猫狗数据集
任务 6.2　实现猫狗数据集的数据增强
任务 6.3　搭建猫狗识别网络模型

学习目标

✧ 掌握猫狗数据集的读取、分析和拆分方法。
✧ 熟悉图像增加方法。
✧ 能改进、搭建、训练和验证猫狗分类识别模型。

任务 6.1　探索猫狗数据集

【任务描述】

1. 了解猫狗数据集的下载路径、特征和读取方法。
2. 掌握猫狗数据集的读取和处理方法。

【任务分析】

读取猫狗数据集，拆分和创建新数据集。

【知识准备】

6.1.1 猫狗数据集

1. Kaggle平台简介

Kaggle 是一个数据建模和数据分析的平台。企业和研究者可在其上发布数据，统计学者和数据挖掘专家可在其上进行竞赛以产生更好的模型。众包模式的产生是因为众多策略可以用于解决几乎所有预测建模的问题，而研究者不可能在一开始就了解什么方法对于特定问题是最为有效的。Kaggle 的目标则是试图通过众包的形式来解决这一难题，进而使数据科学成为一场运动。2017 年 3 月 8 日谷歌官方博客宣布收购 Kaggle。

随着深度学习技术的快速发展，Kaggle 平台每年都发布非常多的和深度学习相关的任务，尤其是计算机视觉方面的任务。本次任务使用到的猫狗数据集就来自于 Kaggle 平台。Kaggle 官网网址为 https://www.kaggle.com/。

Kaggle 平台的一个优点是不仅仅提供一个竞赛平台，还是一个交流学习的平台。在每个竞赛下都有 Code、Discussion 两个主题，读者可以在 Code 主题下学习他人的代码，可以在 Discussion 平台下和全球其他开发者一起讨论解决方案。

2. 下载猫狗数据集

猫狗数据集是 2013 年发布在 Kaggle 平台的比赛，该数据集有两个文件夹，分别是 train 和 test1。其中，train 文件夹有 25000 张猫狗的图片，狗的类别用 1 表示，猫的类别用 0 表示。test1 文件夹中有 12500 张猫狗图片，该文件下的数据未被标注，需要使用模型对其分类，并将结果提交到Kaggle平台。猫狗数据集下载地址是https://www.kaggle.com/c/dogs-vs-cats/data，打开网址，如图 6-1 所示，分别下载 sampleSubmission.csv、test1.zip、train.zip 文件，其中 CSV 文件是提交到 Kaggle 平台的样例文件。读者可以在完成对 test1 文件夹下数据的预测，并按照 sampleSubmission.csv 的格式要求提交预测结果到 Kaggle 平台。

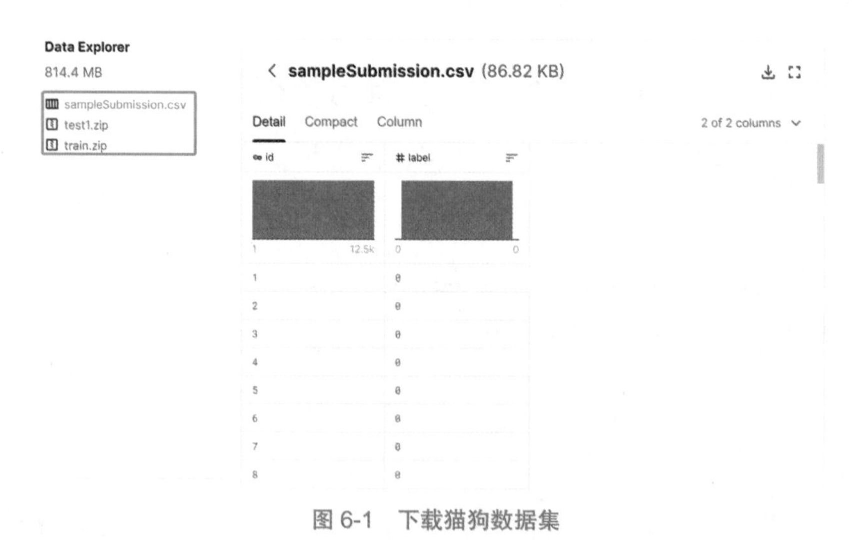

图 6-1　下载猫狗数据集

3. 认识猫狗数据集

完成数据集下载后，分别解压 test1.zip 和 train.zip 文件夹。图 6-2 所示的是解压后的 train 数据集。

图 6-2　train 数据集（部分）

可以看到 train 数据集采用类别“+id”的命名格式。因此在获取图片的标签时需要从图片名中获取，统计 train 数据集中猫狗类别数量的代码如下：

```
import os
train_dir = './datasets/train'
dogs=[train_dir+i for i in os.listdir(train_dir) if 'dog' in i]
cats=[train_dir+i for i in os.listdir(train_dir) if 'cat' in i]
print(len(dogs),len(cats))
```

运行代码结果如下：

```
10505 12500
```

属于狗的类别的样本数是 10500，猫类别的样本数是 12500。从数量上看，两边的样本数基本平衡。图 6-3 所示的是解压后的 test1 数据集。

图 6-3　test1 数据集（部分）

6.1.2 读取猫狗数据集

1. 创建文件夹

原始的 train 数据集中猫狗的样本是放在同一个文件夹下的，这不便于后期数据读取和数据处理。因此，第一步需要对数据集进行拆分。首先，新建 3 个文件夹，分别是 train、test 和 validation 文件夹，每个文件夹下分别新建 dogs 和 cats 文件夹，分别用于存放对应类别的样本。由于猫狗数据集非常简单，因此可以手动创建上述文件夹，但是对于类别数非常多的数据集，手动创建文件夹是一个效率非常低的方式，所以自动创建文件夹是非常有必要的，代码如下：

```
import os
# 获取脚本所在的根目录
root = os.getcwd()
# 创建新的存放数据集的目录
root = os.path.join(root, 'new_datasets')
# 如果不存在则创建
if not os.path.exists(root):
    os.makedirs(root)

dataset_folders = ['train', 'test', 'validation']
cls_folders = ['dogs', 'cats']
for ds in dataset_folders:
    for cls in cls_folders:
        path = os.path.join(root, ds, cls)
        if not os.path.exists(path):
            os.makedirs(path)
```

运行代码，结果图 6-4 所示。

2. 创建新数据集

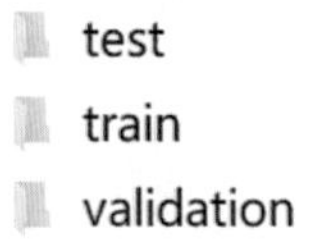

test
train
validation

图 6-4　创建文件夹

仔细观察 train 文件夹下的数据，可以发现前半部分全是猫类别的样本，后半部分全是狗类别的样本，读者可以手动选择部分样本到不同文件夹下，但这是一种低效的方式，对于复杂的数据集是很难进行手动处理的。实现自动移动数据集并创建文件夹的代码如下：

```
import os,random,shutil
# 获取脚本所在的根目录
root = os.getcwd()
# 创建新的存放数据集的目录
root = os.path.join(root, 'new_datasets')
# 如果不存在则创建
if not os.path.exists(root):
    os.makedirs(root)

dataset_folders = ['train', 'validation', 'test',]
cls_folders = ['dogs', 'cats']
for ds in dataset_folders:
```

```
    for cls in cls_folders:
        path = os.path.join(root, ds, cls)
        if not os.path.exists(path):
            os.makedirs(path)

# 原始数据集路径，读者可以根据实际情况直接指定原始数据集的根目录
ori_root = os.path.join(os.getcwd(), 'datasets')
ori_dataset_folder = ['train', 'test1']
# 70%数据用于训练集，10%数据集用于验证集，20%数据集用于测试集
percent = [0.7, 0.1, 0.2]
# 获取训练集中的猫狗的总样本数及路径
train_dir = os.path.join(ori_root, ori_dataset_folder[0])
ori_dogs_train_list = [os.path.join(train_dir,i) for i in os.listdir(trai
n_dir) if 'dog' in i]
ori_cats_train_list = [os.path.join(train_dir,i) for i in os.listdir(trai
n_dir) if 'cat' in i]
dogs_len = len(ori_dogs_train_list)
cats_len = len(ori_cats_train_list)
dogs_train_len, dogs_val_len, dogs_test_len = int(percent[0]*dogs_len), in
t(percent[1]*dogs_len),int(percent[2]*dogs_len)
cats_train_len, cats_val_len, cats_test_len = int(percent[0]*cats_len), in
t(percent[1]*cats_len),int(percent[2]*cats_len)
#随机打乱列表
random.shuffle(ori_dogs_train_list)
random.shuffle(ori_cats_train_list)

# 获取训练集，测试集，验证集的数量
dogs_train_list = ori_dogs_train_list[0:dogs_train_len]
dogs_val_list = ori_dogs_train_list[dogs_train_len:dogs_train_len+dogs_val
_len]
dogs_test_list = ori_dogs_train_list[dogs_train_len+dogs_val_len:]
# 获取训练集，测试集，验证集的数量
cats_train_list = ori_cats_train_list[0:cats_train_len]
cats_val_list = ori_cats_train_list[cats_train_len:cats_train_len+cats_val
_len]
cats_test_list = ori_cats_train_list[cats_train_len+cats_val_len:]

for i, _list in enumerate([dogs_train_list, dogs_val_list, dogs_test_list]
):
    for img in _list:
        shutil.move(img, os.path.join(root, dataset_folders[i], 'dogs'))

for i, _list in enumerate([cats_train_list, cats_val_list, cats_test_list]
):
    for img in _list:
        shutil.move(img, os.path.join(root, dataset_folders[i], 'cats'))
```

3. 读取数据集

在深度学习技术中，读取数据是一个复杂的过程，在读取数据过程中会涉及各种针对数据处理的操作，如数据增强、数据归一化等。TensorFlow 2.0 提供了一个图片数据生成器类，用于快速实现读取数据并实时数据增强的功能，其原型为 tf.keras.preprocessing.image。Image

DataGenerator，原型如下：

```
    tf.keras.preprocessing.image.ImageDataGenerator(
    featurewise_center=False, samplewise_center=False,featurewise_std_normali
zation=False, samplewise_std_normalization=False,zca_whitening=False, zca_eps
ilon=1e-06, rotation_ range=0, width_ shift_ range=0.0,height_ shift_ range=0.0,
brightness_range=None, shear_range=0.0, zoom_range=0.0,channel_shift_range=0.
0, fill_mode='nearest', cval=0.0,horizontal_flip=False, vertical_flip=False,
rescale=None,preprocessing_function=None, data_format=None, validation_split
=0.0, dtype=None
    )
```

参数说明如下。

- featurewise_center：布尔值。将数据集的输入均值设置为 0。
- samplewise_center：布尔值。将每个样本均值设置为 0。
- featurewise_std_normalization：布尔值。将输入除以数据集的 std，并按特征划分。
- samplewise_std_normalization：布尔值。将每个输入除以它的标准。
- zca_whitening：布尔值。应用 zca 白化。
- zca_epsilon：用于 zca 白化的 epsilon。默认值为 1e-6。
- rotation_range：整数。随机旋转的度数范围。
- width_shift_range：浮点数、一维数组或 int。图片宽度的某个比例，数据提升时图片水平偏移的幅度。

浮点数：总宽度的分数，如果值< 1，则为总宽度的一部分，如果 >= 1，则为像素。

一维数组：数组中的随机元素。

int：间隔的整数像素（−width_shift_range, +width_shift_range）。

- height_shift_range：浮点数、一维数组或 int。图片高度的某个比例，数据提升时图片竖直偏移的幅度。

浮点数：总高度的分数，如果值< 1，则为总高度的一部分，如果 >= 1，则为像素。

一维数组：数组中的随机元素。

int：间隔的整数像素（−height _shift_range, + height _shift_range）。

- brightness_range：元组或两个浮点数的列表。从中选择亮度偏移值的范围。
- shear_range：浮点数，剪切强度（逆时针方向的剪切角，以度为单位）。
- zoom_range：浮动或[lower，upper]，随机缩放范围。如果是浮点数，则 [lower, upper] = [1-zoom_range, 1+zoom_range]。
- channel_shift_range：浮点数，随机频道转换的范围。
- fill_mode：填充模式，可取 constant、nearest、reflect 或 wrap 之一，默认为 nearest。输入边界外的点根据给定的模式填充：

'constant'：kkkkkkkk|abcd|kkkkkkkk（cval=k）。

'nearest'：aaaaaaaa|abcd|dddddddd。

'reflect'：abcddcba|abcd|dcbaabcd。

'wrap'：abcdabcd|abcd|abcdabcd。

- cval：浮点数或整数。当 fill_mode = "constant" 时，用于设置边界外点的值。

● horizontal_flip：布尔值。水平随机翻转输入。

● vertical_flip：布尔值。垂直随机翻转输入。

● rescale：重新缩放因子，默认为无。如果为 None 或 0，则不应用重新缩放，否则我们将数据乘以提供的值（在应用所有其他转换之后）。

● preprocessing_function：将应用于每个输入的函数。该函数将在图像调整大小和增强后运行。该函数应采用一个参数，即一张图像（等级为 3 的 NumPy 张量），并应输出具有相同形状的 NumPy 张量。

● data_format：图像数据格式，可取值为 channels_first 或 channels_last。"channels_last"模式意味着图像应该有形状（样本、高度、宽度、通道），"channels_first"模式意味着图像应该有形状（样本、通道、高度、宽度）。它默认为在~/.keras/keras.json 的 Keras 配置文件中找到的 image_data_format 值。默认格式为 channels_last。

● validation_split：浮点数。保留用于验证的图像的一部分（严格介于 0 和 1 之间）。

● dtype：用于生成数组的 Dtype。

ImageDataGenerator 类中的参数都是与数据增强相关的，该类还提供非常多有用的方法。本次任务将使用其中一个名为 flow_from_directory 的方法，该方法用于获取指定目录的路径并生成批量增强数据。若用户不设置参数，那么该方法就成为一个加载数据的方法，flow_from_directory 的原型如下：

```
    flow_from_directory(
        directory, target_size=(256, 256), color_mode='rgb', classes=None,class_mode='categorical', batch_size=32, shuffle=True, seed=None,save_to_dir=None, save_prefix='', save_format='png',follow_links=False, subset=None, interpolation='nearest'
    )
```

参数说明如下。

● directory：字符串，目标目录的路径。每个类应该包含一个子目录。每个子目录的目录树中的任何 PNG、JPG、BMP、PPM 或 TIF 图像都将包含在生成器中。

● target_size：整数元组（高度、宽度），默认为（256,256）。加载后的所有图像的尺寸将被调整到指定大小。

● color_mode：色彩模式，包括灰度、RGB、RGBA 三种，默认值为 RGB。

● classes：可选的类子目录列表（例如 ['dogs', 'cats']），默认值为无。如果未提供，将自动从目录下的子目录名称/结构推断类列表，其中每个子目录将被视为不同的类（并且将映射到标签索引的类的顺序将是字母数字）。包含从类名到类索引的映射的字典可以通过属性 class_indices 获得。

● class_mode：类别模型，包括 categorical、binary、sparse、input 或 None，默认值为 categorical。

categorical：返回二维独热编码后的标签。

binary：返回二进制标量标签。

sparse：返回整型标量标签。

None：不返回标签（生成器将只生成批量图像数据，这对于与 model.predict()一起使用很有用）。注意，在 class_mode=None 的情况下，数据仍需要在目录的子目录中才能正常工作。

- batch_size：批量数据的大小（默认值为 32）。
- shuffle：是否对数据进行混洗（默认值为 True）。如果设置为 False，则按字母数字顺序对数据进行排序。
- seed：设置随机种子。
- save_to_dir：无或 str（默认值为无）。它允许选择指定一个目录来保存正在生成的增强图片。
- save_prefix：字符串。用于保存图片文件名的前缀（仅在设置 save_to_dir 时有效）。
- save_format：保存图片的格式，为 PNG、JPEG、BMP、PDF、PPM、GIF、TIF 和 JPG 之一（仅在设置了 save_to_dir 时有效）。默认值为 PNG。
- follow_links：是否遵循类子目录中的符号链接（默认值为 False）。
- subset：数据子集（“训练”或“验证”）。
- interpolation：如果目标尺寸与加载图像的尺寸不同，则用于重新采样图像的插值方法。支持的方法有 nearest、bilinear 和 bicubic。如果安装了 PIL 1.1.3 或更新版本，则支持 lanczos。如果安装了 PIL 3.4.0 或更新版本，则支持 box 和 hamming。默认情况下，使用 nearest。

flow_from_directory 方法返回一个产生（x, y）元组的 DirectoryIterator，其中 x 是一个 NumPy 数组，其中包含一批形状为（batch_size, *target_size, channels）的图像，y 是相应标签的 NumPy 数组。

读取猫狗数据集，代码如下：

```
import tensorflow as tf
import os
import matplotlib.pyplot as plt
# 将图片缩放到150 * 150
IMG_HEIGHT = 150
IMG_WIDTH = 150
# 每次读取 4 张图片
batch_size = 32

# 训练集路径，读者根据自己的实际情况重新设置该路径
train_dir = os.path.join(os.getcwd(), 'new_datasets', 'train')
# 测试集路径，读者根据自己的实际情况重新设置该路径
validation_dir = os.path.join(os.getcwd(), 'new_datasets', 'validation')
# 实例化图片生成器，并在加载数据的时候进行归一化
train_image_generator = tf.keras.preprocessing.image.ImageDataGenerator(r
escale=1. / 255)
validation_image_generator = tf.keras.preprocessing.image.ImageDataGenera
tor(rescale=1. / 255)
# 在为训练和验证图像定义生成器之后，flow_from_directory 方法从磁盘加载图像，应用重新
缩放，并将图像调整到所需的尺寸。
```

```
    train_data_gen = train_image_generator.flow_from_directory(batch_size=batc
h_size,                     directory=train_dir,                       shuffle=True,
target_size=(IMG_HEIGHT, IMG_WIDTH), class_mode='binary')

    val_data_gen = validation_image_generator.flow_from_directory(batch_size=b
atch_size,                                          directory=validation_dir,
target_size=(IMG_HEIGHT, IMG_WIDTH), class_mode='binary')

    # 可视化训练图片
    sample_train_img, sample_train_lable  = next(train_data_gen)

    # 该函数将图像绘制成每行 5 列的网格形式，图像放置在每一列中。
    def plotImages(images_arr, labels_arr, label_map):
        fig, axes = plt.subplots(int(len(images_arr)/5), 5, figsize=(20, 20))
        axes = axes.flatten()
        for img, ax, label in zip(images_arr, axes, labels_arr):
            ax.imshow(img)
            ax.set_title('label:{0}'.format(label_map[int(label)]))
        plt.show()

    plotImages(sample_train_img[:10], sample_train_lable[:10], ['cats', 'dogs
'])
```

运行代码，输出结果为：

```
    Found 16103 images belonging to 2 classes.
    Found 2300 images belonging to 2 classes.
```

结果表明训练集有 16103 张图片，共两类。验证集有 2300 张图片，共两类。可视化结果如图 6-5 所示。

图 6-5　可视化结果

任务 6.2 实现猫狗数据集的数据增强

【任务描述】

本任务要解决猫狗数据集相关的噪声问题，通过本任务要求掌握数据增强技术的方法。

【任务分析】

本任务要求学习如下知识点：
（1）图像缩放方法
（2）图像翻转方法
（3）图像旋转方法
（4）图像裁剪方法
（5）图像色彩调整

【知识准备】

6.2.1 数据增强

数据增强（Data Augmentation）是一种通过让有限的数据产生更多的等价数据来人工扩展训练数据集的技术。它是克服训练数据不足的有效手段，目前在深度学习的各个领域中应用广泛。但是由于生成的数据与真实数据之间的差异，不可避免地带来了噪声问题。

深度神经网络在许多任务中表现良好，但这些网络通常需要大量数据才能避免过度拟合。遗憾的是，许多场景无法获得大量数据，如医学图像分析。数据增强技术就是为了解决这个问题而产生的，它是针对有限数据问题的解决方案。数据增强技术，可提高训练数据集的大小和质量，以便可以使用它们来构建更好的深度学习模型。在计算视觉领域，生成增强图像相对容易。即使引入噪声或裁剪图像的一部分，模型仍可以对图像进行分类，数据增强有一系列简单有效的方法可供选择，有一些机器学习库可以进行计算视觉领域的数据增强，比如imgaug，它封装了很多数据增强算法，给开发者提供了方便。但是在自然语言处理领域，由于自然语言本身是离散的抽象符号，微小的变化就可能会导致含义的巨大偏差，所以数据增强算法并不常用。

TensorFlow 2.0 提供了 tf.image 组件，包含用于图像处理和解码编码操作的各种功能。其中，图像处理的方法可用于数据增强。数据增强的方法分为两种方式，一种就称为线上增强，如在实例化 ImageDataGenerator 类时，设置各种数据增强参数，在数据加载的过程中完成数据增强。另外一种增强方式称为离线增强，该方式是在模型加载数据训练之前完成各种数据增强。在任务 6.2 中采用离线增强的方式进行数据增强。

6.2.2　图像几何变换

训练集与测试集中可能存在潜在的位置偏差，使得模型在测试集中很难达到训练集中的效果，几何变换可以有效地克服训练数据中存在的位置偏差，而且易于实现。

1. 加载数据及数据可视化

使用 TensorFlow 2.0 进行图片读取需要分两步进行：第一步，使用 tf.io.read_file 函数读取文件；第二步，使用解码函数对图片进行解码。猫狗数据集的图片的格式均为 JPG 格式，因此使用 tf.io.decode_jpeg 解析图片解码。tf.io.read_file 的原型如下：

```
tf.io.read_file(
    filename, name=None)
```

参数说明如下。

- filename：字符串。图片路径。
- name：字符串。可选参数，操作名。

tf.io.decode_jpeg 的原型如下：

```
tf.io.decode_jpeg(
contents, channels=0, ratio=1, fancy_upscaling=True,try_recover_truncated
=False, acceptable_fraction=1, dct_method='',name=None)
```

参数说明如下。

- contents：字符串类型的张量。JPEG 编码的图像。
- channels：一个可选的整数，默认为 0。解码图像的颜色通道数。
- ratio：一个可选的整数，默认为 1，表示缩小比例。
- fancy_upscaling：一个可选的布尔值，默认为真。如果为 True，则使用速度更慢但效果更好的色度平面升级（仅限 yuv420/422）。
- try_recover_truncated：一个可选的布尔值，默认为 False。如果为 True，请尝试从截断的输入中恢复图像。
- acceptable_fraction：一个可选的浮点数，默认为 1，接收截断输入之前所需的最小行数。
- dct_method：一个可选的字符串，默认为“”（空）。字符串指定有关用于解压缩的算法的提示。默认为“”（空），即映射到系统特定的默认值。当前有效值为 ["INTEGER_FAST", "INTEGER_ACCURATE"]。提示可能会被忽略（例如，内部 JPEG 库更改为没有该特定选项的版本）。
- name：操作的名称（可选）。

读取图片并可视化的代码如下：

```
import tensorflow as tf
import os
import matplotlib.pyplot as plt
# 设置训练集目录，读者可以根据实际情况指定训练集目录
train_dir = os.path.join(os.getcwd(), 'new_datasets', 'train')
# 图片名，读者可以根据实际情况指定图片名字
img_name = 'cat.247.jpg'
# 指定图片路径，读者可以根据实际情况指定图片路径
img_path = os.path.join(train_dir, 'cats', img_name)
```

```
# 读取图片
raw = tf.io.read_file(filename=img_path)
# 解码图片
image = tf.image.decode_jpeg(raw, channels=3)
# 定义一个可视化函数
def visualize(original, augmented):
    plt.figure(figsize=(10,5))
    plt.subplot(1,2,1)
    plt.title("Original image")
    #plt.axis("off")  # 关闭坐标轴显示
    plt.imshow(original)
    plt.subplot(1,2,2)
    plt.title("Augmented image")
    #plt.axis("off")  # 关闭坐标轴显示
    plt.imshow(augmented)
    plt.tight_layout()
visualize(image, image)
```

需要注意的是，tf.io.read_file 读取图片的路径必须是全英文的，否则会报错。运行代码，结果如图 6-6 所示。

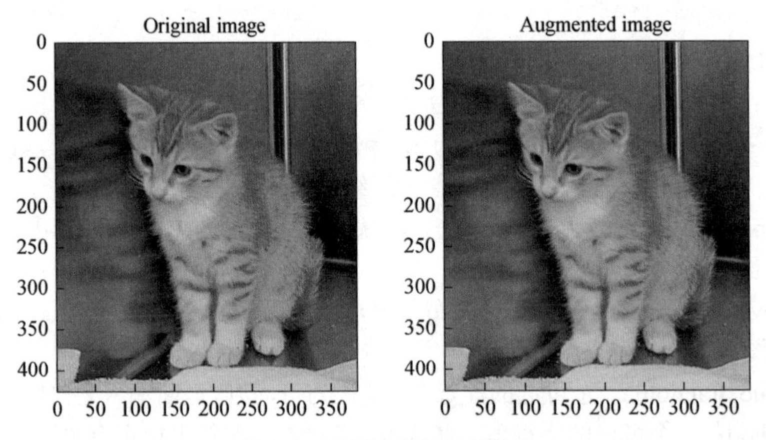

图 6-6　读取图片可视化结果

一般地，读取图像的默认数据类型是 uint8 类型，但是在进行数据处理时，浮点数比 unit8 更加适合。因此，在图像增强之前需要将数据转换为 float32 类型。TensorFlow 2.0 提供了 tf.image.convert_image_dtype 方法，其原型如下：

```
tf.image.convert_image_dtype(
    image, dtype, saturate=False, name=None
)
```

其参数说明如下。

- image：图像。
- dtype：待转换的数据类型。
- saturate：如果为 True，则在投射之前剪辑输入（如有必要）。
- name：操作名（可选）。

实例代码如下：

```
image = tf.image.convert_image_dtype(image, dtype=tf.float32)
```

2. 图像缩放

图像缩放是基础的图像几何变换，在计算机视觉任务中被使用。在实际开发过程中，收集到的数据并不是统一大小的。如果训练的是有全连接的卷积神经网络模型，就需要将图片缩放到统一大小。此外卷积神经网络对尺度是非常敏感的，所以对于没有全连接的卷积神经网络在训练的过程中必须经常随机地对输入数据进行图像缩放。TensorFlow 2.0 提供了 tf.image.resize 方法用于进行图像缩放，缩放图像的代码如下：

```
tf.image.resize(
    images, size, method=ResizeMethod.BILINEAR, preserve_aspect_ratio=False,a
ntialias=False, name=None
    )
```

参数说明如下：

- images：输入图像，形状可以是 [batch、height、width、channel] 的 4D 张量或形状是 [height、width、channel] 的 3D 张量。
- size：2 个元素的一维 int32 张量（new_height，new_width）。图像的新尺寸。
- method：插值的方法，默认为 ResizeMethod.BILINEAR。
- preserve_aspect_ratio：是否保留纵横比。如果设置了此项，则图像将调整为合适的尺寸，同时保留原始图像的纵横比。如果尺寸大于图像的当前尺寸，则放大图像。默认为 False。
- antialias：对图像进行下采样时是否使用抗锯齿滤波器。
- name：操作名（可选）。

如果输入图像为 4D 张量，tf.image.resize 返回对应的 4D 张量；若为 3D 张量，则返回一个 3D 张量。返回的元素类型为 float32 类型，除非采用 NEAREST_NEIGHBOR 插值方法。缩放图像代码如下：

```
image = tf.image.convert_image_dtype(image, dtype=tf.float32)
augmented_image = tf.image.resize(images=image, size=(150, 150))
visualize(image, augmented_image)
```

运行代码，结果如图 6-7 所示。对比左右两张图的轴，可以发现右图的横轴的最大值为 150。

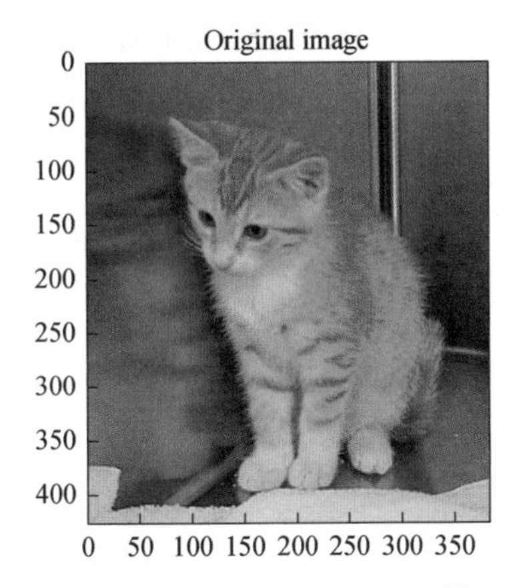

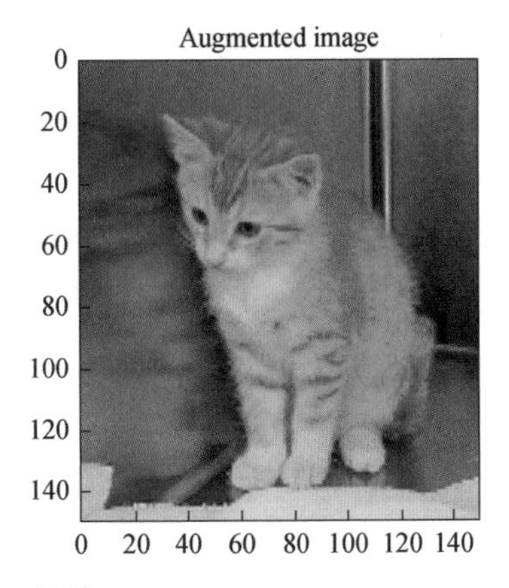

图 6-7　缩放

3. 图像翻转

常见图像翻转有两种，一种是水平翻转，另一种是垂直翻转。图像翻转是非常有效的一种数据增强方式。现实生活中，拍摄的猫狗有可能并不是正立在图像中的，也有可能是倒立的。如果神经网络没有学习过倒立的猫或者狗，网络是无法识别一张输入为倒立的猫或狗的。TensorFlow 2.0 中水平翻转的方法是 flip_left_right，其函数原型为：

```
tf.image.flip_left_right(
    image
)
```

其中参数 image 为待翻转的图像。

垂直翻转方法是 flip_up_down，其函数原型为：

```
tf.image.flip_up_down(
    image
)
```

其中参数 image 为待翻转的图像。

以垂直翻转为例，代码如下：

```
image = tf.image.convert_image_dtype(image, dtype=tf.float32)
augmented_image = tf.image.flip_up_down(images=image)
visualize(image, augmented_image)
```

运行代码，结果如图 6-8 所示。

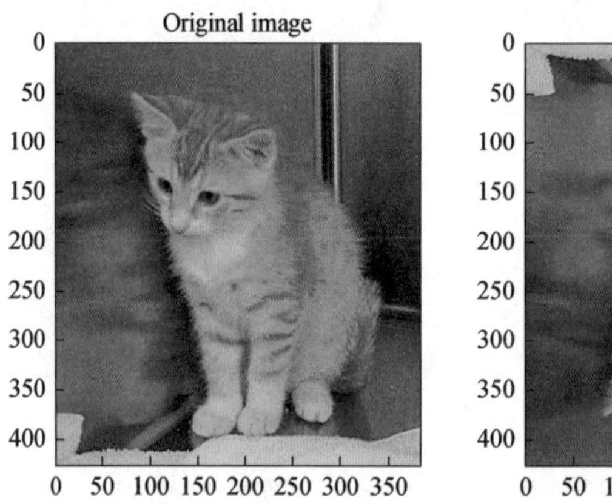

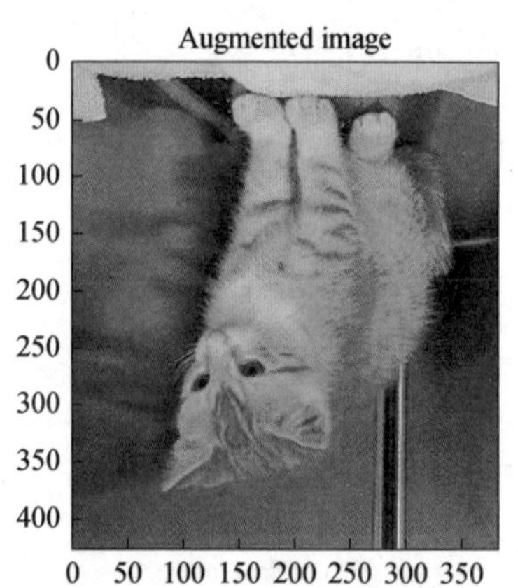

图 6-8　垂直翻转

4. 图像旋转

图像翻转实际上是一种特殊的图像旋转，旋转也是一种常见并有效的数据增强手段。在 TensorFlow 2.0 中只是提供了一个逆时针旋转 90°的旋转函数，并不支持任意角度旋转，其函数原型为：

```
tf.image.rot90(
    image, k=1, name=None
)
```

参数说明如下。

- image：待旋转图像。
- k：一个标量整数。图像旋转 90°的次数。
- name：操作名（可选）。

逆时针旋转 270°，代码如下：

```
image = tf.image.convert_image_dtype(image, dtype=tf.float32)
augmented_image = tf.image.rot90(image,k=3)
visualize(image, augmented_image)
```

运行代码，结果图 6-9 所示。

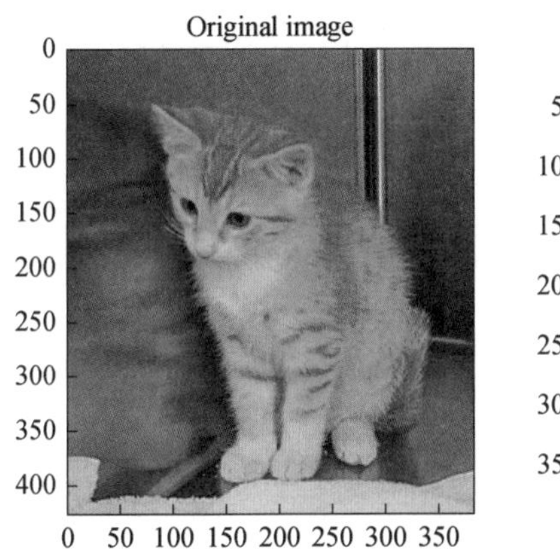

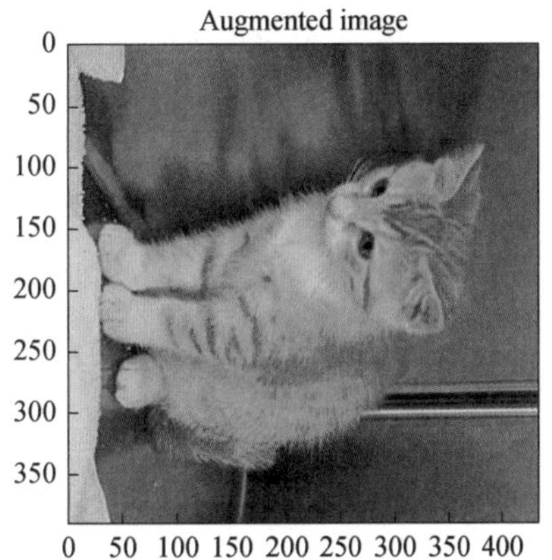

图 6-9 逆时针旋转 270°

5. 图像裁剪

对于同一个目标，如猫，人类无论是在远处还是在近处都可以准确地识别出该目标，但是对于卷积神经网络模型，要识别出不同大小的同一个目标却是困难的，除非数据集中，且有不同大小的目标。图像裁剪可以很好地模拟出远处和近处的目标，TensorFlow 2.0 中提供了一个以图像中心进行图像裁剪的方法，其原型是：

```
tf.image.central_crop(
    image, central_fraction
)
```

参数说明如下。

- image：待旋转图像。
- central_fraction：float（0, 1]，要保留图像的比例。

裁剪 40%图像的代码如下：

```
image = tf.image.convert_image_dtype(image, dtype=tf.float32)
augmented_image = tf.image.central_crop(image, central_fraction=0.6)
visualize(image, augmented_image)
```

运行代码，结果如图 6-10 所示。图像被裁剪后，图像的大小会发生变化，如图 6-10 中的右图所示为裁剪后的图像，大小变为（257, 232, 3）。对于有全连接模块的卷积神经网络，输入图像的大小是需要统一的，因此需要进行缩放。

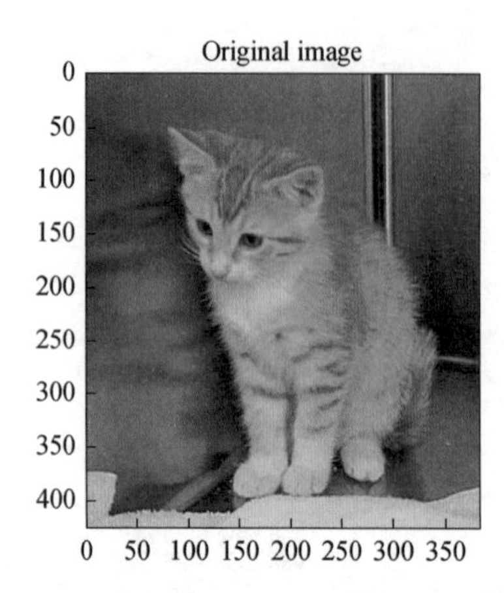

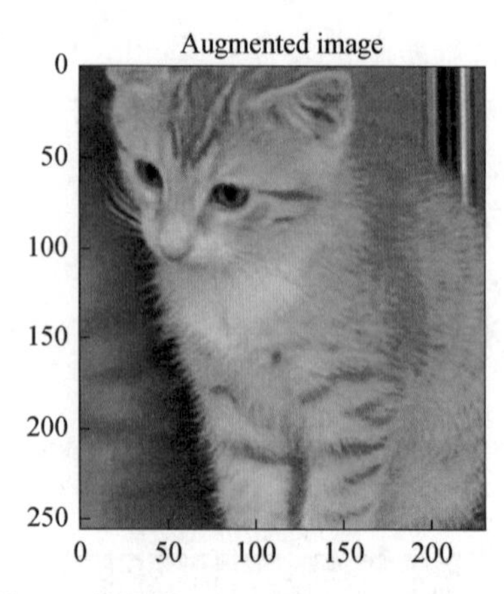

图 6-10　裁剪 40%的图像

6.2.3　图像色彩调整

图像色彩调整包括亮度、对比度、饱和度及色调调整。图像色彩调整技术在计算机视觉中是一个常用的数据增强技术。

1. 调整图像饱和度

TensorFlow 2.0 中调整图像饱和度的方法为 adjust_saturation，通过将图像转换为 HSV，并将饱和度（S）通道乘以饱和度因子和裁剪来调整图像饱和度，接着将图像转换回 RGB，函数原型为：

```
tf.image.adjust_saturation(
    image, saturation_factor, name=None
)
```

参数说明如下。

- image：输入的图像。
- saturation_factor：浮点数，乘以饱和度的因子。
- name：操作名（可选）。

将图像的饱和度调整为原始 2 倍的代码如下：

```
image = tf.image.convert_image_dtype(image, dtype=tf.float32)
augmented_image = tf.image.adjust_saturation(image, saturation_factor=2)
visualize(image, augmented_image)
```

运行代码，结果如图 6-11 所示。

2. 调整图像亮度

TensorFlow 2.0 中调整图像亮度的方法为 adjust_brightness，其原型为：

```
tf.image.adjust_brightness(
    image, delta
)
```

参数说明如下。

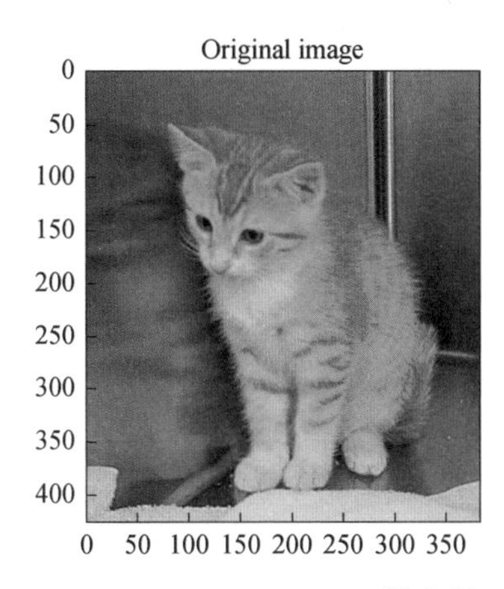

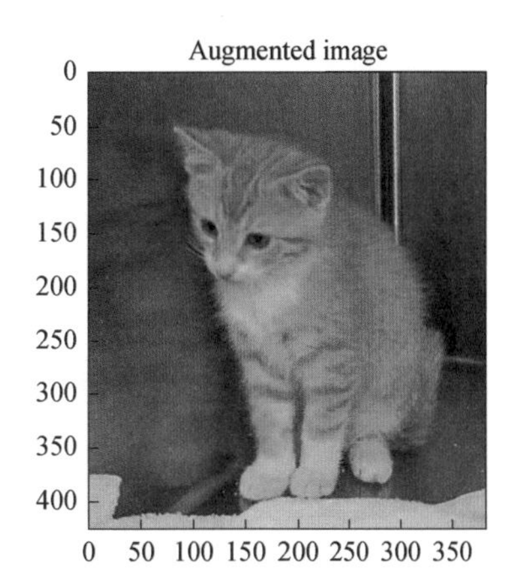

图 6-11　饱和度调整

● image：输入图像。

● delta：一个标量。添加到像素值的数量。delta 将被添加到张量图像的所有组件中。如果图像是定点表示的，则图像将转换为浮点数并适当缩放，而 delta 将转换为相同的数据类型。对于常规图像，delta 应在（−1,1）范围内，因为它以浮点表示形式添加到图像中，其中像素值在[0,1）范围内。

● name：操作名（可选）。

生成一张夜晚背景下的图片的代码如下：

```
image = tf.image.convert_image_dtype(image, dtype=tf.float32)
augmented_image = tf.image.adjust_brightness(image, delta=-0.6)
visualize(image, augmented_image)
```

运行代码结果如图 6-12 所示。在实际开发过程中，有时候很难获取到夜晚的数据，但是产品实际应用的过程中会有夜晚的情况。为了提高模型的泛化能力，调整图像亮度以增加夜晚的样本数是一种有效并常用的手段。

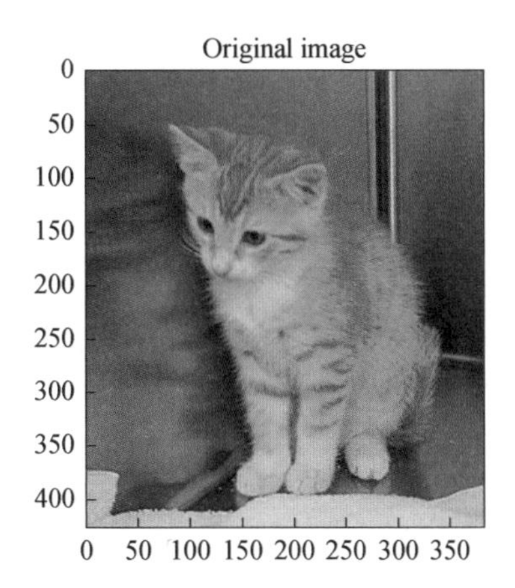

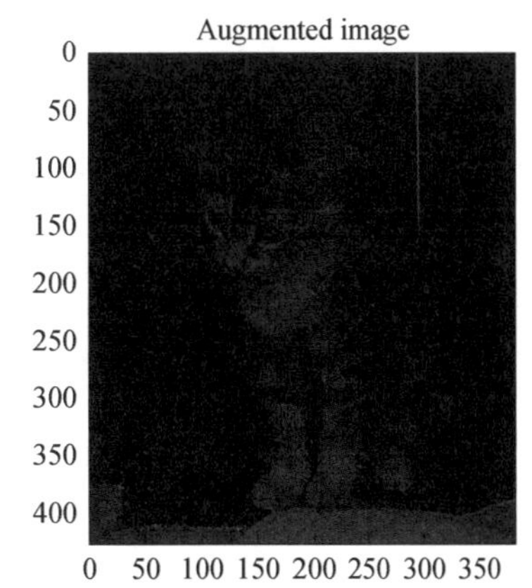

图 6-12　调整亮度

TensorFlow 2.0 中的数据增强的技术是非常多的，读者如果想深入了解，可以自行阅读官网的内容。上述的数据增强方式都是常规技术，有时候针对某个任务或者某个数据集，需要设计适合该任务的数据增强方式，这需要开发者对任务的数据集有非常清晰的认识。

任务 6.3　搭建猫狗识别网络模型

【任务描述】

猫狗识别是一个二分类的问题，本任务要求搭建猫狗识别网络模型，搭建后要求 AlexNet 模型进行改进、搭建、训练和验证。

【任务分析】

通过本任务，要求：

（1）了解 AlexNet 模型的基本特征。

（2）改进 AlexNet 模型，了解改进细节。

（3）加载数据和训练 AlexNet 模型。

（4）训练猫狗识别模型。

【知识准备】

6.3.1　认识 AlexNet 模型

1. AlexNet模型概述

AlexNet 模型是 2012 年 ImageNet 图像分类大赛的“冠军”模型（Top-1：17%，Top-5：37.5%），该网络将 LeNet 的思想发扬光大，即把网络设计得很深很宽。AlexNet 的输入是 ImageNet 中归一化后的 RGB 图像样本，每张图像的尺寸被裁切到了 224×224，AlexNet 中包含 5 个卷积层和 3 个全连接层，输出为具有 1000 类的 Softmax 层，具体的网络结构如图 6-13 所示。由于当时 GPU 的显存限制，无法使用一个 GPU 进行网络训练，为了能够训练 AlexNet，作者将网络分成了上下两部分分别运行在两块 GPU 上。

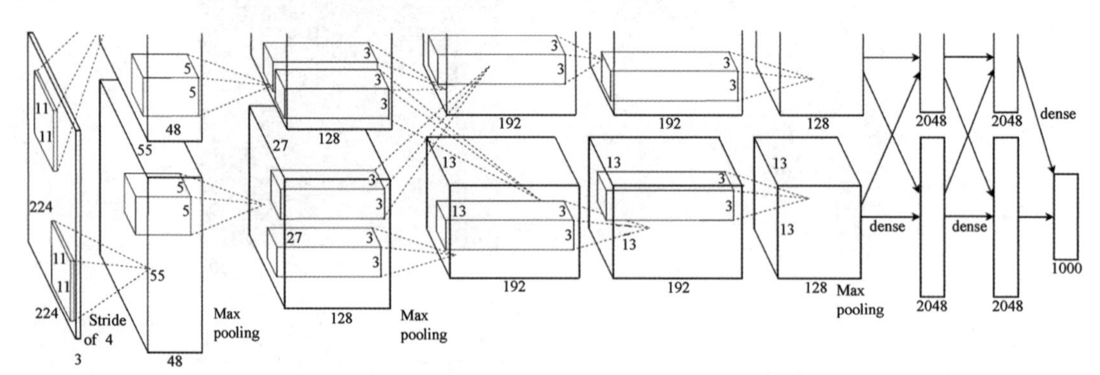

图 6-13　AlexNet 网络模型

AlexNet 的成功吸引了越来越多的学者研究卷积神经网络。AlexNet 在一些技术点上取得了重大突破，这些突破对后续的深度学习研究起着至关重要的作用，重要贡献点如下。

● ReLU 激活函数：随着网络层数的增加，在训练的时候很容易出现梯度消失的问题。AlexNet 为了缓解该问题采用了 ReLU 函数作为激活函数，通过实验验证在较深的网络中使用 ReLU 函数进行训练的效果远超于 Sigmoid 和 Tanh 函数。

● 重叠池化（Overlapping Pooling）：AlexNet 为了避免平均池化导致的模糊效果，采用了最大池化技术。另外与目前流行的卷积神经网络（如 ResNet、DenseNet 等）不同的是，AlexNet 采用的是重叠最大池化技术，即步长 s 小于池化核的尺寸 k，这使得相邻的两次池化操作的输出存在重叠，实验证明采用此技术可以提升特征的丰富性。当 s 设置为 2，k 设置为 3 时，AlexNet 的 Top-1 和 Top-5 的错误率相比于 s=2 和 k=2 时的错误率分别下降了 0.4%和 0.3%。

● Dropout：集成学习是机器学习中常用于提升模型性能的一种技术。在神经网络中，Dropout 技术本质上就是一种集成学习技术，AlexNet 将 Dropout 应用到最后的全连接层中，在训练期间 Dropout 会随机丢弃一部分神经元，被丢弃的神经元是不会参与学习的。因为每次丢弃的神经元都具有随机性，相当于每次训练的 AlexNet 都存在一定的差异，那么最终训练得到的网络，其实是多个不同版本的 AlexNet 的集合。实验证明，运用 Dropout 可以有效减少网络过拟合。

● 数据增强：神经网络是一种数据驱动的算法，即数据越多，质量越高，那么网络性能就越好。但是在实际开发任务中，很难收集足够多的数据，如果只是针对现有的数据进行网络训练就很容易导致过拟合。为了解决该问题，数据增强是一种有效的方法。对于计算机视觉任务，常见的数据增强方法有裁剪、镜像、旋转、缩放以及色彩调整等。为了增加样本数量，AlexNet 采用两种数据增强方法，即镜像反射和随机裁剪。另外，为了提高在 ImageNet 测试集上的精度 AlexNet 还在预测的时候进行了数据增强，但是测试时使用数据增强会极大地降低运行速度，因此在实际的任务场景中并不会使用。

● 局部响应归一化：AlexNet 中还使用了一种称为局部响应归一化（Local Response Normalization，LRN）的方法用于增强模型的泛化能力。

2. 改进AlexNet模型

AlexNet 中的部分技术和现代深度学习技术相比已经落后了，因此进行了如下改进。

改进 1：AlexNet 中使用的 LRN 技术已经被淘汰了，现代深度学习技术一般采用批归一化技术。

改进 2：AlexNet 在模型预测时，进行了数据增强。这种技术适合在竞赛中使用，但是并不适合在实际中应用。因为每次推理需要对所有数据增强产生的图片进行推理，这是非常消耗计算资源和时间的。本次任务在预测过程中不再进行数据增强。

改进 3：目前市面上大部分的显卡都可以训练一个 AlexNet，因此本次任务不将 AlexNet 拆分为两个子网络。

3. AlexNet模型细节

输入层：输入的样本是大小为 227×227 的三通道图。

卷积层 C1：96 个三通道的大小为 11×11 的卷积核对大小为 227×227 的输入进行卷积操作，得到 96×55×55 的特征图。激活函数为 ReLU 函数。池化函数为最大池化函数，池化核为 3×3，步长为 2，池化后的结果为 96×27×27 的特征图。最后再经过一个批归一化层。

卷积层 C2：256 个 96 通道的大小为 5×5 的卷积核对大小为 27×27 的输入进行卷积操

作，步长为 1，填充 2 个像素，卷积得到 256×27×27 的特征图。激活函数为 ReLU 函数。池化函数为最大池化函数，池化核为 3×3，步长为 2，池化后的结果为 256×13×13 的特征图。最后再经过一个批归一化层。

卷积层 C3：384 个 256 通道的大小为 3×3 的卷积核对大小为 13×13 的输入进行卷积操作，步长为 1，填充 1 个像素，卷积得到 384×13×13 的特征图。激活函数为 ReLU 函数。

卷积层 C4：384 个 384 通道的大小为 3×3 的卷积核对大小为 13×13 的输入进行卷积操作，步长为 1，1 个像素的填充，卷积得到两组 384×13×13 的特征图。激活函数为 ReLU 函数。

卷积层 C5：256 个 128 通道的大小为 3×3 的卷积核对大小为 13×13 的输入进行卷积操作，步长为 1，填充 1 个像素，卷积得到 256 个 13×13 的特征图。激活函数为 ReLU 函数。池化函数为最大池化函数，池化核为 3×3，步长为 2，池化后的结果为 256×6×6 的特征图。

全连接层 F6：4096 个神经元与前一层的输出结果进行全连接，形成 9216×4096 的全连接层。激活函数为 ReLU 函数。后面接有 Dropout。

全连接层 F7：4096 个神经元与前一层的输出结果进行全连接，形成 9216×4096 的全连接层。激活函数为 ReLU 函数。后面接有 Dropout。

输出层：原论文模型是在 ImageNet 上进行分类的，共 1000 类，所以使用 1000 个神经元与前一层的输出结果进行全连接，形成 4096×1000 的全连接层。最后再通过 Softmax 得到分类结果。本次任务为一个 2 分类任务，所以最后一层使用 2 个神经元与前一层输出结果进行全连接，形成 2×1000 的全连接层。

6.3.2 训练 AlexNet 模型

1. 加载数据

本次任务训练模型，采用水平翻转、垂直翻转及图片旋转的数据增强技术，并采用了独热编码方式进行编码，代码如下：

```
import tensorflow as tf
from tensorflow import keras
import os
#----------------------设置超参数----------------------#
# 类别数
cls_nums = 2
# 图片缩放到227 * 227
IMG_HEIGHT = 227
IMG_WIDTH = 227
# 每次读取 32 张图片
batch_size = 32
# 训练集路径，读者根据自己的实际情况重新设置该路径
train_dir = os.path.join(os.getcwd(), 'new_datasets', 'train')
# 测试集路径，读者根据自己的实际情况重新设置该路径
validation_dir = os.path.join(os.getcwd(), 'new_datasets', 'validation')
train_image_generator = tf.keras.preprocessing.image.ImageDataGenerator(rescale=1. / 255, horizontal_flip=True, vertical_flip=True, rotation_range=20)
validation_image_generator = tf.keras.preprocessing.image.ImageDataGenerator(rescale=1. / 255)
```

```
    # 在为训练和验证图像定义生成器之后，flow_from_directory 方法从磁盘加载图像，应用重新缩放，并将图像调整到所需的尺寸。
    train_data_gen = train_image_generator.flow_from_directory(batch_size=batch_size,                  directory=train_dir,                          shuffle=True, target_size=(IMG_HEIGHT, IMG_WIDTH), class_mode='categorical')


    val_data_gen = validation_image_generator.flow_from_directory(batch_size=batch_size,                               directory=validation_dir, target_size=(IMG_HEIGHT, IMG_WIDTH), class_mode='categorical')
```

2. 模型搭建

TensorFlow 2.0 的 AlexNet 模型如下：

```
alex_net  = keras.Sequential([
    # C1: 卷积层 1
    keras.layers.Conv2D(96, 11, 4, activation='relu'),
    keras.layers.MaxPooling2D((3, 3), 2),
    keras.layers.BatchNormalization(),
    # C2: 卷积层 2
    keras.layers.Conv2D(256, 5, 1, padding='same', activation='relu'),
    keras.layers.MaxPooling2D((3, 3), 2),
    keras.layers.BatchNormalization(),
    # C3: 卷积层 3
    keras.layers.Conv2D(384, 3, 1, padding='same', activation='relu'),
    # C4: 卷积层 4
    keras.layers.Conv2D(384, 3, 1, padding='same', activation='relu'),
    # C5: 卷积层 5
    keras.layers.Conv2D(256, 3, 1, padding='same', activation='relu'),
    keras.layers.MaxPooling2D((3, 3), 2),
    # 将 6*6*256 的特征图拉伸成 9216 个像素点
    keras.layers.Flatten(),
    # F6: 全连接层 1
    keras.layers.Dense(4096, activation='relu'),
    keras.layers.Dropout(0.25),
    # F7: 全连接层 2
    keras.layers.Dense(4096, activation='relu'),
    keras.layers.Dropout(0.25),
    # 输出层: 全连接层 3
    keras.layers.Dense(cls_nums, activation='softmax')
])
alex_net.build(input_shape=[batch_size, IMG_HEIGHT, IMG_WIDTH, 3])
alex_net.summary()
```

3. 训练猫狗识别模型

AlexNet 原始论文中采用了 SGD 优化器进行模型训练，batch_size 设置为 128，动量设置为 0.9，权重衰减设置为 0.0005，初始学习率设置为 0.01，并在训练过程中根据验证集的错误来降低学习率。本次任务也同样使用 SGD 优化器，batch_size 设置为 32，读者也可以根据自己硬件的实际情况重新设置该值。学习率设置为 0.001，并保持不变。

```
#----------------模型权重保存设置----------------#
# 获取当前脚本运行所在的目录
root = os.path.split(os.path.realpath(__file__))[0]
ckpt_path = os.path.join(root, 'checkpoint')
```

```
    # 判断权重模型保存的目录是否存在，如果不存在则创建该目录
    if not os.path.exists(ckpt_path):
        os.mkdir(ckpt_path)
    ckpt_path = os.path.join(ckpt_path, 'alexnet_{epoch:04d}.ckpt')
    # 创建一个回调函数
    callbacks = [
        keras.callbacks.ModelCheckpoint(filepath=ckpt_path,monitor='val_acc',
save_weights_only=True,period=2),
        keras.callbacks.EarlyStopping(patience=5, min_delta=1e-3)
    ]
    #---------------------训练设置----------------------#
    loss = keras.losses.CategoricalCrossentropy()
    optimizer=keras.optimizers.SGD(learning_rate=0.001, momentum=0.9)
    alex_net.compile(optimizer=optimizer, loss=loss, metrics=['acc'])
    history = alex_net.fit(x=train_data_gen,validation_data=val_data_gen,epoc
hs=40,batch_size=batch_size,callbacks=[callbacks])
    #--------------结果可视化--------------#
    def plot_history(history,train,validation):
        plt.plot(history.history[train]) #绘制训练数据的执行结果
        plt.plot(history.history[validation]) #绘制验证数据的执行结果
        plt.title('Train History') #图标题
        plt.xlabel('epoch') #x 轴标签
        plt.ylabel(train) #y 轴标签
        plt.legend(['train','validation'],loc='upper left') #添加左上角图例
        plt.savefig('res')
    plot_history(history,'acc','val_acc')
```

运行代码，结果如图 6-14 所示。训练 AlexNet 是一个非常漫长的过程，这里使用 Tesla T4 的 GPU 训练一轮的时间为 3 分钟。使用 Intel（R）Xeon（R）的 CPU，训练一轮的时间需要 8 分钟，那么 GPU 训练 40 轮的时间为 2 个多小时，CPU 训练时间为 4 个多小时。另外，使用 GPU 训练 AlexNet 还需要注意 GPU 显存是否足够。如果读者使用的 GPU 显存不够大，可以将 batch_size 值改小。一般地，batch_size 的值是 2 的倍数。

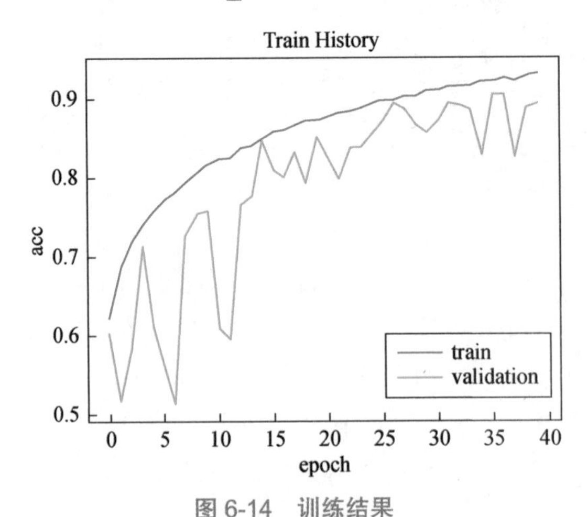

图 6-14　训练结果

如果硬件不是很好或者是没有 GPU 的话，建议尝试训练一个小的数据集，如将 10%的原始数据作为训练数据。

测试代码如下：

```
import tensorflow as tf
from tensorflow import keras
import os
import matplotlib.pyplot as plt
#----------------------设置超参数----------------------#
# 类别数
cls_nums = 2
# 图片缩放到 227 * 227
IMG_HEIGHT = 227
IMG_WIDTH = 227
# 每次读取 32 张图片
batch_size = 64
# 测试集路径，读者根据自己的实际情况重新设置该路径
test_dir = os.path.join(os.getcwd(), 'new_datasets', 'test')

#----------------------加载数据----------------------#
test_image_generator = tf.keras.preprocessing.image.ImageDataGenerator(re
scale=1. / 255)
test_data_gen = test_image_generator.flow_from_directory(batch_size=batch_
size, directory=test_dir, shuffle=True, target_size=(IMG_HEIGHT, IMG_WIDTH),
class_mode='categorical')
#----------------------搭建模型----------------------#


alex_net  = keras.Sequential([
    # C1: 卷积层 1
    keras.layers.Conv2D(96, 11, 4, activation='relu'),
    keras.layers.MaxPooling2D((3, 3), 2),
    keras.layers.BatchNormalization(),
    # C2: 卷积层 2
    keras.layers.Conv2D(256, 5, 1, padding='same', activation='relu'),
    keras.layers.MaxPooling2D((3, 3), 2),
    keras.layers.BatchNormalization(),
    # C3: 卷积层 3
    keras.layers.Conv2D(384, 3, 1, padding='same', activation='relu'),
    # C4: 卷积层 4
    keras.layers.Conv2D(384, 3, 1, padding='same', activation='relu'),
    # C5: 卷积层 5
    keras.layers.Conv2D(256, 3, 1, padding='same', activation='relu'),
    keras.layers.MaxPooling2D((3, 3), 2),
    # 将 6*6*256 的特征图拉伸成 9216 个像素点
    keras.layers.Flatten(),
    # F6: 全连接层 1
    keras.layers.Dense(4096, activation='relu'),
    keras.layers.Dropout(0.25),
    # F7: 全连接层 2
    keras.layers.Dense(4096, activation='relu'),
```

```
    keras.layers.Dropout(0.25),
    # 输出层：全连接层 3
    keras.layers.Dense(cls_nums, activation='softmax')
])
alex_net.build(input_shape=[batch_size, IMG_HEIGHT, IMG_WIDTH, 3])
alex_net.summary()

#---------------获取最新权重文件---------------#
root = os.path.split(os.path.realpath(__file__))[0]
ckpt_path = os.path.join(root, 'checkpoint')
latest = tf.train.latest_checkpoint(ckpt_path)

#---------------加载权重模型---------------#
alex_net.load_weights(latest)

#----------------------测试----------------------#
alex_net.compile(metrics=['acc'])
loss, acc = alex_net.evaluate(test_data_gen)
print('acc:{0}'.format(acc))
```

测试结果如下：

```
79/79 [==============================] - 14s 179ms/step - loss: 0.0000e+00
- acc: 0.8688
acc:0.8687999844551086
```

项目考核

一、选择题

1．卷积神经网络中通常包含卷积层和全连接层，它们的主要作用分别是（　　）。

A．进行分类、提取特征　　B．提取特征、进行分类

C．提取特征、提取特征

2．关于神经网络，下列说法中正确的是（　　）。

A．增加网络层数，不会增加测试集分类错误率

B．增加网络层数，一定会增加训练集分类错误率

C．减少网络层数，可能会减少测试集分类错误率

D．减少网络层数，一定会减少训练集分类错误率

3．下列哪种算法可以用神经网络构建？（　　）

① K-NN 最近邻算法

② 线性回归

③ 逻辑回归

A．①，②　　B．②，③

C．①，②，③　　D．以上都不是

4．下面哪句话是正确的？（　　）

A．机器学习模型的精准度越高，则模型的性能越好

B．增加模型的复杂度，总能减小测试样本误差

C．增加模型的复杂度，总能减小训练样本误差

D．以上说法都不对

5．评估模型之后，得出的结论是模型存在偏差，下列哪种方法能解决这一问题？（　　）

A．减少模型中特征的数量　　B．向模型中增加更多的特征

C．增加更多的数据　　D．B 和 C

E．以上全是

6．点击率的预测是一个数据比例不平衡问题（比如训练集中样本呈阴性的比例为 99%，阳性的比例是 1%），如果我们用这种数据建立模型并使得训练集的准确率高达 99%。我们可以得出的结论是（　　）。

A．模型的准确率非常高，我们不需要进一步探索

B．模型不好，我们应建一个更好的模型

C．无法评价模型

D．以上都不正确

7．监狱中人脸识别准入系统用来识别待进入人员的身份，此系统共包括识别 4 种不同的人员：狱警、小偷、送餐员、其他。下面哪种学习方法最适合此种应用需求？（　　）

A．二分类问题　　B．多分类问题

C．层次聚类问题　　D．K-中心点聚类问题

8．AlexNet 的成功吸引了越来越多的学者研究卷积神经网络。关于 AlexNet 网络，下列哪一项不属于它的重要贡献点？（　　）

A．AlexNet 使用 ReLU 作为网络中的激活函数，极大缓解了 Simgoid 函数与 Tanh 函数在输入较大或较小时进入饱和区后梯度消失的问题。

B．AlexNet 中使用的是重叠的最大池化，可以提升特征的丰富性，训练时对拟合也有所帮助。

C．AlexNet 将 Dropout 运用到最后的几个全连接层中，可以有效减少模型参数量，减少开销。

D．AlexNet 中局部响应归一化方法（Local Response Normalization，LRN），增强模型的泛化能力。

9．下列关于数据增强的描述中错误的是（　　）。

A．一种通过让有限的数据产生更多的等价数据来人工扩展训练数据集的技术

B．克服训练数据不足的有效手段

C．由于生成的数据与真实数据之间的差异，也不可避免地带来了噪声问题

D．可以显著提升图像质量

10．下列不属于数据增强的手段的是（　　）。

A．图像翻转　　B．图像裁剪

C．图像灰度化　　D．图像缩放

二、填空题

1．TensorFlow 2.0 提供了一个图片数据生成器类________，用于快速实现读取数据并实时数据增强的功能。

2．数据增强是一种通过让________的数据产生更多的________数据来人工扩展训练数据集的技术。

3．TensorFlow 2.0 提供了________组件，包含用于图像处理和解码编码操作的各种功能。

4．数据增强的方法分为两种方式，一种称为________，另外一种称为________。

4．训练集与测试集中可能存在潜在的位置偏差，使得模型在测试集中很难达到训练集中的效果，________可以有效地克服训练数据中存在的位置偏差，而且易于实现。

5．使用 TensorFlow 2.0 进行图片读取需要分两步走，第一步使用________函数读取文件，第二步使用解码函数________进行图片解码。

6．read_file 读取图片的路径必须是________的，否则会报错。

7．________是基础的图像几何变换，在计算机视觉任务中经常被使用到。

8．图像翻转有两种，一种是________，另一种是________。

9．________实际上是一种特殊的图像旋转，旋转也是一种常见并有效的数据增强手段。

10．TensorFlow 2.0 中只提供了一个逆时针旋转________度的旋转函数，并不支持任意角度的旋转。

11．卷积神经网络模型要识别出不同大小的同一目标是困难的，除非数据集中有不同大小的目标。________可以很好地模拟出远处和近处的目标。

12．在产品实际应用的过程中会有夜晚的情况。为了提高模型的泛化能力，________以此增加夜晚的样本数是一种有效并常用的手段。

13．AlexNet 的输入是________中归一化后的 RGB 图像样本，每张图像的尺寸被裁切到了________，AlexNet 中包含________个卷积层和________个全连接层，输出为 1000 类的________层。

14．AlexNet 中________方法，通过________层对局部神经元的活动创建竞争机制，使得其中响应较大的神经元值变得________，反馈较小的神经元得到________，这样可增强模型的________能力。

15．AlexNet 对 ImageNet 训练集中的样本做了________的组合，使得样本数据有了极大的增加。

16．池化可以理解为对同一特征图中________神经元输出的一种概括。CNN 中普遍使用________池化。而在 AlexNet 中则全部使用________池化，避免________池化的模糊化效果。

三、综合题

1．新冠肺炎疫情暴发以后，对民众的日常出行的防护有了更高要求。疫情期间佩戴口罩是疫情防控的最佳手段。本项目内容讲述的是猫狗识别的一个二分类的检测任务，口罩佩戴识别也可以理解为一个二分类的检测任务。我们口罩识别所采用的数据集是武汉大学国家多媒体软件工程技术研究中心开源的一个数据集（https://github.com/X-zhangyang/Real-World-Masked-Face-Dataset）。

该数据集中包括模拟口罩人脸数据集和真实口罩人脸识别样本集 RMFD，其中 RMFD 中包含 5000 张口罩人脸和 9 万张正常人脸。基于本项目所讲述的内容搭建一个基于 AlexNet 的口罩佩戴识别模型。

任务要求：

（1）找到数据集并下载口罩人脸识别数据集。

（2）加载数据集，将数据集中的图像进行一系列的处理及拆分训练集和测试集。

（3）改进 AlexNet 模型，并加载处理好的数据集进行训练。

（4）测试识别口罩佩戴的正确率。

2. 思考题：在日常生活当中，如果戴了口罩但是口罩没有遮盖住口鼻，这种又该如何检测呢？

思路1：可以利用 OpenCV 的官方文件进行人脸特征提取，通过能不能检测出口鼻来判断是否正确佩戴口罩（识别正确率低）。

思路2：可以利用国外开源的 MaskedFace-Net 数据集，进行多类检测，以此来检测未正确佩戴口罩的人。

项目 7　可视化方法应用

项目介绍

本项目将介绍两种可视化方法，并搭建可视化训练代码，要求掌握 TensorBoard 的使用步骤、整理可视化训练数据。提取和可视化模型各层输出特征图。

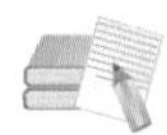

任务安排

任务 7.1　认识 TensorBoard
任务 7.2　数据可视化
任务 7.3　可视化 MNIST 分类模型

学习目标

✧ 掌握两种可视化方法，能够搭建可视化训练代码。
✧ 掌握 TensorBoard 的使用步骤，会整理可视化训练数据。
✧ 能够提取和可视化模型各层输出特征图。

任务 7.1　认识 TensorBoard

【任务描述】

本任务主要介绍 TensorBoard 可视化工具和工作原理，要求掌握两种可视化方法。

【任务分析】

学习完本任务，要求：
（1）掌握两种可视化方法的使用步骤。
（2）3 种 TensorBoard 的工作原理

【知识准备】

7.1.1　TensorBoard 简介

TensorBoard 是 TensorFlow 自带的一个非常强大的可视化工具，同时也是一个 Web 应用程序套件。作为 TensorFlow 的竞争对手 PyTorch，虽然拥有自己的可视化工具 Visdiom，但是依旧在后续迭代的版本中支持 TensorBoard，可见 TensorBoard 的强大。TensorBoard 是集成在 TensorFlow 中自动安装的。

虽然在之前的任务中使用 Matplotlib 进行训练结果可视化，但是它们都是在模型训练结束之后才进行可视化的，具有一定的滞后性。训练过程中可能存在的问题，并不能被及时发现。TensorBoard 可视化可以很好地解决训练期间的可视化问题，它可以实时跟踪模型训练中所有的信息，如当前的学习率、损失值及卷积层或其他层的参数分布情况。

TensorBoard 支持如下几种类型数据。

（1）标量：可以显示损失和指标在每个时期的变化情况，也可以显示跟踪训练速度、学习率和其他标量值。

（2）图片：输入的原始图片或者是数据增强后的图片，也可以显示卷积层或其他层的可视化结果。

（3）音频：输入的音频数据，在语言识别技术中经常被使用。

（4）图：显示代码中定义的计算图，并确保设计的模型是开发者所需要的。显示操作级图以了解 TensorFlow 如何理解您的程序。检查操作级图可以深入了解如何更改模型。例如，如果训练进度比预期的慢，则可以重新设计模型。

（5）数据分布：任何形状的张量。

（6）文本：显示保存的文字。

7.1.2　两种可视化方式

在 TensorFlow 2.0 中，训练模型一共有两种方式。

方式 1：使用 tf.keras 模块的 Model.fit()。

方式 2：使用 tf.GradientTape()求解梯度，此方式的优点是可以自定义训练过程。

两种方式都可以使用 TensorBoard，但是在使用方式上有所区别。方式 1 通过 TensorFlow 2.0 提供的回调函数“tf.keras.callbacks.TensorBoard”实现可视化功能，方式 2 通过 tf.summary 组件记录训练过程。

tf.keras.callbacks.TensorBoard 函数原型如下：

```
tf.keras.callbacks.TensorBoard(
log_dir='logs', histogram_freq=0, write_graph=True,write_images=False, write_steps_per_second=False, update_freq='epoch',profile_batch=2, embeddings_freq=0, embeddings_metadata=None, **kwargs)
```

参数说明如下。

- log_dir：TensorBoard 解析的日志文件所在的目录路径。例如，log_dir = os.path.join（working_dir, 'logs'），该目录不应被任何其他回调重用。
- histogram_freq：计算模型层的激活和权重直方图的频率（以时期为单位）。如果设置为 0，则不会计算直方图，必须为直方图可视化指定验证数据（或拆分）。
- write_graph：是否在 TensorBoard 中可视化图形。当 write_graph 设置为 True 时，日志文件会变得非常大。
- write_images：是否编写模型权重以在 TensorBoard 中可视化为图像。
- write_steps_per_second：是否将每秒的训练步骤记录到 TensorBoard 中。它支持 epoch 和 batch_size 频率记录。

● update_freq：'batch'或'epoch'或整数。使用时，'batch'在每批之后将损失和指标写入 TensorBoard。这同样适用于'epoch'。如果使用整数，比方说 1000，回调将会在每 1000 个批次后将指标和损失写入 TensorBoard。请注意，过于频繁地写入 TensorBoard 会减慢训练速度。

● profile_batch：分析批次以采样计算特性。profile_batch 必须是非负整数或整数元组。一对正整数表示要分析的批次范围。默认情况下，它将分析第二批。可以设置 profile_batch=0 以禁用分析。

● embeddings_freq：嵌入层可视化的频率（以 epoch 为单位）。如果设置为 0，嵌入将不会被可视化。

● embeddings_metadata：将层名称映射到文件名的字典，其中保存了此嵌入层的元数据。如果所有嵌入层都使用相同的元数据文件，则可以传递字符串。

该回调函数包含了指标、计算图、激活直方图和采样分析 4 种数据的显示。

tf.summary 组件提供了包括音频、标量数据等各种写入到 TensorBoard 中的 API 函数。如标量数据写入的函数原型为：

```
tf.summary.scalar(
    name, data, step=None, description=None
)
```

参数说明如下。

● name：此操作的名称。用于 TensorBoard 的摘要标签将以此名称为前缀，并以任何活动名称范围为前缀。

● data：待可视化的实数标量值，可转换为 float32 张量。

● step：此 summary 的显式单调步长值。如果省略，则默认为 tf.summary.experimental.get_step()，不能为 None。

● description：此 summary 的可选长格式描述，作为常量 str。默认为空。

7.1.3 TensorBoard 工作原理

TensorBoard 的工作原理其实就是将训练过程中的数据存储并写入到硬盘中，数据存储需要按照 TensorFlow 的标准进行存储。如图 7-1 所示是 TensorBoard 的文件存储结构，有关于 TensorBoard 的文件都存储在 logs 文件夹中，该文件夹由开发者指定。logs 文件夹下有 train、validation 文件夹，分别保存着训练和验证的相关数据。如果开发者未设置验证的代码，那么 TensorBoard 不会创建 validation 文件夹。以 events 开头的是 TensorBoard 的存储文件类型。

```
∨ logs
  ∨ train
    ∨ plugins\profile
      > 2021_08_07_08_41_42
      > 2021_08_07_08_43_01
    events.out.tfevents.1628325701.DESKTOP-B1A390E.6904.131.v2
    events.out.tfevents.1628325702.DESKTOP-B1A390E.profile-empty
    events.out.tfevents.1628325780.DESKTOP-B1A390E.18972.131.v2
  ∨ validation
    events.out.tfevents.1628325711.DESKTOP-B1A390E.6904.4404.v2
    events.out.tfevents.1628325789.DESKTOP-B1A390E.18972.4404.v2
```

图 7-1　TensorBoard 文件存储架构

任务 7.2　数据可视化

【任务描述】

本任务利用 TensorBoard 工具来搭建可视化训练代码，要求掌握 TensorBoard 的使用步骤。

【任务分析】

完成本任务，要求：

（1）搭建可视化训练代码。

（2）熟悉 TensorBoard 使用步骤。

（3）可视化单张和多张图像。

【知识准备】

7.2.1　一个简单的可视化例子

1. 搭建可视化训练代码

可视化代码非常简单，开发者只需要实例化一个 TensorBoard 的回调函数就可以完成可视化代码，示例代码如下：

```
import tensorflow as tf
mnist = tf.keras.datasets.mnist

(x_train, y_train),(x_test, y_test) = mnist.load_data()
x_train, x_test = x_train / 255.0, x_test / 255.0

def create_model():
    return tf.keras.models.Sequential([
        tf.keras.layers.Flatten(input_shape=(28, 28)),
        tf.keras.layers.Dense(512, activation='relu'),
        tf.keras.layers.Dropout(0.2),
        tf.keras.layers.Dense(10, activation='softmax')
    ])

model = create_model()
model.compile(optimizer='adam',
              loss='sparse_categorical_crossentropy',
              metrics=['accuracy'])

#可视化代码
tensorboard_callback = tf.keras.callbacks.TensorBoard(log_dir="logs/", hi
```

```
stogram_freq=1, update_freq=1)

    model.fit(x=x_train,
              y=y_train,
              epochs=50,
              validation_data=(x_test, y_test),
              callbacks=[tensorboard_callback])
```

运行程序会自动生成一个 logs 文件夹。

2. 使用TensorBoard步骤

使用 TensorBoard 来完成可视化需要以下 3 步。

第一步：确保生成 events 文件。启动训练程序，在训练的过程中 TensorBoard 会在 logs 文件下生成相关数据。

第二步：启动终端。读者使用的如果是 Windows 系统，启动 cmd 命令行终端。如果使用的是 Linux 系统，则启动 Terminal 命令行终端，接着在命令行终端输入如下命令：tensorboard --logdir=文件所在的路径，并回车，终端会输出如图 7-2 所示信息。

```
2021-08-07 17:05:58.146921: W tensorflow/stream_executor/platform/default/dso_loader.cc:60] Could not load dynamic library 'cudart64_110.dll'; dlerror: cudart64_110.dll not found
2021-08-07 17:05:58.147280: I tensorflow/stream_executor/cuda/cudart_stub.cc:29] Ignore above cudart dlerror if you do not have a GPU set up on your machine.
Serving TensorBoard on localhost; to expose to the network, use a proxy or pass --bind_all
TensorBoard 2.5.0 at http://localhost:6006/ (Press CTRL+C to quit)
```

图 7-2　终端输出信息

第三步：在浏览器中打开 TensorBoard。打开浏览器，在浏览器中输入地址“http://localhost:6006/”，会出现如图 7-3 所示的页面。在打开的页面中会出现若干标签，如 SCALARS、GRAPHS、DISTRIBUTIONS 等。

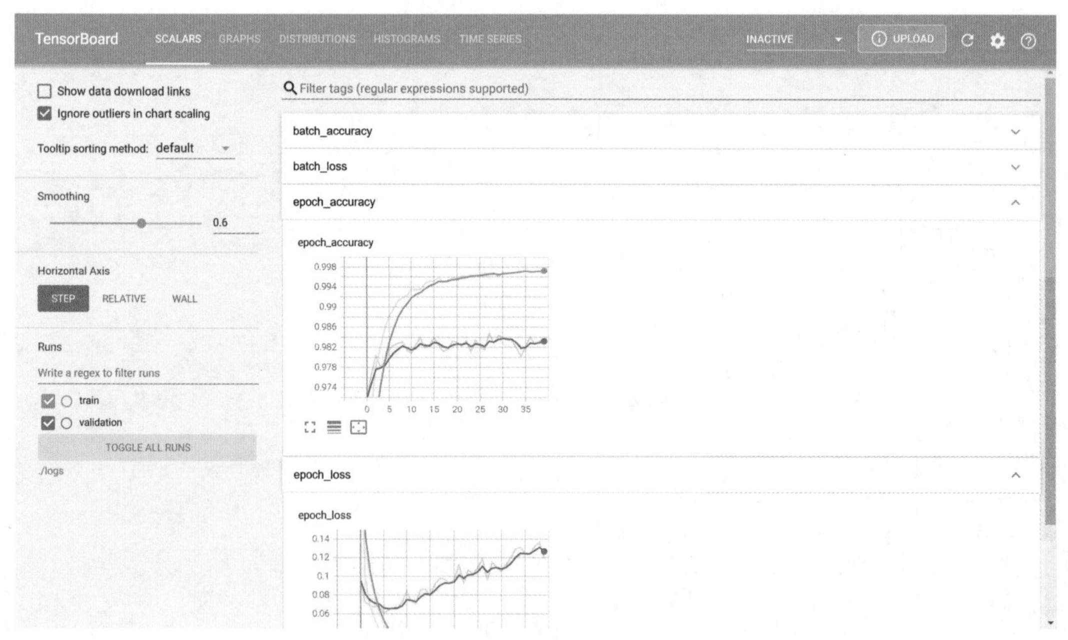

图 7-3　浏览器中 TensorBoard 页面

“SCALARS”标签页面内容，如图 7-3 所示。页面中显示了以 batch 为单位的损失值和精度及以 epoch 为单位的损失值和精度。其中蓝色的为验证集数据，橘红色的为训练集数据。图中横坐标为训练次数，即 epoch 或 batch 次数。纵坐标为具体的标量值。

TensorBoard 的左侧工具栏中的“Smoothing”表示在绘制数据时对图像进行平滑处理。通过平滑处理可以更好地显示参数的整体变化趋势，读者可以尝试调整“Smoothing”的值观察图形前后的变化。如果只想查看训练相关数据，可以通过左侧工具栏关闭“validation”选项即可。

单击“GRAPHS”标签，页面会显示计算图相关数据，如图 7-4 所示。该页面展示了开发者设计的模型具体细节，可以查看每个节点的输入和输出数据。如单击“div_no_nan”按钮，得到如图 7-5 所示的节点，页面的右上角显示该节点的输入/输出信息。

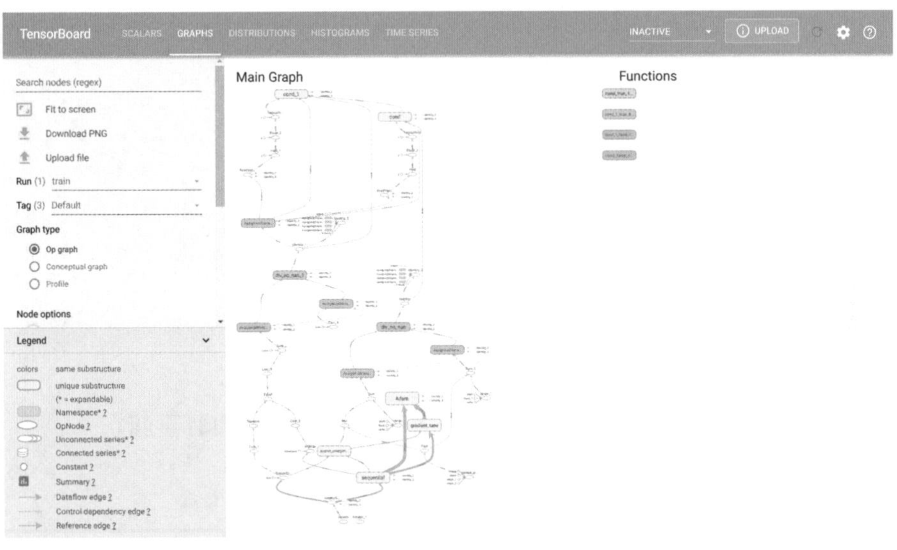

图 7-4　“GRAPHS”标签

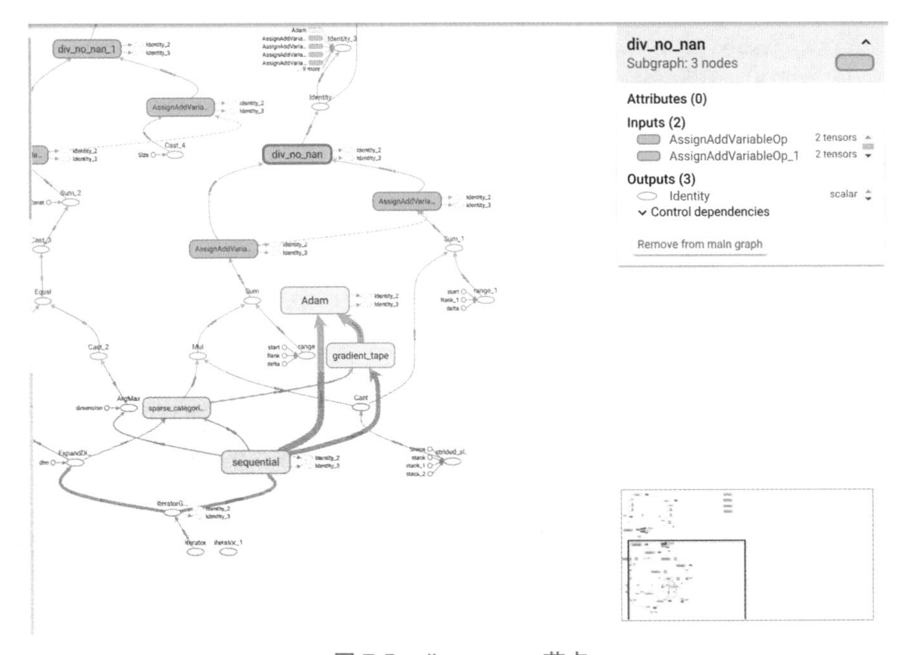

图 7-5　div_no_nan 节点

如果只想查看模型的结构图，可以在左侧工具栏“Tag”中选择“keras”选项，页面内容如图 7-6 所示。

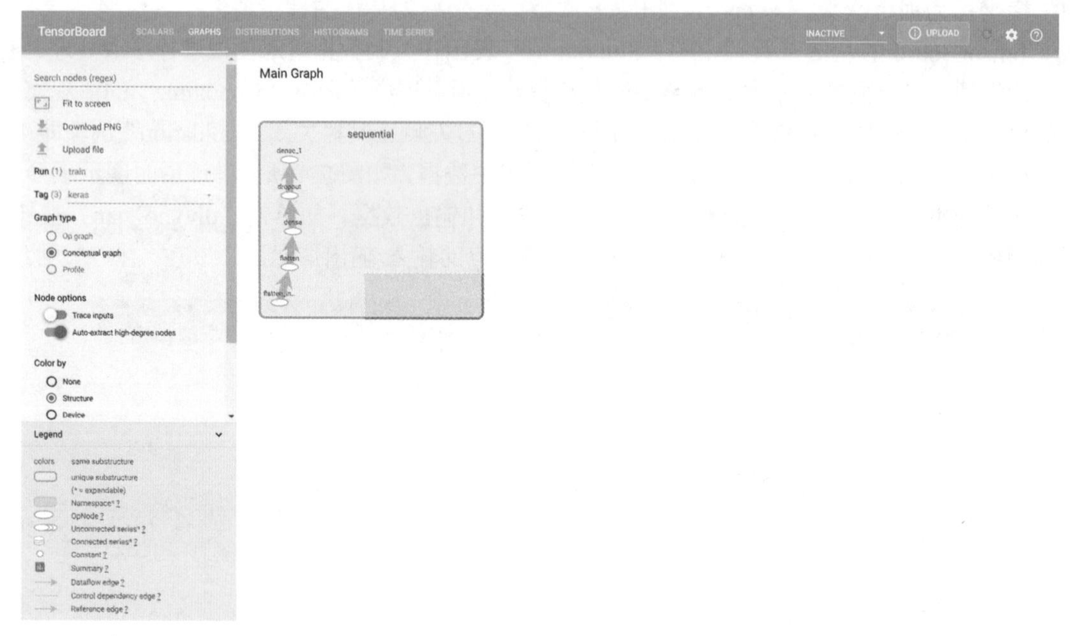

图 7-6　模型结构图

剩下页面显示了神经元输出分布及模型相关信息，读者可以自行查阅。

7.2.2　可视化图像数据

1. 可视化单张图像

在 TensorBoard 中显示图片，需要通过函数 tf.summary.image 实现，其函数原型为：

```
tf.summary.image(
    name, data, step=None, max_outputs=3, description=None
)
```

参数说明如下。

- name：此 summary 的名称。用于 TensorBoard 的 summary 标签将以此名称为前缀，并以任何活动名称范围为前缀。
- data：一个表示像素数据的张量，形状为$[k, h, w, c]$，其中 k 是图像的数量，h 和 w 是图像的高度和宽度，c 是通道的数量，可以取值为 1、2、3 或 4（灰度、带有 alpha、RGB、RGBA 的灰度）。任何维度都可能是静态未知的。浮点数据将被裁剪到[0,1]范围内。使用 tf.image.convert_image_dtype 将其他数据类型到允许的范围内，以便可以安全地转换为 uint8。
- step：此 summary 的显式 int64-castable 单调步长值。如果省略，则默认为 tf.summary.experimental.get_step()，不能为 None。
- max_outputs：可选的 int 或 rank-0 整数张量，表示每一步最多可以发出的图像数。当提供的图像数超过 max_outputs 时，第一个 max_outputs 图像将被使用，其余的将被静默丢弃。
- description：此 summary 的格式描述，作为常量 str。

可视化单张 MNIST 图像数据代码如下：

```
import tensorflow as tf
from tensorflow import keras
import numpy as np
from tensorflow.keras.datasets import mnist

(train_images, train_labels), (test_images, test_labels) = mnist.load_data()
class_names = ['0', '1', '2', '3', '4', '5', '6', '7', '8', '9']

img = np.reshape(train_images[0], (-1, 28, 28, 1))

logdir = "./logs"
file_writer = tf.summary.create_file_writer(logdir)
with file_writer.as_default():
  tf.summary.image("Training data", img, step=0)
```

需要注意的是，tf.summary.image 需要一个包含（batch_size, height, width, channels）的 4 维张量，而读取的 MNIST 的图像只是一个 2 维的张量。因此在可视化之前需要对图像形状进行重塑。运行代码，并在终端启动 TensorBoard，结果如图 7-7 所示。

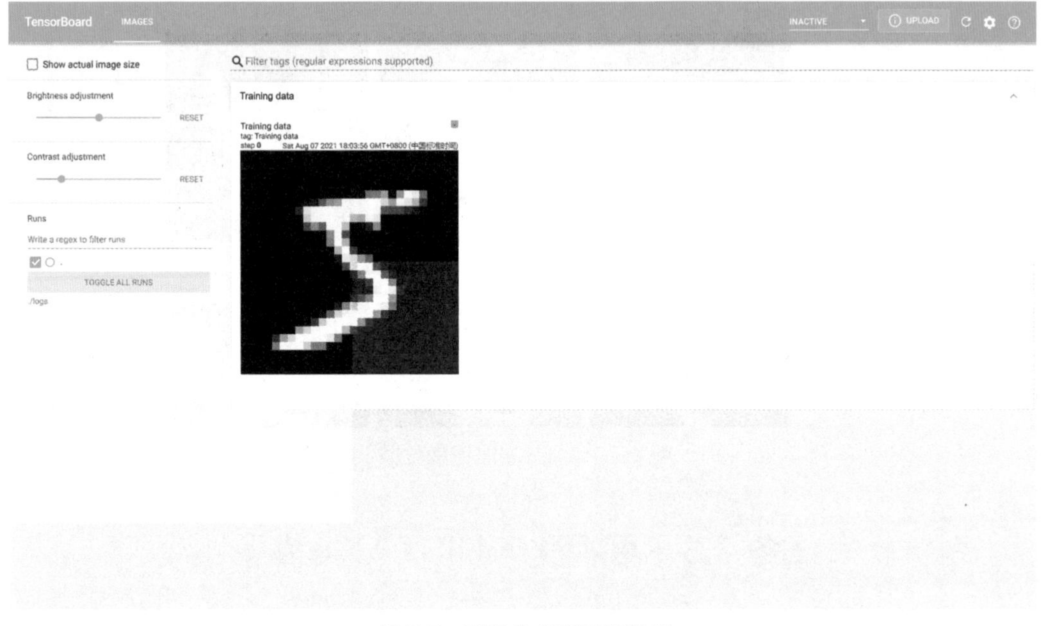

图 7-7 可视化单张图像数据

TensorBoard 会将图像缩放到默认大小，以方便查看。如果要查看未缩放的原始图像，需要选中左上方的“Show actual image size”。左侧工具栏还提供了调整亮度和对比度滑块的功能。

2. 可视化多张图像

得益于 tf.summary.image 输入的数据为一个 4 维张量，因此可视化多张图像变得非常简单，修改代码如下：

```
import tensorflow as tf
```

```
from tensorflow import keras
import numpy as np
from tensorflow.keras.datasets import mnist

(train_images, train_labels), (test_images, test_labels) = mnist.load_dat
a()
class_names = ['0', '1', '2', '3', '4', '5', '6', '7', '8', '9']
# 可视化 25 张图片
images = np.reshape(train_images[0:25], (-1, 28, 28, 1))
logdir = "./logs"
file_writer = tf.summary.create_file_writer(logdir)
with file_writer.as_default():
  # max_outpus 值为可视化数据的数量
  tf.summary.image("Training data", images, max_outputs=25,step=0)
```

运行代码之前先清空 logs 下的文件。结果如图 7-8 所示。

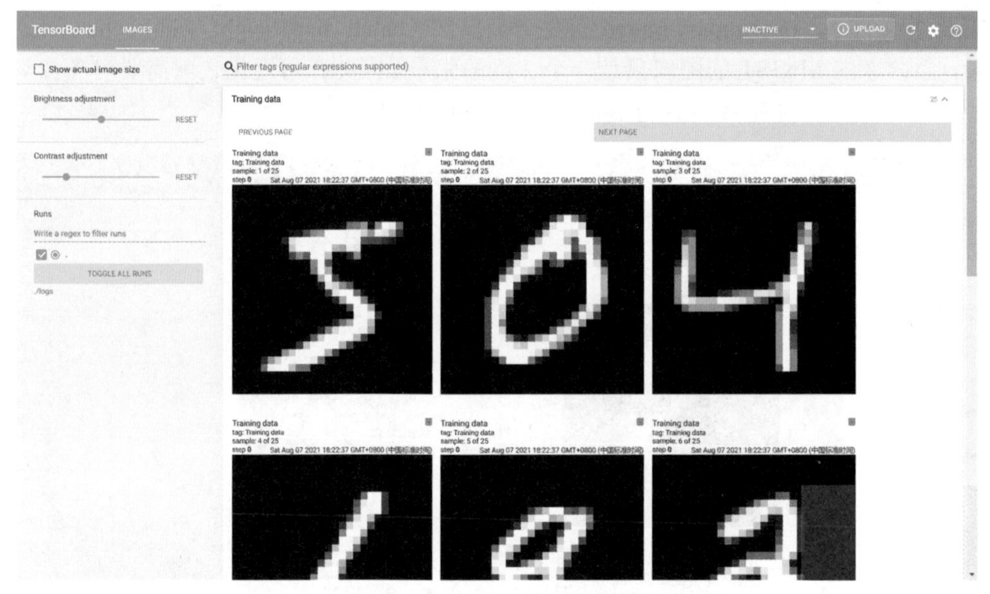

图 7-8　可视化多张图像数据

任务 7.3　可视化 MNIST 分类模型

【任务描述】

本任务要整理可视化训练数据，并提取和可视化模型各层输出特征图。

【任务分析】

完成本任务后，要求：

（1）合并可视化图像原始数据。

（2）提取和可视化模型各层输出特征图。

【知识准备】

7.3.1 可视化训练数据

1. 合并图像预测结果和图像原始数据

tf.summary.image 虽然可以可视化图像数据，但是并不能为图像打上标签。在训练的过程中，开发者希望可以实时查看模型预测结果。为了实现该功能，并不能直接将原始图像数据传入到 tf.summary.image 中，而是需要进行预处理。预处理代码逻辑非常简单，只需要将原始数据和预测结果显示在同一张图像上，并将该图像传入到 tf.summary.image 中即可。合并原始数据和预测结果的代码如下：

```
def image_grid(images, labels, pred_labels, cls_names):
  figure = plt.figure(figsize=(10,10))
  for i in range(25):
    title = "true: {0}, predict: {1}".format(cls_names[labels[i]], cls_na
mes[pred_labels[i]])
    plt.subplot(5, 5, i + 1, title=title)
    plt.xticks([])
    plt.yticks([])
    plt.grid(False)
    plt.imshow(images[i], cmap=plt.cm.binary)
  return figure
```

在 image_grid 函数中，每次预测 25 张图片。完成合并后，需要将图像数据转换为 TensorFlow 的格式，转换代码如下：

```
def plot_img(figure):
    buf = io.BytesIO()
    plt.savefig(buf, format='png')
    plt.close(figure)
    buf.seek(0)
    image = tf.image.decode_png(buf.getvalue(), channels=4)
    image = tf.expand_dims(image, 0)
    return image
```

2. 同时可视化标量数据和图像数据

tf.keras.callbacks.TensorBoard 只能记录基本指标数据，并不能记录图像等其他数据。为了同时可以记录多种数据，TensorFlow 2.0 提供了一种可自定义的回调函数“tf.keras.callbacks.LambdaCallback”，其函数原型为：

```
tf.keras.callbacks.LambdaCallback(
on_epoch_begin=None, on_epoch_end=None, on_batch_begin=None, on_batch_end=
None,on_train_begin=None, on_train_end=None, **kwargs)
```

参数说明如下。

- on_epoch_begin：在开始每一轮训练之前调用回调函数，该回调函数有两个参数，即 epoch 和

logs。

- on_epoch_end：在结束每一轮训练之后调用回调函数，该回调函数有两个参数，即 epoch 和 logs。
- on_batch_begin：在开始每一个 batch 训练之前调用回调函数，该回调函数有两个参数，即 batch 和 logs。
- on_batch_end：在结束每一个 batch 训练之前调用回调函数，该回调函数有两个参数，即 batch 和 logs。
- on_train_begin：在模型开始训练之前调用回调函数，该回调函数有一个参数 logs。
- on_train_end：在模型结束训练之后调用回调函数，该回调函数有一个参数 logs。

每一轮训练结束之后，预测测试集数据的可视化代码如下：

```
def log_img(epoch, logs):
    test_pred_raw = LeNet_5.predict(x_test_image)
    test_pred = np.argmax(test_pred_raw, axis=1)
    figure = image_grid(images=x_test_image, labels=y_test_label, pred_labels=test_pred, cls_names=class_names)
    with file_writer_cm.as_default():
        tf.summary.image("Test data", plot_img(figure), step=epoch)
cm_callback = keras.callbacks.LambdaCallback(on_epoch_end=log_img)
```

需要注意的是，每次重新开始训练模型都需要删除 logs 文件夹下的旧文件，这非常麻烦，为了解决该问题，可以在 logs 文件夹下新建以训练开始时间为名的文件夹。TensorBoard 会自动识别这些文件夹，开发者可以通过左侧的工具栏“Runs”选择指定文件夹的数据进行可视化，如图 7-9 所示，代码如下：

```
logdir =  "logs/" + datetime.now().strftime("%Y%m%d-%H%M%S")
```

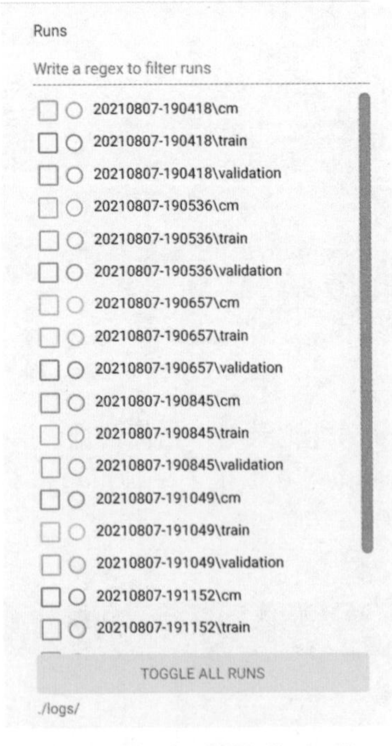

图 7-9　左侧工具栏“Runs”

同时可视化标量数据和图像数据代码如下：

```
logdir =  "logs/" + datetime.now().strftime("%Y%m%d-%H%M%S")
file_writer_cm = tf.summary.create_file_writer( logdir + '/cm')

def image_grid(images, labels, pred_labels, cls_names):
  figure = plt.figure(figsize=(10,10))
  for i in range(25):
    title = "true: {0}, predict: {1}".format(cls_names[labels[i]], cls_names[pred_labels[i]])
    plt.subplot(5, 5, i + 1, title=title)
    plt.xticks([])
    plt.yticks([])
    plt.grid(False)
    plt.imshow(images[i], cmap=plt.cm.binary)
  return figure

def plot_img(figure):
    buf = io.BytesIO()
    plt.savefig(buf, format='png')
    plt.close(figure)
    buf.seek(0)
    image = tf.image.decode_png(buf.getvalue(), channels=4)
    image = tf.expand_dims(image, 0)
    return image
def log_img(epoch, logs):
    test_pred_raw = LeNet_5.predict(x_test_image)
    test_pred = np.argmax(test_pred_raw, axis=1)
    figure = image_grid(images=x_test_image, labels=y_test_label, pred_labels=test_pred, cls_names=class_names)
    with file_writer_cm.as_default():
        tf.summary.image("Test data", plot_img(figure), step=epoch)

cm_callback = keras.callbacks.LambdaCallback(on_epoch_end=log_img)
tb_callback = tf.keras.callbacks.TensorBoard(log_dir=logdir, histogram_freq=1, update_freq=1)
callbacks = [cm_callback, tb_callback]
```

完整的训练代码如下：

```
import tensorflow as tf
from tensorflow import keras
from datetime import datetime
import numpy as np
import matplotlib.pyplot as plt
import io
class_names = ['0', '1', '2', '3', '4', '5', '6', '7', '8', '9']

#---------------加载MNIST---------------#
(x_train_image,y_train_label),(x_test_image,y_test_label) = tf.keras.datasets.mnist.load_data()
```

```
#-------------------填充-------------------#
paddings = tf.constant([[0,0], [2, 2], [2, 2]])
x_train_image = tf.pad(x_train_image, paddings)
x_test_image = tf.pad(x_test_image, paddings)

#---------------one-hot---------------#
y_train_label_onehot = tf.keras.utils.to_categorical(y_train_label) #One-Hot 编码
y_test_label_onehot = tf.keras.utils.to_categorical(y_test_label)

#---------------归一化---------------#
x_train_image = x_train_image/255
x_test_image = x_test_image/255

#---------------reshape---------------#
x_train_image = tf.reshape(x_train_image, [-1, 32, 32, 1])
x_test_image = tf.reshape(x_test_image, [-1, 32, 32, 1])

#---------------LeNet-5 模型---------------#
LeNet_5 = keras.Sequential([
    # C1:使用 6 个 5*5 的卷积核对单通道 32*32 的图片进行卷积，结果得到 6 个 28*28 的特征图
    keras.layers.Conv2D(6, 5),
    # S2:对 28*28 的特征图进行 2*2 最大池化，得到 14*14 的特征图
    keras.layers.MaxPooling2D(pool_size=2, strides=2),
    # ReLU 激活函数
    keras.layers.ReLU(),

    # C3: 使用 16 个 5*5 的卷积核对 6 通道 14*14 的图片进行卷积，结果得到 16 个 10*10 的特征图
    keras.layers.Conv2D(16, 5),
    # S4: 对 10*10 的特征图进行 2*2 最大池化，得到 5*5 的特征图
    keras.layers.MaxPooling2D(pool_size=2, strides=2),
    # ReLU 激活函数
    keras.layers.ReLU(),

    #C5: 使用 120 个 5*5 的卷积核对 16 通道 5*5 的图片进行卷积，结果得到 120 个 1*1 的特征图
    keras.layers.Conv2D(120, 5),
    # ReLU 激活函数
    keras.layers.ReLU(),
    # 将 (None, 1, 1, 120) 的下采样图片拉伸成 (None, 120) 的形状
    keras.layers.Flatten(),
    # F6: 120*84
    keras.layers.Dense(84, activation='relu'),
    # 输出层: # 84*10
    keras.layers.Dense(10, activation='softmax')
])

LeNet_5.build(input_shape=(32, 32, 32, 1))
```

```
    #----------------可视化代码--------------#
    logdir =  "logs/" + datetime.now().strftime("%Y%m%d-%H%M%S")
    file_writer_cm = tf.summary.create_file_writer( logdir + '/cm')

    def image_grid(images, labels, pred_labels, cls_names):
      figure = plt.figure(figsize=(10,10))
      for i in range(25):
        title = "true: {0}, predict: {1}".format(cls_names[labels[i]], cls_na
mes[pred_labels[i]])
        plt.subplot(5, 5, i + 1, title=title)
        plt.xticks([])
        plt.yticks([])
        plt.grid(False)
        plt.imshow(images[i], cmap=plt.cm.binary)
      return figure

    def plot_img(figure):
        buf = io.BytesIO()
        plt.savefig(buf, format='png')
        plt.close(figure)
        buf.seek(0)
        image = tf.image.decode_png(buf.getvalue(), channels=4)
        image = tf.expand_dims(image, 0)
        return image

    def log_img(epoch, logs):
        test_pred_raw = LeNet_5.predict(x_test_image)
        test_pred = np.argmax(test_pred_raw, axis=1)
        figure = image_grid(images=x_test_image, labels=y_test_label, pred_la
bels=test_pred, cls_names=class_names)
        with file_writer_cm.as_default():
            tf.summary.image("Test data", plot_img(figure), step=epoch)

    cm_callback = keras.callbacks.LambdaCallback(on_epoch_end=log_img)
    tb_callback = tf.keras.callbacks.TensorBoard(log_dir=logdir, histogram_fr
eq=1, update_freq=1)
    callbacks = [cm_callback, tb_callback]

    #----------------训练配置----------------#
    optimizer = tf.keras.optimizers.Adam(learning_rate=0.001)
    LeNet_5.compile(loss='categorical_crossentropy',optimizer=optimizer,metri
cs=['acc'])
    history = LeNet_5.fit(x=x_train_image,y=y_train_label_onehot,validation_sp
lit=0.2,epochs=5,batch_size=200,callbacks=callbacks)
```

运行程序，可视化结果中“SCALARS”“IMAGES”页面结果分别如图 7-10 和图 7-11 所示。读者如果对其他页面的可视化结果感兴趣，可以自行查阅其他页面的结果。

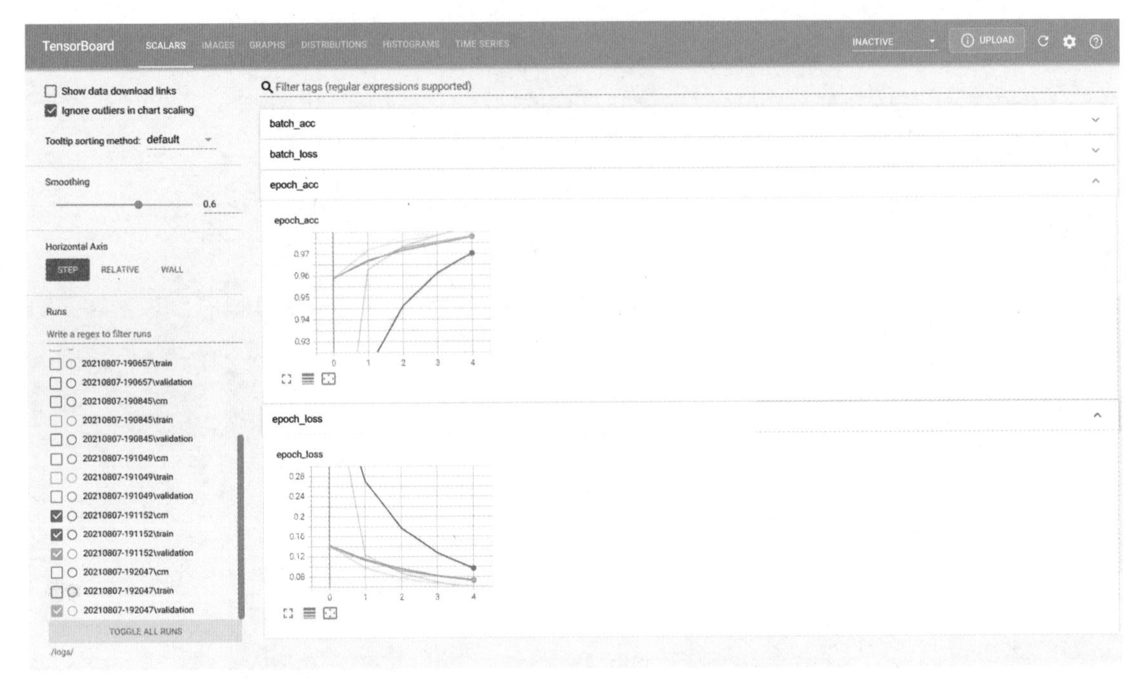

图 7-10 “SCALARS”页面

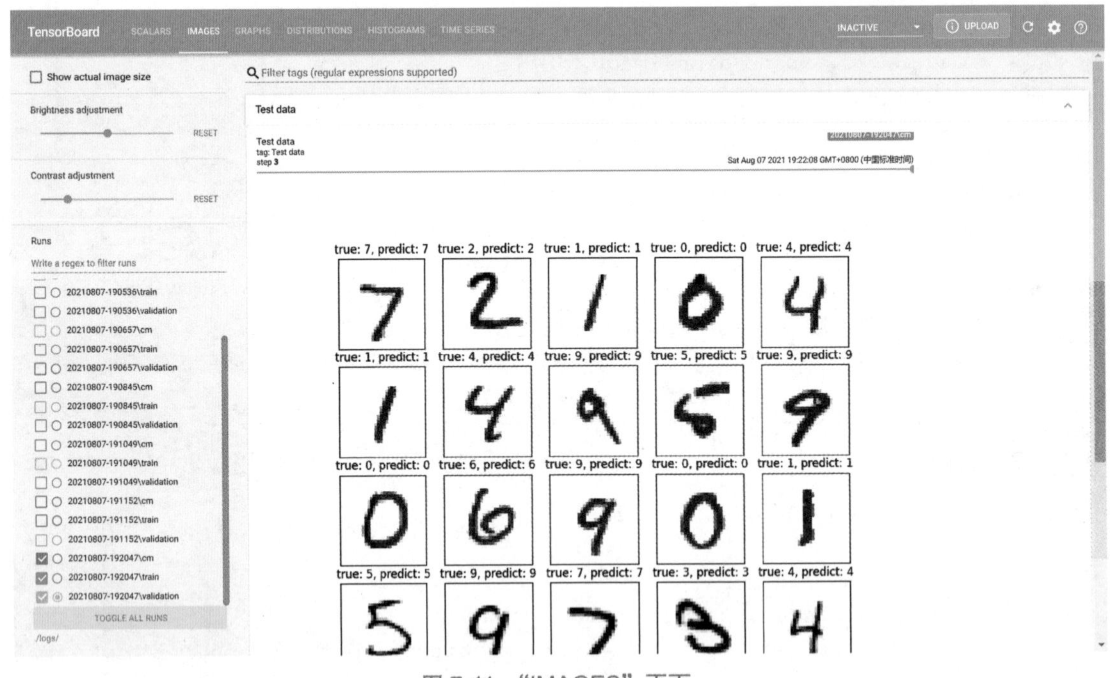

图 7-11 “IMAGES”页面

7.3.2 可视化卷积神经网络

1. 可视化原理

卷积神经网络的一个缺点是它是一个“黑盒”模型，虽然在计算机视觉的诸多领域取得了极大的成功，但是，至今没有学者能够从数学角度解释为什么卷积神经网络效果如此之好。

虽然无法完全解释卷积神经网络模型，但是仍然出现了很多探索这个“黑盒”模型的尝试工作。其中一个工作就是可视化 CNN 模型，即可视化 CNN 模型中的卷积核。

可视化方法分为两大类：一类是非参数化方法，该方法不分析卷积核具体的参数，而是分析可视化经过卷积层后的输出；而另一类方法着重分析卷积核中的参数，使用参数重构出图像。

本次任务中使用第一类的可视化方法，通过该方法可以观察到卷积神经网络对图片中哪块区域感兴趣。

2. 提取模型各层输出特征图

可视化的原理非常简单，只需要将卷积神经网络的不同层的输出提取出来即可。需要注意的是，卷积层的输出一般都是多维张量，因此不能直接可视化，一般的操作是将卷积层的输出感觉不同的通道进行拆分，即分别可视化每一个通道的特征。

LetNet-5 共有 11 层网络，按照顺序分别是：卷积层、最大池化层、ReLU、卷积层、最大池化层、ReLU、卷积层、ReLU、平铺层、全连接层、全连接层。获取各层的输出，代码如下：

```
    def get_conv_feat(images, model):
        layer_outputs = [layer.output for layer in model.layers]
        activation_model = keras.models.Model(inputs=model.input, outputs=lay
er_outputs)
        input_image=tf.expand_dims(images, 0)
        activations = activation_model.predict(input_image)
        return activations
```

提出各输出层中每一通道的特征图，代码如下：

```
    def feat_grid(feats, layer):
        figure = plt.figure(figsize=(10,10))
        feat_channels = feats[layer].shape[3]
        for i in range(feat_channels):
            if i >= 25: break
            title = "第{0}层的第{1}特征图".format(layer+1, i + 1)
            plt.subplot(5, 5, i + 1, title=title)
            plt.xticks([])
            plt.yticks([])
            plt.grid(False)
            plt.imshow(feats[layer][0,:,:,i], cmap='viridis')
        return figure
```

绘制各通道的特征图，代码如下：

```
    def plot_img(figure):
        buf = io.BytesIO()
        plt.savefig(buf, format='png')
        plt.close(figure)
        buf.seek(0)
        image = tf.image.decode_png(buf.getvalue(), channels=4)
        image = tf.expand_dims(image, 0)
        return image
```

3. 可视化各层输出特征图

本次任务直接使用任务 7.2 中训练好的模型进行可视化，读者也可以根据示例代码边训练边可视化特征图。完成可视化，代码如下：

```
import tensorflow as tf
from tensorflow import keras
from datetime import datetime
import numpy as np
import matplotlib.pyplot as plt
import io,os

#---------------plt 显示中文设置---------------#
plt.rcParams['font.sans-serif']=['SimHei']
plt.rcParams['axes.unicode_minus']=False

class_names = ['0', '1', '2', '3', '4', '5', '6', '7', '8', '9']

#---------------加载 MNIST---------------#
(x_train_image,y_train_label),(x_test_image,y_test_label) = tf.keras.datas
ets.mnist.load_data()

#------------------填充------------------#
paddings = tf.constant([[0,0], [2, 2], [2, 2]])
x_train_image = tf.pad(x_train_image, paddings)
x_test_image = tf.pad(x_test_image, paddings)

#---------------one-hot---------------#
y_train_label_onehot = tf.keras.utils.to_categorical(y_train_label) #One-
Hot 编码
y_test_label_onehot = tf.keras.utils.to_categorical(y_test_label)

#---------------归一化---------------#
x_train_image = x_train_image/255
x_test_image = x_test_image/255

#---------------reshape---------------#
x_train_image = tf.reshape(x_train_image, [-1, 32, 32, 1])
x_test_image = tf.reshape(x_test_image, [-1, 32, 32, 1])

#---------------LeNet-5 模型---------------#
LeNet_5 = keras.Sequential([
    # C1:使用 6 个 5*5 的卷积核对单通道 32*32 的图片进行卷积，结果得到 6 个 28*28 的特征
图
    keras.layers.Conv2D(6, 5),
    # S2:对 28*28 的特征图进行 2*2 最大池化，得到 14*14 的特征图
    keras.layers.MaxPooling2D(pool_size=2, strides=2),
    # ReLU 激活函数
    keras.layers.ReLU(),

    # C3: 使用 16 个 5*5 的卷积核对 6 通道 14*14 的图片进行卷积，结果得到 16 个 10*10 的
特征图
```

```
        keras.layers.Conv2D(16, 5),
        # S4: 对 10*10 的特征图进行 2*2 最大池化，得到 5*5 的特征图
        keras.layers.MaxPooling2D(pool_size=2, strides=2),
        # ReLU 激活函数
        keras.layers.ReLU(),

        #C5: 使用 120 个 5*5 的卷积核对 16 通道 5*5 的图片进行卷积，结果得到 120 个 1*1 的特
征图
        keras.layers.Conv2D(120, 5),
        # ReLU 激活函数
        keras.layers.ReLU(),
        # 将 (None, 1, 1, 120) 的下采样图片拉伸成 (None, 120) 的形状
        keras.layers.Flatten(),
        # F6: 120*84
        keras.layers.Dense(84, activation='relu'),
        # 输出层: # 84*10
        keras.layers.Dense(10, activation='softmax')
    ])

    LeNet_5.build(input_shape=(32, 32, 32, 1))

    #---------------可视化代码-------------#
    logdir =  "logs/" + datetime.now().strftime("%Y%m%d-%H%M%S")
    file_writer_cm = tf.summary.create_file_writer( logdir + '/cm')

    def get_conv_feat(images, model):
        layer_outputs = [layer.output for layer in model.layers]
        activation_model = keras.models.Model(inputs=model.input, outputs=lay
er_outputs)
        input_image=tf.expand_dims(images, 0)
        activations = activation_model.predict(input_image)
        return activations

    def feat_grid(feats, layer):
        figure = plt.figure(figsize=(10,10))
        feat_channels = feats[layer].shape[3]
        for i in range(feat_channels):
            if i >= 25: break
            title = "第{0}层的第{1}特征图".format(layer+1, i + 1)
            plt.subplot(5, 5, i + 1, title=title)
            plt.xticks([])
            plt.yticks([])
            plt.grid(False)
            plt.imshow(feats[layer][0,:,:,i], cmap='viridis')
        return figure

    def plot_img(figure):
        buf = io.BytesIO()
```

```
        plt.savefig(buf, format='png')
        plt.close(figure)
        buf.seek(0)
        image = tf.image.decode_png(buf.getvalue(), channels=4)
        image = tf.expand_dims(image, 0)
        return image

    #---------------获取最新权重文件---------------#
    root = os.path.split(os.path.realpath(__file__))[0]
    ckpt_path = os.path.join(root, 'checkpoint')
    latest = tf.train.latest_checkpoint(ckpt_path)

    #---------------加载权重模型---------------#
    LeNet_5.load_weights(latest)

    #---------------可视化---------------#
    feats = get_conv_feat(x_test_image[0], LeNet_5)
    with file_writer_cm.as_default():
        for i in range(8):
            figure = feat_grid(feats, layer=i)
            tf.summary.image("feat map {0}".format(i), plot_img(figure), max_
outputs=25,step=0)
```

运行程序，TensorBoard 中第一层卷积层的可视化结果如图 7-12 所示。读者也可以自行查看其他层的输出可视化结果，随着层数的增加，可视化结果表现得越来越抽象。

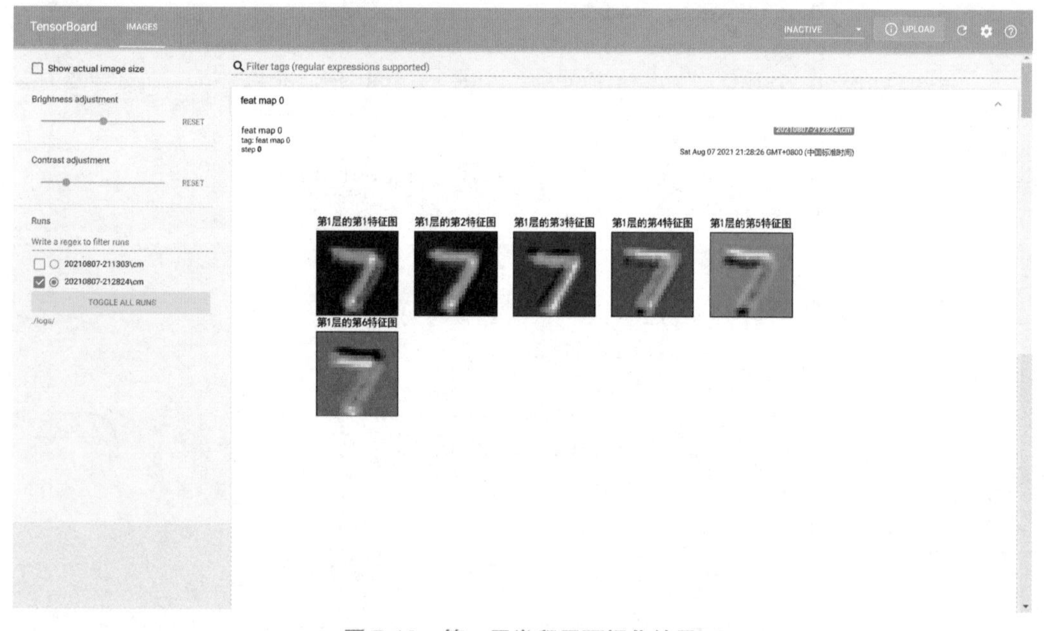

图 7-12　第一层卷积层可视化结果

对结果进行分析，发现卷积神经网络中数字区域的像素响应远远大于非数字区域的像素，这证明了卷积神经网络是能够识别数字的，图 7-13 展示了其他数字的可视化结果。

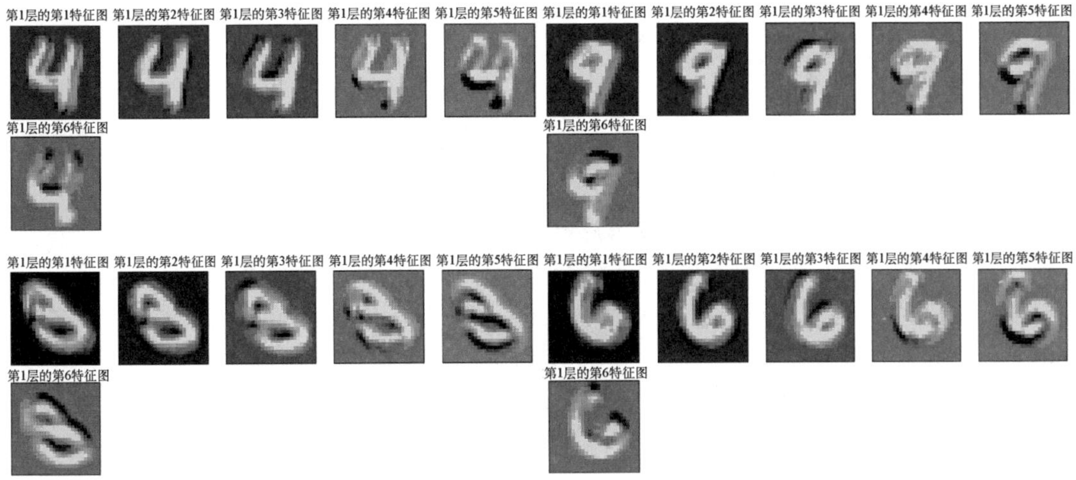

图 7-13　其他数字可视化结果

项目考核

一、选择题

1．下列关于 TensorBoard 的描述中错误的是（　　）。

A．TensorBoard 是 TensorFlow 内置的一个可视化工具，它通过将 TensorFlow 程序输出的日志文件的信息可视化使得 TensorFlow 程序的理解、调试和优化更加简单高效。

B．TensorBoard 的可视化依赖于 TensorFlow 程序运行输出的日志文件，因而 TensorBoard 和 TensorFlow 程序在不同的进程中运行。

C．TensorBoard 的可视化功能很丰富。SCALARS 栏目展示各标量在训练过程中的变化趋势，如 accuracy、cross entropy、learning_rate、网络各层的 bias 和 weights 等标量。

D．TensorBoard 可以显著地帮助模型加快训练。

2．TensorBoard 不支持什么数据类型？（　　）

A．标量　　B．图片　　C．视频　　D．音频

3．下列关于 TensorBoard 的描述中错误的是（　　）。

A．TensorBoard 的工作原理其实就是将训练过程中的数据存储并写入硬盘中，数据需要按照 TensorFlow 的标准进行存储。

B．TensorBoard 可以通过 TensorFlow 2.0 提供的回调函数 tf.keras.callbacks.TensorBoard 实现可视化功能，或者通过 tf.summary 组件记录训练过程。

C．在 TensorBoard 中显示图片，需要通过函数 tf.summary.image 实现。

D．TensorBoard 需要单独安装，安装完 TensorFlow 后另行安装。

4．下列关于 TensorBoard 使用的相关描述中正确的是（　　）。

A．确保 events 文件生成。启动训练程序，在训练的过程中，TensorBoard 会在 logs 文件夹下生成相关数据。

B．启动终端。读者使用的如果是 Windows 系统，启动 cmd 命令行终端；如果是 Linux 系统，启动 Terminal 命令行终端，输入 TensorBoard --logdir=文件所在的路径。

C．最后在浏览器地址栏中输入“http://localhost:6006/”。

D．以上都是

5．TensorFlow 提供了两种训练方式，这两种方式是（　　），由于训练方式的不同使用 TensorBoard 的方式也有所不同。

A．tf.keras 模块的 Model.fit() 和 tf.GradientTape()求解梯度

B．tf.keras 模块的 Model.fit() 和 tf.keras 模块的 Model. fit_generator ()

6．下列关于 TensorBoard 工作原理的描述中正确的是（　　）。

A．将训练过程中的数据存储并写入硬盘中，数据需要按照 TensorFlow 的标准进行存储

B．TensorBoard 的文件都存储在 logs 文件夹中，该文件夹由开发者指定

C．如果开发者设置验证的代码的话，logs 文件夹下有 train、validation 文件夹，分别保存着训练和验证的相关数据。

D．以上都是

7．对于可视化卷积神经网络，其中的可视化的方法一般有（　　）几种方法。

A．非参数化方法和参数化方法　　B．非参数化方法

C．参数化方法　　D．以上都不是

二、填空题

1．TensorBoard 可视化可以很好地解决________的可视化问题，它可以________模型训练中所有的信息。

2．TensorBoard 支持如下几种类型数据：________、________、________、图、________、________。

3．TensorFlow 2.0 中训练模型一共有两种方式：使用 Keras 模块的 Model.fit()和使用________求解梯度。

4．TensorBoard 的工作原理其实就是将训练过程中的数据________到硬盘中，数据需要按照 TensorFlow 的标准进行存储。

5．TensorBoard 的文件都存储在________文件夹中，该文件夹由开发者指定。

6．logs 文件夹下有 train、________文件夹，分别保存着________和________的相关数据。

7．使用 TensorBoard 需要 3 步：（1）________；（2）________；（3）在浏览器中打开 TensorBoard。

8．TensorBoard 左侧工具栏中的________表示在绘制数据时对图像进行平滑处理，通过平滑处理可以更好地显示参数的________。

9．在 TensorBoard 中显示图片，需要通过函数________实现。

10．tf.summary.image 需要一个包含（batch_size, height, width, channels）的 4 维张量，而读取的 MNIST 的图像是一个________维的张量。因此在可视化之前需要对________进行重塑。

11．TensorBoard 会将图像缩放到默认大小，以方便查看。如果要查看未缩放的原始图像，需要选中左上方的“________”选项。

12．为了同时可以记录基本指标数据和记录图像等其他数据，TensorFlow 2.0 提供了一种可自定义的回调函数________。

13．可视化方法分为两大类，一类是________方法，而另一类方法着重分析卷积核中的参数，使用参数重构出图像。

三、综合题

利用项目 6 综合题中搭建的口罩识别的模型，结合 TensorBoard 展示出每一个阶段图像

所呈现出来的不同的样子，从而完全掌握 TensorBoard 的使用。

任务要求：

1．完成搭建可视化训练的代码。

2．完成可视化图像原始数据的合并。

3．提取和可视化模型各层输出特征图。

项目 8　经典卷积神经网络的应用

项目介绍

卷积神经网络最初是为解决图像识别等问题设计的，当然其现在的应用不仅限于图像和视频，也可用于时间序列信号，如音频信号、文本数据等。本项目通过介绍经典卷积神经网络的应用，要求掌握经典卷积神经网络的应用方法，搭建、训练、验证垃圾分类识别模型。

任务安排

任务 8.1　认识迁移学习
任务 8.2　探索经典卷积神经网络
任务 8.3　搭建垃圾分类识别模型

学习目标

✧ 掌握与训练模型和相应的迁移学习方法。
✧ 熟悉经典卷积神经网络特征。
✧ 搭建、训练和验证垃圾分类识别模型。

任务 8.1　认识迁移学习

【任务描述】

本任务介绍迁移学习方法，可以将已经训练好的模型迁移到类似的新的问题上进行使用，不必对新问题重新建模、从头训练和优化参数。

这些训练好的模型同时包含了优化好的参数，在使用的时候只需要做一些简单的调整就可以应用到新问题中。

【任务分析】

完成本任务后，要求掌握迁移学习工作流，熟悉模型 Xception 微调。

【知识准备】

8.1.1　迁移学习

预训练模型是在大数据集上已经训练好并保存下来的模型，如在 ImageNet 数据集上训练的模型。tf.keras.applications 组件中提供多种预训练模型。使用预训练模型有两种方式：第一种，如果待分类的类别是属于 ImageNet 的 1000 类别中的，那么可以直接使用预训练模型；第二种，通过迁移学习使用预训练模型。

迁移学习是一种机器学习的方法，指的是一个预训练的模型被重新用在另一个任务中。一般地，预训练模型都是在 ImageNet 数据集上表现较好的网络，开发者在开发自己的特定任务上借助预训练模型，可以节省训练时间和计算资源。此外，从零训练一个泛化性能好的卷积神经网络是一件非常困难的事情，但是借助预训练模型可以轻易训练一个泛化性能好的网络。

卷积神经网络可以分为两部分：第一部分是特征提取网络；第二部分是分类器，即输出层。迁移学习通过冻结预训练模型中特征提取网络的参数，只训练新的分类器来完成模型的训练，如图 8-1 所示。实际开发过程中，并不一定全部冻结特征提取网络只训练分类器，也可以通过冻结部分特征提取网络的层。

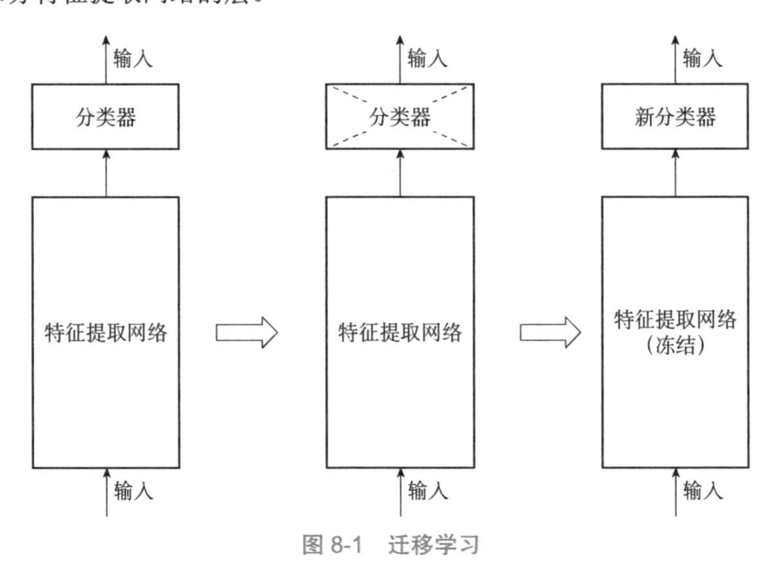

图 8-1　迁移学习

迁移学习的应用场景有以下几个。

场景 1：某个任务收集到的样本数量不多，如果直接使用卷积神经网络进行训练很容易出现过拟合的情况。此时采用迁移学习可以很好地解决数据不足的问题。

场景 2：某个任务虽然可以收集到大量的数据，具有从头训练一个模型的数据条件，但是给数据进行标注需要大量的时间。此时可以先标注小部分数据，再采用迁移学习训练一个标注模型，使用模型进行数据标注，最后再采用人工进行复核。

8.1.2 TensorFlow 中的迁移学习

1. 迁移学习工作流

在深度学习场景中，迁移学习最常见的工作流如下：

（1）从之前训练的模型中获取层。

（2）冻结这些层，以避免在后续训练轮次中破坏它们包含的任何信息。

（3）在已冻结层的顶部添加一些新的可训练层。这些层会学习将旧特征转换为对新数据集的预测。

（4）在新数据集上训练新层。

（5）最后一步为可选步骤——微调模型，即解冻整个模型（或模型的一部分），接着在新数据上以极低的学习率对该模型进行重新训练，以增量方式使预训练特征适应新数据，以提高模型的性能。

2. trainable属性

TensorFlow 2.0 中的 trainable API 是大多数迁移学习和微调工作流的基础。在 TensorFlow 2.0 中，无论是层还是模型都具有如下权重特性：

- weights 是层的所有权重变量的列表。
- trainable_weights 是需要进行更新（通过梯度下降）以尽可能减少训练过程中损失的权重列表。
- non_trainable_weights 是不适合训练的权重列表。它们通常在正向传递过程中由模型更新。

示例代码如下：

```
import tensorflow as tf
from tensorflow.keras import layers

layer = keras.layers.Dense(3)
layer.build((None, 4))

print("weights:", len(layers.weights))
print("trainable_weights:", len(layers.trainable_weights))
print("non_trainable_weights:", len(layers.non_trainable_weights))
```

运行程序，结果如下所示：

```
weights: 2
trainable_weights: 2
non_trainable_weights: 0
```

一般而言不进行任何的设置，TensorFlow 2.0 中所有层的权重都是可训练权重。TensorFlow 中唯一具有不可训练权重的层是 BatchNormalization 层（简称 BN 层）。在训练期间，该层使用不可训练权重跟踪其输入的平均值和方差。

创建一个 BN 层，打印其权重特性：

```
layer = keras.layers.BatchNormalization()
layer.build((None, 4))
print("weights:", len(layer.weights))
print("trainable_weights:", len(layer.trainable_weights))
```

```
print("non_trainable_weights:", len(layer.non_trainable_weights))
```

输出结果如下：

```
weights: 4
trainable_weights: 2
non_trainable_weights: 2
```

分析结果可知，BN 层中有 2 个可训练权重和 2 个不可训练权重。

TensorFlow 2.0 中的层和模型都有一个属性 trainable。此属性的值可以更改。将 layer.trainable 设置为 False，那么层的所有权重都变为不可训练。这一过程称为“冻结”层：已冻结层的状态在训练期间是不会更新的。冻结全连接层的示例代码如下：

```
layer = keras.layers.Dense(3)
layer.build((None, 4))
# 冻结该层
layer.trainable = False

print("weights:", len(layer.weights))
print("trainable_weights:", len(layer.trainable_weights))
print("non_trainable_weights:", len(layer.non_trainable_weights))
```

运行程序，结果如下：

```
weights: 2
trainable_weights: 0
non_trainable_weights: 2
```

可以发现全连接层的权重都变为了不可训练的权重。

某一层的 trainable 一旦被设置为 False，那么训练期间相关参数就不会被更新。开发者可以通过 NumPy 中的 assert_allclose 函数来判断某层的参数是否更新过，如果更新过，该函数为输出断言错误，代码如下：

```
from tensorflow import keras
import numpy as np
# 创建一个两层的模型
layer1 = keras.layers.Dense(3, activation="relu")
layer2 = keras.layers.Dense(3, activation="sigmoid")
model = keras.Sequential([keras.Input(shape=(3,)), layer1, layer2])
# 冻结第一层全连接层
layer1.trainable = False
# 复制两层全连接层的权重参数用于后续比较
initial_layer1_weights_values = layer1.get_weights()
initial_layer2_weights_values = layer2.get_weights()
# 训练模型
model.compile(optimizer="adam", loss="mse")
model.fit(np.random.random((2, 3)), np.random.random((2, 3)))
# 判断权重参数是否更新过
final_layer1_weights_values = layer1.get_weights()
final_layer2_weights_values = layer2.get_weights()
try:
    np.testing.assert_allclose(
```

```
        initial_layer1_weights_values[0], final_layer1_weights_values[0])
    np.testing.assert_allclose(
        initial_layer1_weights_values[1], final_layer1_weights_values[1])
    print("第一层权重参数未更新")
except:
    print("第一层权重参数更新过")
try:
    np.testing.assert_allclose(
        initial_layer2_weights_values[0], final_layer2_weights_values[0])
    np.testing.assert_allclose(
        initial_layer2_weights_values[1], final_layer2_weights_values[1])
    print("第二层权重参数未更新")
except:
print("第二层权重参数更新过")
```

运行程序，输出结果如下：

```
1/1 [==============================] - 1s 728ms/step - loss: 0.0937
第一层权重参数未更新
第二层权重参数更新过
```

在实际开发过程中，模型搭建可能会出现模型嵌套的情况。trainable 属性具有递归特性，一旦把模型的 trainable 设置为 False，那么该模型下的所有嵌套模型的 trainable 也变为 False，代码如下：

```
inner_model = keras.Sequential(
    [
        keras.Input(shape=(3,)),
        keras.layers.Dense(3, activation="relu"),
        keras.layers.Dense(3, activation="relu"),
    ]
)
model = keras.Sequential(
    [keras.Input(shape=(3,)), inner_model, keras.layers.Dense(3, activati
on="sigmoid"),])
model.trainable = False
print("嵌套模型 inner_model 的 trainable 为{0}".format(inner_model.trainable))
print("嵌套模型 inner_model 中第一层的 trainable 为{0}".format(inner_model.
layers[0].trainable))
```

运行程序，结果如下：

```
嵌套模型 inner_model 的 trainable 为 False
嵌套模型 inner_model 中第一层的 trainable 为 False
```

3. TensorFlow 2.0 下的迁移学习工作流

TensorFlow 2.0 下的迁移学习工作流非常简单，如下所示：

（1）实例化一个预训练模型并加载预训练权重。

（2）通过设置 trainable = False 冻结预训练模型中的某些层或所有层。

（3）根据预训练模型中一个（或多个）层的输出创建一个新模型。

（4）在新数据集上训练新模型。

（5）可选步骤微调，一旦模型在新数据上收敛，就可以尝试解冻全部或部分预训练模型，并以极低的学习率端到端地重新训练整个模型。需要注意的是，只有在将具有冻结层的模型训练至收敛后，才能执行此微调步骤。如果将随机初始化的可训练层与包含预训练特征的可训练层混合使用，则随机初始化的层将在训练过程中引起非常大的梯度更新，而这将破坏预训练特征。

TensorFlow 2.0 为开发者提供了非常多的预训练模型，读者可以根据实际情况选择合适的预训练模型进行二次开发。

8.1.3　一个简单的迁移学习例子

1. Xception迁移学习

首先实例化一个预训练模型 Xception，Xception 模型的原型为：

```
tf.keras.applications.xception.Xception(
    include_top=True, weights='imagenet', input_tensor=None,
    input_shape=None, pooling=None, classes=1000,
    classifier_activation='softmax')
```

参数说明如下：

- include_top：是否在网络顶部包含全连接层。
- weights：None（随机初始化）、'imagenet'（在 ImageNet 上预训练）或要加载的权重文件的路径之一。
- input_tensor：可选张量（即 layer.Input()的输出）用作模型的图像输入。
- input_shape：可选形状元组，仅在 include_top 为 False 时指定，否则输入形状必须为（299, 299, 3）。它应该正好有 3 个输入通道，并且宽度和高度不应小于 71。例如（150 , 150, 3）是一个有效值。
- pooling：当 include_top 为 False 时，用于特征提取的可选池化层模式，即 None 表示模型的输出将是最后一个卷积块的 4D 张量输出，avg 意味着全局平均池化将应用于最后一个卷积块的输出，因此模型的输出将是一个 2D 张量，max 表示将应用全局最大池化。
- classes：可选的图像分类数量，仅当 include_top 为 True 且未指定权重参数时指定。
- classifier_activation：一个 str 或可调用的在顶层上使用的激活函数。加载预训练权重时，classifier_activation 只能是 None 或 Softmax。

代码如下：

```
base_model = keras.applications.Xception(
    weights='imagenet',  # 加载 ImageNet 预训练模型
    input_shape=(150, 150, 3),
    include_top=False)  # 不包含 ImageNet 分类器
```

接着冻结 Xception 的所有权重参数：

```
base_model.trainable = False
```

根据任务需求，并结合基础模型搭建一个新的模型：

```
inputs = keras.Input(shape=(150, 150, 3))
x = base_model(inputs, training=False)
```

```
x = keras.layers.GlobalAveragePooling2D()(x)
outputs = keras.layers.Dense(1)(x)
model = keras.Model(inputs, outputs)
```

最后进行迁移学习：

```
model.compile(optimizer=keras.optimizers.Adam(),
              loss=keras.losses.BinaryCrossentropy(from_logits=True),
              metrics=[keras.metrics.BinaryAccuracy()])
model.fit(new_dataset, epochs=20)
```

读者需要注意，本小节的代码是示例代码，展示了 TensorFlow 2.0 中进行迁移学习的过程。读者如果运行迁移学习的代码，还需要加载数据集。

2. Xception微调

一旦模型在新的数据集上收敛，就可以进行微调，当然该步骤是可选的。读者可以根据模型在任务数据集上的表现确定是否进行微调。进行模型微调时，要时刻注意模型是否出现过拟合现象。以下是微调代码：

```
base_model.trainable = True
# 这一步非常重要：模型中任何一层的 trainable 发生改变后，都需要重新进行模型编译。
model.compile(optimizer=keras.optimizers.Adam(1e-5),
loss=keras.losses.BinaryCrossentropy(from_logits=True),
metrics=[keras.metrics.BinaryAccuracy()])

model.fit(new_dataset, epochs=10)
```

3. BatchNormalization层

通过后续任务 8.2 的学习可以知道，大部分的经典卷积神经网络都包含 BatchNormalization 层。对于迁移学习而言，该层非常特殊。读者在进行包含该层的迁移学习时，需要牢记以下几点：

● BatchNormalization 层包含 2 个会在训练过程中更新的不可训练权重。它们是跟踪输入的平均值和方差的变量。

● 设置 bn_layer.trainable = False 时，BatchNormalization 层将以推理模式运行，并且不会更新其均值和方差统计信息。

● 解冻包含 BatchNormalization 层的模型以进行微调时，应在调用基础模型时通过传递 training=False 来使 BatchNormalization 层保持在推理模式下。否则，应用于不可训练权重的更新将突然破坏模型学习到的内容。实际开发经验表明，如果不设置 training=False，模型性能会下降。

任务 8.2　探索经典卷积神经网络

【任务描述】

了解经典卷积神经网络 VGGNet、Inception、ResNet 和 DenseNet 模型特征，掌握相应的加载方法。

【任务分析】

1. 了解 VGGNet 模型特点和加载方法。
2. 了解 Inception 系列模型特点和加载方法。
3. 了解 ResNet 模型特点和加载方法。
4. 了解 DenseNet 模型特点和加载方法。

【知识准备】

8.2.1　VGG 模型

1. VGG模型简介

VGGNet 是由牛津大学的视觉几何组（Visual Geometry Group）提出的卷积神经网络模型，获得 ILSVRC—2014 中定位任务的第一名和分类任务的第二名。通过 VGGNet，研究人员证明了基于尺寸较小的卷积核，增加网络深度可以有效提升模型的效果。VGGNet 结构简单，模型的泛化能力好，因此在很多领域中使用 VGG 作为特征提取网络。根据参数不同，VGG 共有 6 种配置，其中图 8-2 所示为 VGG16 模型。

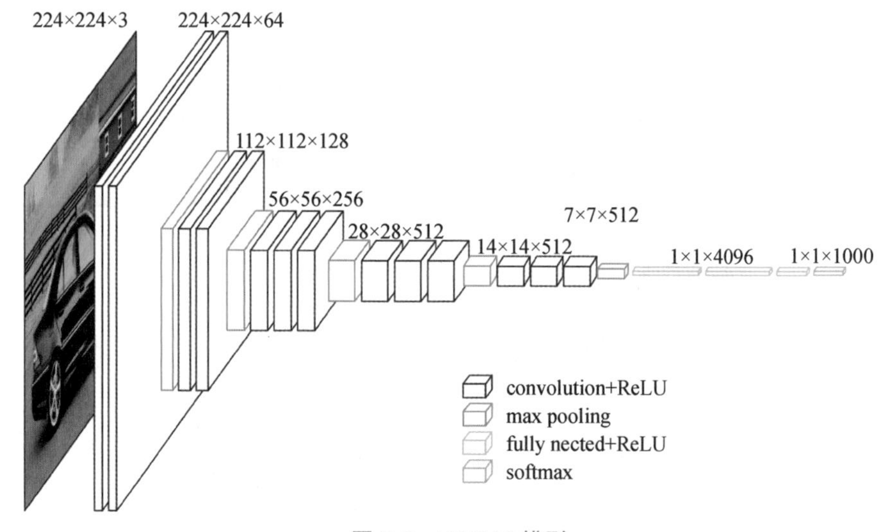

图 8-2　VGG16 模型

VGG 的设计吸收了 AlexNet 的技术，包括：输入图像样本归一化、输入图像尺寸都统一裁切到 224×224、激活函数采用 ReLU 函数、采用了 Dropout 防止过拟合。

相比于 AlexNet，VGG 使用较小的3×3 卷积核。使用小卷积核的缺点是网络的感受野会变小。VGG 采用叠加多个小卷积核的技术以达到一个大卷积核的感受野。在 VGG 中通过叠加两个3×3 卷积核就等价于一个5×5 卷积核。通过该操作还有另外一个优点，即增加了网络的非线性表达能力。因为每个卷积层后都会跟一个非线性激活函数，那么两个非线性激活函数的非线性表达能力要强于一个非线性激活函数的非线性表达能力。

2. 加载VGG模型

TensorFlow 2.0 中的 VGG 模型的原型为：

```
tf.keras.applications.vgg16.VGG16(
    include_top=True, weights='imagenet', input_tensor=None,
    input_shape=None, pooling=None, classes=1000,
    classifier_activation='softmax')
```

参数说明如下：

- include_top：是否在网络顶部包含全连接层。
- weights：None（随机初始化）、'imagenet'（在 ImageNet 上预训练）或要加载的权重文件的路径之一。
- input_tensor：可选张量（即 layer.Input()的输出）用作模型的图像输入。
- input_shape：可选形状元组，仅在 include_top 为 False 时指定，否则输入形状必须为(224, 224, 3)（使用 channels_last 数据格式）或(3, 224, 224)（使用 channels_first 数据格式）。它应该正好有 3 个输入通道，宽度和高度不应小于 32。例如（200, 200, 3）是一个有效值。
- pooling：当 include_top 为 False 时，用于特征提取的可选池化层模式，即 None 表示模型的输出将是最后一个卷积块的 4D 张量输出，avg 意味着全局平均池化将应用于最后一个卷积块的输出，因此模型的输出将是一个 2D 张量，max 表示将应用全局最大池化。
- classes：可选的图像分类数量，仅当 include_top 为 True 且未指定权重参数时指定。

ImageNet 数据集中的 1000 类包含了各种品种的大象，从互联网下载一张非洲象的图片，如图 8-3 所示。

图 8-3　非洲象

预测代码如下所示：

```
    from tensorflow.keras.applications.vgg16 import VGG16, preprocess_input,
decode_predictions
    from tensorflow.keras.preprocessing import image
```

```
import numpy as np

model = VGG16(weights='imagenet', include_top=True)

img_path = 'elephant.jpg'
img = image.load_img(img_path, target_size=(224, 224))
x = image.img_to_array(img)
x = np.expand_dims(x, axis=0)
x = preprocess_input(x)
y_pred = model.predict(x)
print("测试图: ", decode_predictions(y_pred))
```

第一次运行该程序，TensorFlow 会下载 VGG16 的预训练模型，并保存在 C:\Users\用户名\.keras\models 文件夹下。以后每次运行程序时，会自动从该文件夹下加载预训练模型。运行程序，结果如下：

```
Downloading data from https://storage.googleapis.com/tensorflow/keras-applications/vgg16/vgg16_weights_tf_dim_ordering_tf_kernels.h5
553467904/553467096 [==============================] - 58s 0us/step
Downloading data from https://storage.googleapis.com/download.tensorflow.org/data/imagenet_class_index.json
40960/35363 [==================================] - 0s 2us/step
测试图: [[('n02504458', 'African_elephant', 0.68050444), ('n02504013', 'Indian_elephant', 0.21817413), ('n01871265', 'tusker', 0.101321355), ('n01704323', 'triceratops', 1.0075216e-07), ('n02437312', 'Arabian_camel', 1.49332e-08)]]
```

最终的输出结果是 VGG 认为置信度前 5 的类别。置信度最高的为 African_elephant，即非洲象。首次运行该程序还会自动加载包含 ImageNet 类别的 JSON 文件，该文件存放位置同样位于 C:\Users\用户名\.keras\models 下，读者可以根据 JSON 文件下的类别去下载不同的图片用于模型预测。

8.2.2　Inception 系列模型

Inception 系列模型是谷歌公司提出的，其网络的核心模块称为 Inception，共有 4 个版本。Inception 模块是一个非常经典的模块，除了 Inception 系列模型以外还有基于 Inception 改进的模型，如 Xception、Inception_ResNet 等。

Inception V1 模块被应用于 GoogLeNet，是 2014 年 ImageNet 图像分类与定位两项比赛的双料冠军，为了向经典网络 LeNet 致敬，将网络名称定为 GoogLeNet。在 Inception Vl 模块中对输入特征图并行地执行多个卷积运算或池化操作，并将所有输出结果拼接为一个特征图，如图 8-4 所示。在初级模块中，每层 Inception 模块的参数总量是分支上所有参数的总和。多层 Inception 模块的叠加会导致参数量巨大，从而提高计算成本。为了降低算力成本，GoogLeNet 使用在 3×3 和 5×5 卷积层之前添加额外的 1×1 卷积层来控制输入的通道数，如图 8-5 所示。1×1 卷积层的计算量小于 5×5 卷积层，并且通过合理地控制通道数能更好地降低计算成本，这种设计被称为瓶颈（Bottleneck）。

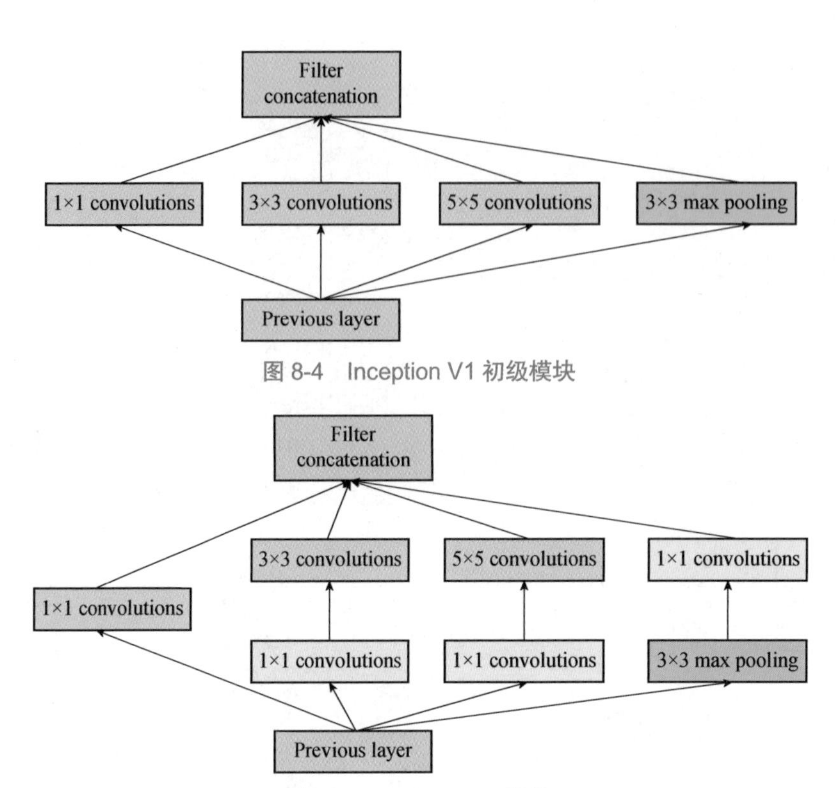

图 8-4　Inception V1 初级模块

图 8-5　Inception V1 模块

GoogLeNet 模型中有 9 个线性堆叠的 Inception V1 模块，其中包含 22 个带可学习参数层，并且在最后一个 Inception V1 模块处使用全局平均池化，减少了全接连层的参数，如图 8-6 所示。GoogLeNet 取消全连接层带来的另外一个优点就是输入的图像大小可以不再是固定的。

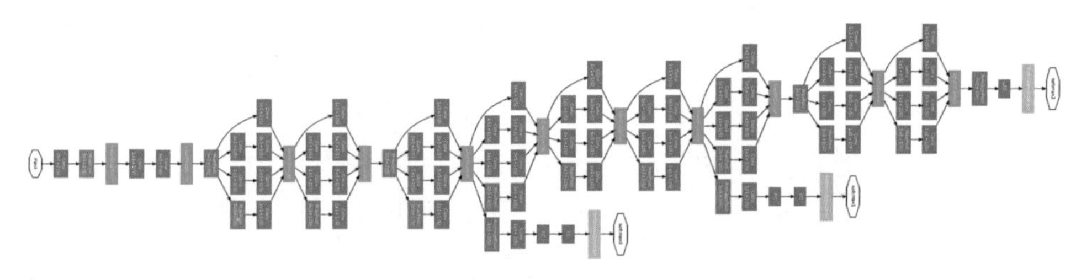

图 8-6　GoogLeNet 模型

对于如此深层的神经网络，梯度消失问题是一个常见的问题。为了缓解 GoogLeNet 网络在梯度回传过程中出现梯度消失的问题，GoogLeNet 还引入了两个辅助分类器，如图 8-6 中的黄色部分所示。辅助分类器只应用于训练，推理期间不会被使用。

在后续的研究中，谷歌公司不断改进 Inception 系列模型，推出了 Inception V2、V3、V4 模块，读者如果对其感兴趣可以自行查询相关论文并阅读。TensorFlow 2.0 中提供了 Inception V3 的预训练模型。

2. 加载Inception V3 模块

TensorFlow 2 中的 Inception V3 模块的原型为：

```
tf.keras.applications.inception_v3.InceptionV3(
    include_top=True, weights='imagenet', input_tensor=None,
    input_shape=None, pooling=None, classes=1000,
    classifier_activation='softmax')
```

参数说明如下：

- include_top：是否在网络顶部包含全连接层。
- weights：None（随机初始化）、'imagenet'（在 ImageNet 上预训练）或要加载的权重文件的路径之一。
- input_tensor：可选张量（即 layer.Input()的输出）用作模型的图像输入。
- input_shape：可选形状元组，仅在 include_top 为 False 时指定，否则输入形状必须为(299,299,3)。它应该正好有 3 个输入通道，并且宽度和高度不应小于 71。如（150,150,3）是一个有效值。
- pooling：当 include_top 为 False 时，用于特征提取的可选池化层模式。即 None 表示模型的输出将是最后一个卷积块的 4D 张量输出，avg 意味着全局平均池化将应用于最后一个卷积块的输出，因此模型的输出将是一个 2D 张量，max 表示将应用全局最大池化。
- classes：可选的图像分类数量，仅当 include_top 为 True 且未指定权重参数时指定。

使用 Inception v3 网络预测的代码如下：

```
from tensorflow.keras.applications.inception_v3 import InceptionV3, preprocess_input, decode_predictions
from tensorflow.keras.preprocessing import image
import numpy as np

model = InceptionV3(weights='imagenet', include_top=True)

img_path = 'elephant.jpg'
img = image.load_img(img_path, target_size=(299, 299))
x = image.img_to_array(img)
x = np.expand_dims(x, axis=0)
x = preprocess_input(x)
y_pred = model.predict(x)
print("测试图：", decode_predictions(y_pred))
```

运行程序，结果如下：

```
测试图： [[('n02504458', 'African_elephant', 0.44213682), ('n01871265', 'tusker', 0.26095554), ('n02504013', 'Indian_elephant', 0.19792901), ('n04049303', 'rain_barrel', 0.00061720674), ('n03902125', 'pay-phone', 0.0003636396)]]
```

8.2.3 ResNet 模型

1. ResNet模型简介

深度残差网络（ResNet）是近年来深度学习领域中最具开创性的工作，目前论文的引用量超 10 万，在 2015 年的 ImageNet 分类、定位、检测及 COCO 的物体检测与语义分割五项比赛中全部取得第一名。ResNet 中所提出的残差模块使得成百甚至上千层的神经网络的训练成为可能，残差这一思想不断引导着后续的卷积神经网络的设计。

一般而言，卷积神经网络的层数越多其性能也越好。从 LeNet 的 5 层到 AlexNet 的 8 层模型，再到 VGG 的 19 层模型，都遵循这一规律。但是 VGG 在 19 层后其分类准确率有所下降，后续的研究也发现网络并不是越深越好，ResNet 通过实验证明了这种观点，如图 8-7 所示。为了解决该问题，ResNet 的研究人员提出了一种残差模块，如图 8-8 所示。基于该模块设计了多个版本的 ResNet，分别是 ResNet-18、ResNet-34、ResNet-50、ResNet-101 及 ResNet-152，其中数字表示该版本的 ResNet 的层数，如 ResNet-18 是一个 18 层的 ResNet 网络。在后续的研究中，研究人员还针对 ResNet 进行改进提出了 ResNet-V2 的网络。TensorFlow 2.0 提供了 ResNet-50、ResNet-101、ResNet-152、ResNet-50V2、ResNet-101 V2、ResNet-152 V2 预训练模型供开发者选择。

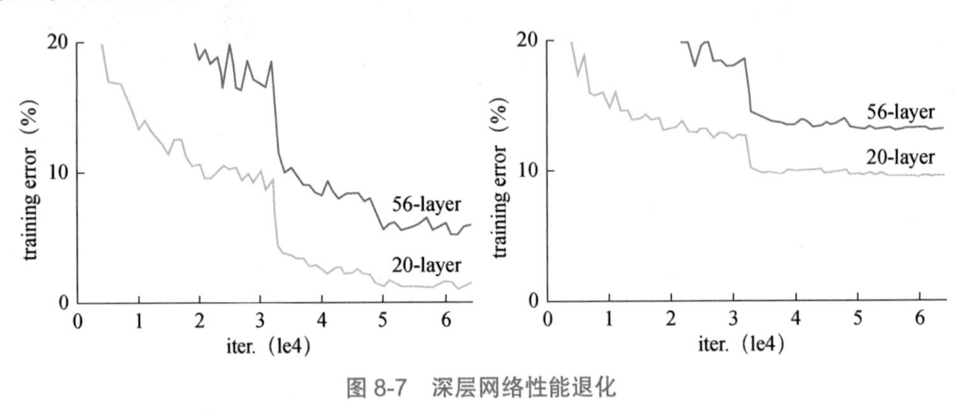

图 8-7　深层网络性能退化

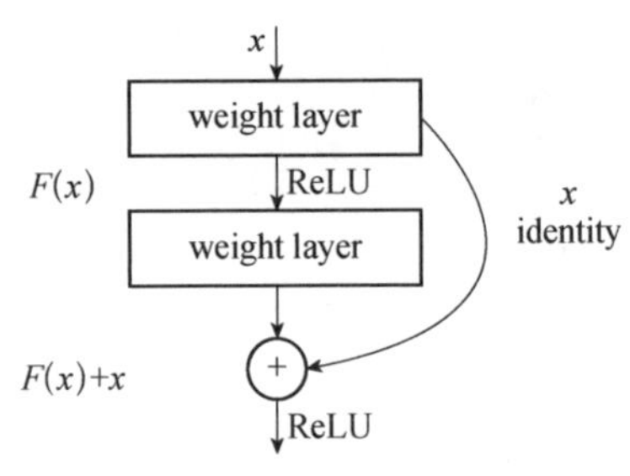

图 8-8　残差模块

2. 加载ResNet-50 模型

TensorFlow 2.0 中的 ResNet-50 模型的原型为：

```
tf.keras.applications.resnet50.ResNet50(
    include_top=True, weights='imagenet', input_tensor=None,
    input_shape=None, pooling=None, classes=1000, **kwargs)
```

参数说明如下：

- include_top：是否在网络顶部包含全连接层。
- weights：None（随机初始化）、'imagenet'（在 ImageNet 上预训练）或要加载的权重文件的路径之一。
- input_tensor：可选张量（即 layer.Input()的输出）用作模型的图像输入。
- input_shape：可选形状元组，仅在 include_top 为 False 时指定，否则输入形状必须为（224, 224, 3）（使用 channels_last 数据格式）或（3, 224, 224）（使用 channels_first 数据

格式）。它应该正好有 3 个输入通道，宽度和高度不应小于 32。例如（200, 200, 3）是一个有效值。

● pooling：当 include_top 为 False 时，用于特征提取的可选池化层模式。即 None 表示模型的输出将是最后一个卷积块的 4D 张量输出，avg 意味着全局平均池化将应用于最后一个卷积块的输出，因此模型的输出将是一个 2D 张量，max 表示将应用全局最大池化。

● classes：可选的图像分类数量，仅当 include_top 为 True 且未指定权重参数时指定。

使用 ResNet-50 网络预测的代码如下：

```
from tensorflow.keras.applications.resnet import ResNet50, preprocess_input, decode_predictions
from tensorflow.keras.preprocessing import image
import numpy as np
model = ResNet50(weights='imagenet', include_top=True)
img_path = 'elephant.jpg'
img = image.load_img(img_path, target_size=(224, 224))
x = image.img_to_array(img)
x = np.expand_dims(x, axis=0)
x = preprocess_input(x)
y_pred = model.predict(x)
print("测试图：", decode_predictions(y_pred))
```

运行程序，结果如下所示：

```
测试图： [[('n02504458', 'African_elephant', 0.83650017), ('n02504013', 'Indian_elephant', 0.1034714), ('n01871265', 'tusker', 0.059981704), ('n01704323', 'triceratops', 1.5602734e-05), ('n02397096', 'warthog', 4.2662737e-06)]]
```

8.2.4　DenseNet 模型

1. DenseNet模型简介

DenseNet 模型提出了一种密集连接模块（Dense Block），如图 8-9 所示。密集连接模块是残差模块的改进版。在残差模块中，临近两个层进行直接连接，而在密集连接模块中，任意两个层都进行直接连接。

DenseNet 网络中密集连接模块之间使用转换层进行连接，转换层由批归一化层、1×1 卷积层及 2×2 的平均池化层组成，如图 8-10 所示。

DenseNet 根据层数不同共设计了 4 个版本，分别是 DenseNet-121、DenseNet-169、DenseNet-201、DenseNet-264。DenseNet 可以达到和 ResNet 一样的准确率，但是参数只有 ResNet 的 1/3。TensorFlow 2.0 中提供了前 3 个版本的预训练模型。

2. 加载DenseNet-121 模型

TensorFlow 2.0 中的 DenseNet-121 模型的原型为：

```
tf.keras.applications.densenet.DenseNet121(
    include_top=True, weights='imagenet', input_tensor=None,
    input_shape=None, pooling=None, classes=1000)
```

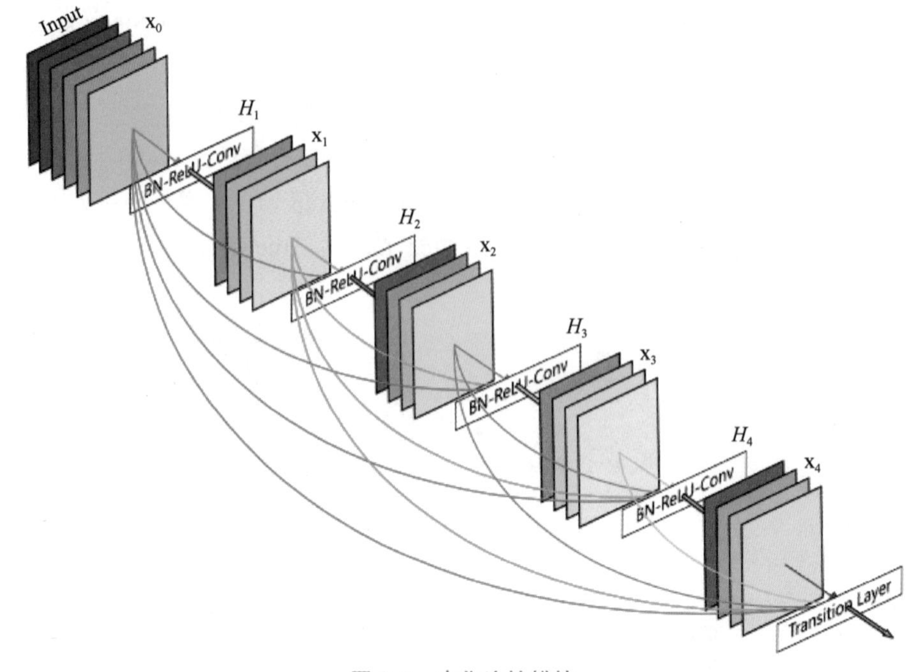

图 8-9　密集连接模块

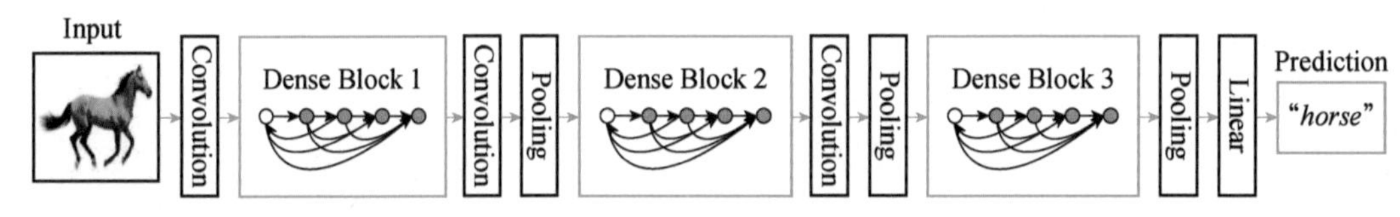

图 8-10　DenseNet 网络

参数说明如下：

● include_top：是否在网络顶部包含全连接层。

● weights：None（随机初始化）、'imagenet'（在 ImageNet 上预训练）或要加载的权重文件的路径之一。

● input_tensor：可选张量（即 layer.Input()的输出）用作模型的图像输入。

● input_shape：可选形状元组，仅在 include_top 为 False 时指定（否则输入形状必须为(224, 224, 3)（使用 channels_last 数据格式）或(3, 224, 224)（使用 channels_first 数据格式)。它应该正好有 3 个输入通道，宽度和高度不应小于 32，如（200, 200, 3）是一个有效值。

● pooling：当 include_top 为 False 时，用于特征提取的可选池化层模式。即 None 表示模型的输出将是最后一个卷积块的 4D 张量输出，avg 意味着全局平均池化将应用于最后一个卷积块的输出，因此模型的输出将是一个 2D 张量，max 表示将应用全局最大池化。

● classes：可选的图像分类数量，仅当 include_top 为 True 且未指定权重参数时指定。

使用 DenseNet-121 网络预测的代码如下：

```
    from tensorflow.keras.applications.densenet import DenseNet121, preproce
ss_input, decode_predictions
    from tensorflow.keras.preprocessing import image
    import numpy as np
```

```
model = DenseNet121(weights='imagenet', include_top=True)

img_path = 'elephant.jpg'
img = image.load_img(img_path, target_size=(224, 224))
x = image.img_to_array(img)
x = np.expand_dims(x, axis=0)
x = preprocess_input(x)
y_pred = model.predict(x)
print("测试图: ", decode_predictions(y_pred))
```

运行程序，结果如下所示 ：

```
测试图：  [[('n02504458', 'African_elephant', 0.7374041), ('n01871265', 'tusker', 0.15038647), ('n02504013', 'Indian_elephant', 0.112122394), ('n01704323', 'triceratops', 1.723908e-05), ('n01695060', 'Komodo_dragon', 8.908453e-06)]]
```

8.2.5　MobileNet 系列模型

1. MobileNet系列模型简介

前面介绍的都是大型的模型，对计算资源和存储空间要求都是非常高的，这一点对移动应用设备是非常不友好的。为了使得卷积神经网络可以应用在有限资源的环境下，谷歌提出了 MobileNet 的网络架构，该网络是一种高效并且参数量少的移动网络模型。MobileNet 一共有 3 个版本，分别是 MobileNet V1、V2 和 V3。随着 MobileNet 网络的提出，越来越多的研究者转向轻量化网络模型的研究。

MobileNet 网络通过更改传统的卷积操作来降低计算量，标准的卷积核如图 8-11 所示。

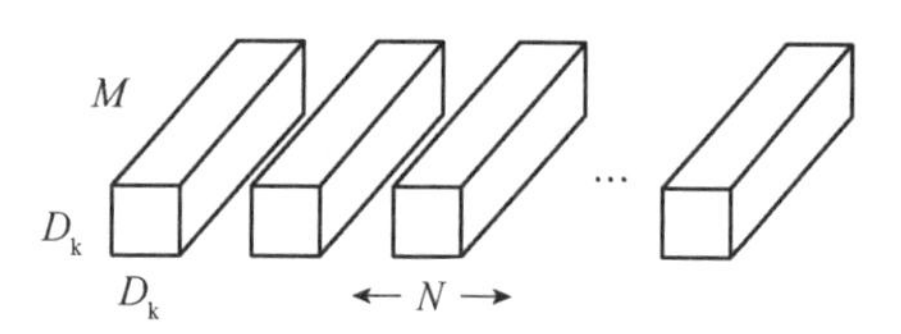

图 8-11　标准卷积核

MobileNet 将标准卷积改为深度可分离卷积，该卷积包括了一次逐通道卷积（如图 8-12 所示）和一次逐点卷积（如图 8-13 所示）。

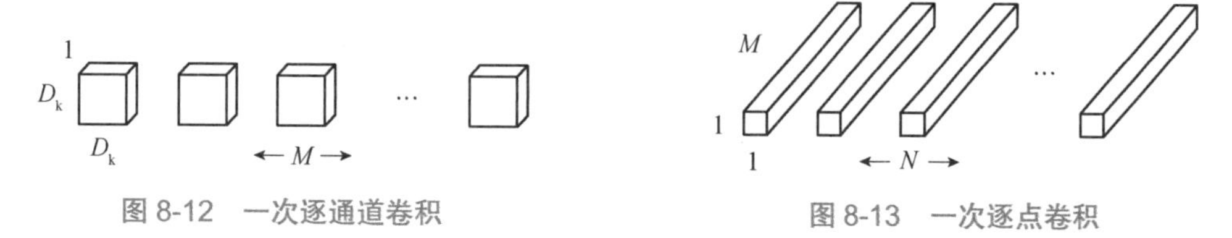

图 8-12　一次逐通道卷积　　　图 8-13　一次逐点卷积

假设标准卷积有 N 个 $D_k \times D_k$ 的卷积核，输入特征图大小为(H,W)，那么这一层卷积的计算量为 $N \times H \times W \times M \times D_k \times D_k$。采用深度可分离卷积的计算量分逐通道卷积计算量和逐点卷积计算量两部分相加得到，其中逐通道卷积计算量为 $H \times W \times M \times D_k \times D_k$，逐点卷积计算量为 $N \times H \times W \times M \times 1 \times 1$。标准卷积计算量和深度可分离卷积计算量相比为：

$$\frac{H \times W \times M \times D_k \times D_k + N \times H \times W \times M}{N \times H \times W \times M \times D_k \times D_k} = \frac{1}{N} + \frac{1}{D_k}$$

目前，搭建一个卷积神经网络基本上是按照卷积、批归一化层、ReLU 层的顺序进行模型搭建的，如图 8-14 中的左图所示。在 MobileNet 网络中会按照图 8-14 中右图所示进行搭建。

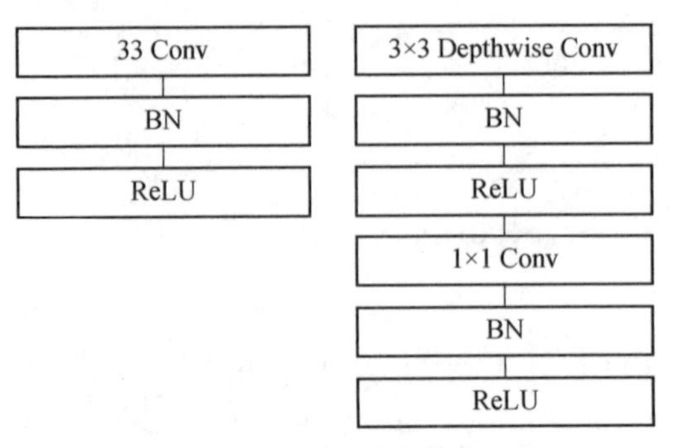

图 8-14　深度可分离卷积

MobileNet 最大限度上平衡了速度、计算量和准确率三方面的要求。和 VGG 相比，在损失极小的精度情况下，其将运算量缩小为原来的 1/30。后续谷歌公司借鉴了 ResNet 网络模型中的残差模块思想设计了 MobileNet V2，进一步提高了准确率。MobileNet V3 又吸收了更多的其他网络优点，提出轻量化模型，如 SE 模块等。TensorFlow 2.0 提供了 MobileNet V1、V2 和 V3 的预训练模型。

2. 加载MobileNet V2 模型

TensorFlow 2.0 中的 MobileNet V2 模型的原型为：

```
tf.keras.applications.mobilenet_v2.MobileNetV2(
    input_shape=None, alpha=1.0, include_top=True, weights='imagenet',inp
ut_tensor=None, pooling=None, classes=1000,classifier_activation='softmax',
**kwargs)
```

其参数说明如下：

- input_shape：可选的形状元组，如果使用输入图像分辨率不是（224, 224, 3）的模型，则需要指定。它应该正好有 3 个输入通道（224，224，3）。如果想从 input_tensor 推断 input_shape，也可以省略此选项。如果同时包含 input_tensor 和 input_shape，则 input_shape 将在它们匹配时使用，如果形状不匹配，则抛出错误。例如，（160, 160, 3）是一个有效值。
- alpha：在 0 和 1 之间浮动，用于控制网络的宽度。如果 alpha < 1.0，则按比例减少每层中的过滤器数量。如果 alpha > 1.0，则按比例增加每层中的过滤器数量。如果 alpha = 1，则在每一层使用默认的过滤器数量。
- include_top：是否在网络顶层包含全连接层。
- weights：None（随机初始化）、'imagenet'（在 ImageNet 上预训练）或要加载的权重文件的路径之一。
- input_tensor：可选张量（即 layer.Input()的输出）用作模型的图像输入。
- input_shape：可选形状元组，仅在 include_top 为 False 时指定，否则输入形状必须为（224, 224, 3）（使用 channels_last 数据格式）或（3, 224, 224）（使用 channels_first 数据格式）。它应该正好有 3 个输入通道，宽度和高度不应小于 32。例如，（200, 200, 3）是一个有效值。
- pooling：当 include_top 为 False 时，用于特征提取的可选池化层模式。即 None 表示模型的输出将是最后一个卷积块的 4D 张量输出，avg 意味着全局平均池化将应用于最后一个卷积块的输出，因此模型的输出将是一个 2D 张量，max 表示将应用全局最大池化。

● classes：可选的图像分类数量，仅当 include_top 为 True 且未指定权重参数时指定。

● classifier_activation：输出层上使用的激活函数。设置 None 返回输出层的 logits。加载预训练权重时，classifier_activation 只能是 None 或 Softmax。

使用 MobileNet V2 网络预测的代码如下：

```
from tensorflow.keras.applications.mobilenet_v2 import MobileNetV2, preprocess_input, decode_predictions
from tensorflow.keras.preprocessing import image
import numpy as np
model = MobileNetV2(weights='imagenet', include_top=True)
img_path = 'elephant.jpg'
img = image.load_img(img_path, target_size=(224, 224))
x = image.img_to_array(img)
x = np.expand_dims(x, axis=0)
x = preprocess_input(x)
y_pred = model.predict(x)
print("测试图：", decode_predictions(y_pred))
```

运行程序，结果如下：

```
测试图：[[('n02504458','African_elephant',0.81439924),('n02504013','Indian_elephant',0.07081688),('n01871265','tusker',0.054573864),('n03481172','hammer', 0.00038955896), ('n04254680', 'soccer_ball', 0.0003373909)]]
```

任务 8.3　搭建垃圾分类识别模型

【任务描述】

本任务要求搭建垃圾分类识别模型，要求熟悉垃圾分类数据集的下载和处理，掌握搭建训练垃圾分类识别模型。

【任务分析】

通过本任务的学习，要求：

（1）收集垃圾分类数据集的特征和分析处理方法。

（2）搭建、验证并训练垃圾分类识别模型。

【知识准备】

8.3.1　垃圾分类数据集

1. 下载垃圾分类数据集

从 Kaggle 平台下载垃圾分类数据集，该数据集共有 2527 张图片，分为 6 类生活垃圾，分别为 cardboard 403 张、glass 501 张、metal 410 张、paper 594 张、plastic 482 张、trash 137 张。该数据集的图片具有相同的规格尺寸，且要检测的垃圾大多数位于图片中央，因此非常适合深度学习入门数据集。下载地址为“https://www.kaggle.com/asdasdasasdas/garbage-classification”。

2. 拆分数据集

原始数据集没有拆分为训练集、验证集和测试集。因此第一步需要对数据集进行拆分。拆分数据集的代码如下：

```
import os
import random

# 读者可以根据实际情况设置d数据集ataset_dir路径
import shutil

root = os.getcwd()
dataset_root = os.path.join(root, 'datasets')
dataset_dir = os.path.join(dataset_root, 'Garbage classification')
dataset_name = ['train','val','test']
# 获取类名
cls_name_list = os.listdir(dataset_dir)
# 训练集、验证集、测试集比例
percent = [0.7, 0.1, 0.2]

#创建训练集、测试集、验证集文件夹。
#读者可以根据实际情况设置文件夹路径
for item in dataset_name:
    if not os.path.exists(os.path.join(dataset_root, item)):
        os.mkdir(os.path.join(dataset_root, item))
        for cls in cls_name_list:
            os.mkdir(os.path.join(dataset_root, item, cls))
# 拆分数据集
for cls_folders in cls_name_list:
    cls_folders_dir = os.path.join(dataset_dir, cls_folders)
    # 获取所有图片名
    cls_image_list = os.listdir(cls_folders_dir)
    random.shuffle(cls_image_list)
    # 统计样本数
    cls_image_nums = len(cls_image_list)
    # 计算该类别在验证集 测试集 训练集的数量
    train_num = int(percent[0] * cls_image_nums)
    val_num = int(percent[1] * cls_image_nums)
    test_num = int(percent[2] * cls_image_nums)
    # 获取该类验证集 测试集 训练集中的图片名
    train_list = cls_image_list[0:train_num]
    val_list = cls_image_list[train_num:train_num+val_num]
    test_list = cls_image_list[train_num+val_num:]
    for img_list, ds_name in zip([train_list, val_list, test_list], datas
et_name):
```

```
            for img_name in img_list:
                ori_img_path = os.path.join(dataset_dir, cls_folders, img_nam
e)
                new_img_path = os.path.join(dataset_root, ds_name, cls_folder
s)
                shutil.move(ori_img_path, new_img_path)
```

运行程序后，会在 datasets 文件下生成 train、val 和 test 文件夹，每个文件夹分别有 6 个以类别命名的文件夹，并且每个文件夹下都有一定数量的数据。

8.3.2　训练垃圾分类识别模型

1. 加载数据

垃圾分类数据集共有 2527 张图片，用于训练卷积神经网络是远远不够的。为了解决数量少的问题，人们提出了两种技术。第一种是利用数据增强技术，增加样本数。第二种是借助迁移学习技术。本次任务采用迁移学习技术进行模型训练。

加载垃圾分类数据并可视化代码如下：

```
    import numpy as np
    import tensorflow as tf
    import os
    import matplotlib.pyplot as plt

    # 图片缩放到 160 * 160
    IMG_HEIGHT = 160
    IMG_WIDTH = 160
    # 每次读取 4 张图片
    batch_size = 32
    cls_nums = 6

    # 训练集路径，读者可以根据自己的实际情况重新设置该路径
    train_dir = os.path.join(os.getcwd(), 'datasets', 'train')
    # 测试集路径，读者可以根据自己的实际情况重新设置该路径
    validation_dir = os.path.join(os.getcwd(), 'datasets', 'val')

    # 实例化图片生成器，并在加载数据的时候进行归一化
    train_image_generator = tf.keras.preprocessing.image.ImageDataGenerator(h
orizontal_flip=True, vertical_flip=True, rotation_range=20)
    validation_image_generator = tf.keras.preprocessing.image.ImageDataGenera
tor()
    # 在为训练和验证图像定义生成器之后，flow_from_directory 方法从磁盘加载图像，应用重新
缩放，并将图像调整到所需的尺寸。
    train_data_gen = train_image_generator.flow_from_directory(batch_size=batc
h_size,                directory=train_dir,                  shuffle=True,
target_size=(IMG_HEIGHT, IMG_WIDTH), class_mode='categorical')


    val_data_gen = validation_image_generator.flow_from_directory(batch_size=b
atch_size,directory=validation_dir, target_size=(IMG_HEIGHT, IMG_WIDTH),
class_mode='categorical')

    # 可视化训练图片
    sample_train_img, sample_train_lable = next(train_data_gen)
```

```
# 该函数将图像绘制成 1 行 5 列的网格形式，图像放置在每一列中。
def plotImages(images_arr, labels_arr, label_map):
    # 每一行展示 5 张图片
    fig, axes = plt.subplots(5, 5, figsize=(20, 20))
    axes = axes.flatten()
    for img, ax, label in zip(images_arr, axes, labels_arr):
        ax.imshow(img)
        ax.set_title('label:{0}'.format(label_map[int(np.argmax(label))])
)
    plt.show()
plotImages(sample_train_img[:25], sample_train_lable[0:25], os.listdir(tr
ain_dir))
```

运行程序，结果如图 8-15 所示。

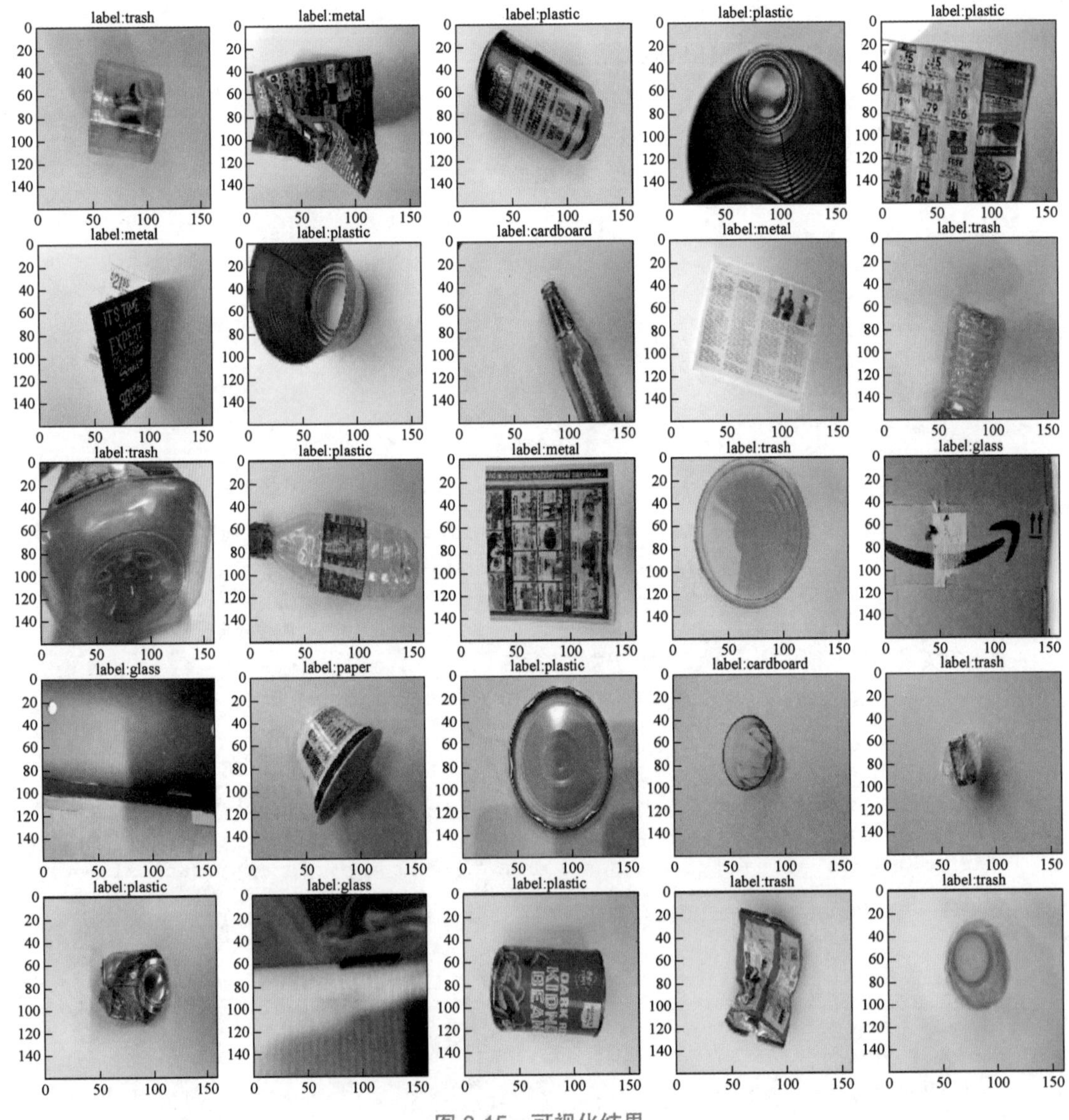

图 8-15　可视化结果

2. 搭建垃圾分类识别模型

加载 MobileNet V2 模型作为特征提取网络并设置为训练期间不更新权重，代码如下：

```
base_model = tf.keras.applications.MobileNetV2(
    weights="imagenet",
    input_shape=(IMG_HEIGHT, IMG_WIDTH, 3),
    include_top=False)
base_model.trainable=False
```

MobileNet V2 对输入数据的范围要求为[−1,1]，因此需要对输入数据进行预处理，处理代码如下：

```
inputs = tf.keras.Input(shape=(IMG_HEIGHT, IMG_WIDTH, 3))
norm_layer = tf.keras.layers.experimental.preprocessing.Normalization()
mean = np.array([127.5] * 3)
var = mean ** 2
x= norm_layer(inputs)
norm_layer.set_weights([mean, var])
```

接着在基础模型后面添加全局池化层和 Dropout 层，代码如下：

```
x = base_model(x, training=False)
x = tf.keras.layers.GlobalAveragePooling2D()(x)
x = tf.keras.layers.Dropout(0.2)(x)  # Regularize with dropout
outputs = tf.keras.layers.Dense(cls_nums)(x)
model = tf.keras.Model(inputs, outputs)
```

3. 训练模型

训练代码和之前任务中的训练代码类似，如下：

```
# 获取当前脚本运行所在的目录
root = os.path.split(os.path.realpath(__file__))[0]
ckpt_path = os.path.join(root, 'checkpoint')
# 判断权重模型保存的目录是否存在，如果不存在则创建该目录
if not os.path.exists(ckpt_path):
    os.mkdir(ckpt_path)
ckpt_path = os.path.join(ckpt_path, 'GarbageNet_{epoch:04d}.ckpt')
callbacks = [
    tf.keras.callbacks.ModelCheckpoint(filepath=ckpt_path,monitor='val_ac
c',save_weights_only=True,period=2),
    tf.keras.callbacks.EarlyStopping(patience=5, min_delta=1e-3),
]
loss = tf.keras.losses.CategoricalCrossentropy(from_logits=True)
optimizer=tf.keras.optimizers.Adam(learning_rate=1e-3)
model.compile(optimizer=optimizer, loss=loss, metrics=['acc'])
history = model.fit(x=train_data_gen,validation_data=val_data_gen,epochs=
20,batch_size=batch_size,callbacks=[callbacks])
```

需要注意的是，搭建新的模型，最后一层没有经过 Softmax，因此损失函数将 from_logits 设置为 True。

4. 模型微调

最后解冻基础模型，并以较低的学习率端到端地训练整个模型。完整的训练代码如下：

```
import numpy as np
import tensorflow as tf
import os
from  datetime import  datetime
import matplotlib.pyplot as plt

# 图片缩放到160 * 160
IMG_HEIGHT = 160
IMG_WIDTH = 160
# 每次读取 4 张图片
batch_size = 64
cls_nums = 6
# 训练集路径，读者可以根据自己的实际情况重新设置该路径
train_dir = os.path.join(os.getcwd(), 'datasets', 'train')
# 测试集路径，读者可以根据自己的实际情况重新设置该路径
validation_dir = os.path.join(os.getcwd(), 'datasets', 'val')

# 实例化图片生成器，并在加载数据的时候进行归一化
train_image_generator = tf.keras.preprocessing.image.ImageDataGenerator(
    horizontal_flip=True, vertical_flip=True, rotation_range=20)
validation_image_generator = tf.keras.preprocessing.image.ImageDataGenera
tor()

# 在为训练和验证图像定义生成器之后，flow_from_directory 方法从磁盘加载图像，应用重新
缩放，并将图像调整到所需的尺寸。
train_data_gen = train_image_generator.flow_from_directory(batch_size=batc
h_size,                    directory=train_dir,                    shuffle=True,
target_size=(IMG_HEIGHT, IMG_WIDTH), class_mode='categorical')

val_data_gen = validation_image_generator.flow_from_directory(batch_size=b
atch_size,directory=validation_dir, target_size=(IMG_HEIGHT, IMG_WIDTH),
class_mode='categorical')
base_model = tf.keras.applications.MobileNetV2(
    weights="imagenet",
    input_shape=(IMG_HEIGHT, IMG_WIDTH, 3),
    include_top=False)
base_model.trainable=False

inputs = tf.keras.Input(shape=(IMG_HEIGHT, IMG_WIDTH, 3))
norm_layer = tf.keras.layers.experimental.preprocessing.Normalization()
mean = np.array([127.5] * 3)
var = mean ** 2
x= norm_layer(inputs)
norm_layer.set_weights([mean, var])

x = base_model(x, training=False)
x = tf.keras.layers.GlobalAveragePooling2D()(x)
x = tf.keras.layers.Dropout(0.2)(x)  # Regularize with dropout
```

```
    outputs = tf.keras.layers.Dense(cls_nums)(x)
    model = tf.keras.Model(inputs, outputs)

    # 获取当前脚本运行所在的目录
    root = os.path.split(os.path.realpath(__file__))[0]
    ckpt_path = os.path.join(root, 'checkpoint')
    # 判断权重模型保存的目录是否存在，如果不存在则创建该目录
    if not os.path.exists(ckpt_path):
        os.mkdir(ckpt_path)
    ckpt_path = os.path.join(ckpt_path, 'GarbageNet_{epoch:04d}.ckpt')
    callbacks = [
        tf.keras.callbacks.ModelCheckpoint(filepath=ckpt_path,monitor='val_ac
c',save_weights_only=True,period=2),
        tf.keras.callbacks.EarlyStopping(patience=5, min_delta=1e-3),
    ]
    loss = tf.keras.losses.CategoricalCrossentropy(from_logits=True)
    optimizer=tf.keras.optimizers.Adam(learning_rate=1e-3)
    model.compile(optimizer=optimizer, loss=loss, metrics=['acc'])
    history = model.fit(x=train_data_gen,validation_data=val_data_gen,epochs=
20,batch_size=batch_size,callbacks=[callbacks])

    #微调
    base_model.trainable = True
    model.summary()

    callbacks = [
        tf.keras.callbacks.ModelCheckpoint(filepath=ckpt_path,monitor='val_ac
c',save_weights_only=True,period=2),
        tf.keras.callbacks.EarlyStopping(patience=5, min_delta=1e-3),
    ]
    loss = tf.keras.losses.CategoricalCrossentropy(from_logits=True)
    optimizer=tf.keras.optimizers.Adam(learning_rate=1e-5)
    model.compile(optimizer=optimizer, loss=loss, metrics=['acc'])
    history_finetune = model.fit(x=train_data_gen,validation_data=val_data_ge
n,epochs=10,batch_size=batch_size,callbacks=[callbacks])
```

运行程序，训练结果分为两部分，第一部分是微调前的结果，代码如下：

```
    28/28 [==============================] - 12s 444ms/step - loss: 1.5283 -
acc: 0.4400 - val_loss: 0.8862 - val_acc: 0.7251
    Epoch 2/20
    28/28 [==============================] - 12s 411ms/step - loss: 0.8549 -
acc: 0.6937 - val_loss: 0.6710 - val_acc: 0.7530
    Epoch 3/20
    28/28 [==============================] - 11s 407ms/step - loss: 0.6880 -
acc: 0.7508 - val_loss: 0.5934 - val_acc: 0.7689
    Epoch 4/20
    28/28 [==============================] - 12s 420ms/step - loss: 0.6110 -
acc: 0.7763 - val_loss: 0.5516 - val_acc: 0.7649
    Epoch 5/20
    28/28 [==============================] - 11s 407ms/step - loss: 0.5440 -
acc: 0.8069 - val_loss: 0.5313 - val_acc: 0.7729
    Epoch 6/20
```

```
    28/28 [==============================] - 12s 411ms/step - loss: 0.5110 -
acc: 0.8188 - val_loss: 0.4922 - val_acc: 0.8048
    Epoch 7/20
    28/28 [==============================] - 11s 406ms/step - loss: 0.4802 -
acc: 0.8296 - val_loss: 0.4873 - val_acc: 0.8008
    Epoch 8/20
    28/28 [==============================] - 12s 416ms/step - loss: 0.4597 -
acc: 0.8313 - val_loss: 0.4782 - val_acc: 0.8008
    Epoch 9/20
    28/28 [==============================] - 11s 408ms/step - loss: 0.4478 -
acc: 0.8381 - val_loss: 0.4946 - val_acc: 0.7888
    Epoch 10/20
    28/28 [==============================] - 11s 409ms/step - loss: 0.4252 -
acc: 0.8454 - val_loss: 0.4900 - val_acc: 0.7968
    Epoch 11/20
    28/28 [==============================] - 11s 409ms/step - loss: 0.4066 -
acc: 0.8596 - val_loss: 0.4720 - val_acc: 0.8127
    Epoch 12/20
    28/28 [==============================] - 12s 413ms/step - loss: 0.4009 -
acc: 0.8528 - val_loss: 0.4686 - val_acc: 0.8008
    Epoch 13/20
    28/28 [==============================] - 12s 412ms/step - loss: 0.3805 -
acc: 0.8618 - val_loss: 0.4415 - val_acc: 0.8247
    Epoch 14/20
    28/28 [==============================] - 12s 412ms/step - loss: 0.3694 -
acc: 0.8664 - val_loss: 0.4315 - val_acc: 0.8167
    Epoch 15/20
    28/28 [==============================] - 11s 408ms/step - loss: 0.3486 -
acc: 0.8811 - val_loss: 0.4089 - val_acc: 0.8367
    Epoch 16/20
    28/28 [==============================] - 12s 411ms/step - loss: 0.3719 -
acc: 0.8652 - val_loss: 0.4170 - val_acc: 0.8247
    Epoch 17/20
    28/28 [==============================] - 11s 408ms/step - loss: 0.3340 -
acc: 0.8834 - val_loss: 0.4172 - val_acc: 0.8127
    Epoch 18/20
    28/28 [==============================] - 11s 408ms/step - loss: 0.3255 -
acc: 0.8777 - val_loss: 0.4298 - val_acc: 0.8207
    Epoch 19/20
    28/28 [==============================] - 11s 408ms/step - loss: 0.3177 -
acc: 0.8879 - val_loss: 0.4189 - val_acc: 0.8367
    Epoch 20/20
    28/28 [==============================] - 11s 409ms/step - loss: 0.2978 -
acc: 0.8890 - val_loss: 0.4124 - val_acc: 0.8406
```

第二部分是微调后的结果，代码如下：

```
    Epoch 1/10
    28/28 [==============================] - 13s 450ms/step - loss: 0.3036 -
acc: 0.8930 - val_loss: 0.4349 - val_acc: 0.8406
    Epoch 2/10
    28/28 [==============================] - 12s 414ms/step - loss: 0.2648 -
acc: 0.9060 - val_loss: 0.4234 - val_acc: 0.8287
    Epoch 3/10
    28/28 [==============================] - 12s 411ms/step - loss: 0.2597 -
```

```
acc: 0.9100 - val_loss: 0.3999 - val_acc: 0.8486
    Epoch 4/10
    28/28 [==============================] - 12s 417ms/step - loss: 0.2311 -
acc: 0.9275 - val_loss: 0.3612 - val_acc: 0.8566
    Epoch 5/10
    28/28 [==============================] - 12s 411ms/step - loss: 0.2250 -
acc: 0.9185 - val_loss: 0.3704 - val_acc: 0.8526
    Epoch 6/10
    28/28 [==============================] - 12s 424ms/step - loss: 0.1981 -
acc: 0.9304 - val_loss: 0.3715 - val_acc: 0.8486
    Epoch 7/10
    28/28 [==============================] - 11s 408ms/step - loss: 0.1838 -
acc: 0.9451 - val_loss: 0.3828 - val_acc: 0.8606
    Epoch 8/10
    28/28 [==============================] - 12s 418ms/step - loss: 0.1692 -
acc: 0.9462 - val_loss: 0.4027 - val_acc: 0.8287
    Epoch 9/10
    28/28 [==============================] - 11s 410ms/step - loss: 0.1564 -
acc: 0.9428 - val_loss: 0.3738 - val_acc: 0.8765
```

微调后的结果明显优于微调前的结果。读者也可以尝试不进行微调，训练模型，将训练次数改为 30 轮，运行结果如下：

```
    28/28 [==============================] - 12s 440ms/step - loss: 1.4338 -
acc: 0.4638 - val_loss: 0.8704 - val_acc: 0.7012
    Epoch 2/30
    28/28 [==============================] - 12s 411ms/step - loss: 0.8418 -
acc: 0.6897 - val_loss: 0.6844 - val_acc: 0.7530
    Epoch 3/30
    28/28 [==============================] - 11s 408ms/step - loss: 0.6843 -
acc: 0.7441 - val_loss: 0.6011 - val_acc: 0.7928
    Epoch 4/30
    28/28 [==============================] - 12s 414ms/step - loss: 0.6116 -
acc: 0.7792 - val_loss: 0.5872 - val_acc: 0.7809
    Epoch 5/30
    28/28 [==============================] - 11s 408ms/step - loss: 0.5504 -
acc: 0.8080 - val_loss: 0.5202 - val_acc: 0.8207
    Epoch 6/30
    28/28 [==============================] - 12s 412ms/step - loss: 0.5274 -
acc: 0.8018 - val_loss: 0.5019 - val_acc: 0.8406
    Epoch 7/30
    28/28 [==============================] - 12s 414ms/step - loss: 0.4909 -
acc: 0.8267 - val_loss: 0.4915 - val_acc: 0.8406
    Epoch 8/30
    28/28 [==============================] - 12s 415ms/step - loss: 0.4752 -
acc: 0.8267 - val_loss: 0.4823 - val_acc: 0.8287
    Epoch 9/30
    28/28 [==============================] - 11s 407ms/step - loss: 0.4522 -
acc: 0.8392 - val_loss: 0.4910 - val_acc: 0.8367
    Epoch 10/30
    28/28 [==============================] - 12s 412ms/step - loss: 0.4216 -
acc: 0.8499 - val_loss: 0.4635 - val_acc: 0.8406
    Epoch 11/30
    28/28 [==============================] - 11s 409ms/step - loss: 0.4077 -
acc: 0.8448 - val_loss: 0.4651 - val_acc: 0.8327
```

```
Epoch 12/30
28/28 [==============================] - 12s 412ms/step - loss: 0.3986 -
acc: 0.8607 - val_loss: 0.4467 - val_acc: 0.8526
Epoch 13/30
28/28 [==============================] - 11s 410ms/step - loss: 0.3587 -
acc: 0.8720 - val_loss: 0.4605 - val_acc: 0.8446
Epoch 14/30
28/28 [==============================] - 12s 422ms/step - loss: 0.3663 -
acc: 0.8698 - val_loss: 0.4535 - val_acc: 0.8446
Epoch 15/30
28/28 [==============================] - 12s 412ms/step - loss: 0.3444 -
acc: 0.8737 - val_loss: 0.4421 - val_acc: 0.8446
Epoch 16/30
28/28 [==============================] - 12s 414ms/step - loss: 0.3385 -
acc: 0.8805 - val_loss: 0.4464 - val_acc: 0.8367
Epoch 17/30
28/28 [==============================] - 11s 409ms/step - loss: 0.3312 -
acc: 0.8839 - val_loss: 0.4737 - val_acc: 0.8008
Epoch 18/30
28/28 [==============================] - 12s 415ms/step - loss: 0.3333 -
acc: 0.8879 - val_loss: 0.4769 - val_acc: 0.8088
Epoch 19/30
28/28 [==============================] - 11s 409ms/step - loss: 0.3248 -
acc: 0.8941 - val_loss: 0.4420 - val_acc: 0.8247
Epoch 20/30
28/28 [==============================] - 12s 416ms/step - loss: 0.3091 -
acc: 0.8964 - val_loss: 0.4399 - val_acc: 0.8367
Epoch 21/30
28/28 [==============================] - 11s 409ms/step - loss: 0.3259 -
acc: 0.8845 - val_loss: 0.4558 - val_acc: 0.8287
Epoch 22/30
28/28 [==============================] - 12s 414ms/step - loss: 0.2872 -
acc: 0.9060 - val_loss: 0.4395 - val_acc: 0.8287
Epoch 23/30
28/28 [==============================] - 12s 418ms/step - loss: 0.2764 -
acc: 0.9088 - val_loss: 0.4214 - val_acc: 0.8287
Epoch 24/30
28/28 [==============================] - 12s 415ms/step - loss: 0.3019 -
acc: 0.8930 - val_loss: 0.4156 - val_acc: 0.8645
Epoch 25/30
28/28 [==============================] - 11s 409ms/step - loss: 0.2892 -
acc: 0.8958 - val_loss: 0.4084 - val_acc: 0.8685
Epoch 26/30
28/28 [==============================] - 12s 415ms/step - loss: 0.2755 -
acc: 0.8998 - val_loss: 0.4123 - val_acc: 0.8645
Epoch 27/30
28/28 [==============================] - 12s 413ms/step - loss: 0.2776 -
acc: 0.9060 - val_loss: 0.4028 - val_acc: 0.8725
Epoch 28/30
28/28 [==============================] - 12s 415ms/step - loss: 0.2665 -
acc: 0.9037 - val_loss: 0.4172 - val_acc: 0.8566
Epoch 29/30
28/28 [==============================] - 11s 409ms/step - loss: 0.2856 -
acc: 0.9015 - val_loss: 0.4135 - val_acc: 0.8526
```

```
    Epoch 30/30
    28/28 [==============================] - 12s 415ms/step - loss: 0.2674 -
acc: 0.9083 - val_loss: 0.4198 - val_acc: 0.8406
```

从最后一轮的结果来看，训练集准确率约为 90%，验证准确率约为 84%。而微调后的训练集准确率约为 94%，验证集准确率约为 88%。可以发现微调技术还是非常有效的。

项目考核

一、选择题

1．下列关于各个成熟网络模型的描述中，正确的是（　　）。

A．VGGNet 是由牛津大学的视觉几何组（Visual Geometry Group）提出的卷积神经网络模型

B．Inception 系列模型是谷歌公司提出的，其网络的核心模块称为 Inception，共有 4 个版本

C．DenseNet 模型提出了一种密集连接模块（Dense Block），密集连接模块是残差模块的改进版

D．以上均正确

2．下列关于 VGGNet 的描述中，正确的是（　　）。

A．基于尺寸较小的卷积核，增加网络深度有效提升了模型的效果

B．结构简单，模型的泛化能力好

C．使用 ReLU 作为激活函数，在全连接层使用 Dropout 防止过拟合

D．以上均正确

3．下列关于 Inception 网络的描述中，正确的是（　　）。

A．网络的核心模块称为 Inception，共有 4 个版本

B．使用在 3×3 和 5×5 卷积层之前添加额外的 1×1 卷积层来控制输入的通道数，降低计算成本

C．在最后一个 Inception V1 模块处使用全局平均池化，减少了全接连层的参数

D．以上均正确

4．下列关于 ResNet 网络描述中，正确的是（　　）。

A．ResNet 的研究人员提出了一种残差模块，这种残差模块有效地解决了网络深度加深、模型退化的问题

B．残差模块使用了一种“短路”的方式来解决深度网络的退化问题

C．残差学习解决了深度网络的退化问题，这称得上是深度网络的一个历史大突破

D．以上都是

5．下列关于 DenseNet 网络描述中，正确的是（　　）。

A．DenseNet 模型提出了一种密集连接模块（Dense Block）

B．DenseNet 网络中密集连接模块之间使用转换层进行连接，转换层由批归一化层、1×1 卷积层及 2×2 的平均池化层组成

C．旁路加强了特征的重用，缓解了 gradient vanishing 和 model degradation 的问题

D．以上均正确

6．下列关于 MobileNet 网络描述中，正确的是（　　）。

A．它是一种高效并且参数量少的移动网络模型

B．将标准卷积改为深度可分离卷积，该卷积包括了一次逐通道卷积和一次逐点卷积

C．平衡了速度、计算量和准确率三方面的要求，非常轻量

D．以上都是

7．什么是迁移学习？（　　）

A．是把已训练好的模型参数迁移到新的模型来帮助新模型训练

B．是把已训练好的数据集迁移到新的模型来帮助新模型训练

C．是把已训练好的模型超参数迁移到新的模型来帮助新模型训练

D．是把预先定义好的模型重新调整模型结构来帮助新模型训练

8．按迁移方法分，迁移学习的类别方法有（　　）。

①基于实例的迁移　　②基于特征的迁移

③基于模型的迁移　　④基于关系的迁移

A．①　　B．①②

C．①②③　　D．①②③④

9．迁移学习实现方法有（　　）。

①样本迁移　　②特征迁移

③模型迁移　　④关系迁移

A．①　　B．①②

C．①②③　　D．①②③④

10．为什么要迁移学习？（　　）

A．迁移学习可以解决冷启动问题

B．迁移学习可减少对标定数据的依赖，通过和已有数据模型之间的迁移，更好地完成机器学习任务

C．迁移学习适用于小数据量场景

D．迁移学习适合个性化方面

11．常见的预训练模型有哪些？（　　）

①VGG16　　②ResNet

③Inception V3　　④EfficientNet

A．①　　B．①②

C．①②③　　D．①②③④

12．迁移学习中常用的模型权重来自于数据集（　　）。

A．Cifar　　B．MNIST

C．ImageNet　　D．LSUN

二、填空题

1．________组件中提供多种预训练模型。使用预训练模型有两种方式：第一种，如果待分类的类别是属于 ImageNet 的 1000 类别中的，那么可以直接使用预训练模型：第二种，通过________使用预训练模型。

2．________是一种机器学习的方法，指的是一个预训练的模型被重新用在另一个任务中。

3．卷积神经网络可以分为两部分：第一部分是________，第二部分是________。

4．迁移学习通过冻结预训练模型中________网络的参数，只训练________来完成模型的训练。

5．TensorFlow 2.0 中的________，它是大多数迁移学习和微调工作流的基础。

6．在实际开发过程中，模型搭建可能会出现________的情况。trainable 属性具有________特性，一旦给模型的 trainable 设置为 False，那么该模型下________的 trainable 也为 False。

7．VGG 引入“________”的设计思想，将不同的层进行简单的组合构成________，再用模块来组装完整网络，而不再以“层”为单元组装网络。

8．Inception V1 模块被应用于________，获得 2014 年 ImageNet 图像分类与定位两项比赛的双料冠军，为了向经典网络 LeNet 致敬，将网络名称定为________。

9．在 Inception Vl 模块中对输入特征图并行地执行多个________或________操作，并将所有输出结果拼接为一个________。

10．在初级模块中，每层的 Inception 模块的参数总量是________上所有参数的总和。

11．GoogLeNet 取消全连接层带来另外一个优点就是______________。

12．为了阻止 GoogLeNet 中间部分的梯度消失，GoogLeNet 还引入了两个辅助分类器。辅助分类器只应用于________，________期间不会被使用。

13．________中的残差模块使得成百甚至上千层的神经网络的训练成为可能，残差这一思想不断引导这后续的卷积神经网络的设计。

14．一般而言，________越多的卷积神经网络模型性能越好。

15．在残差模块中，________两个层进行直接连接，而在密集连接模块中，________两个层都进行直接连接。

16．MobileNet 网络通过更改传统的________操作来降低计算量。

17．一个卷积神经网络基本上是按照________、批归一化层、________层的顺序进行模型搭建的。

18．MobileNet 最大限度上平衡了________、计算量和________三方面的要求。和 VGG 相比，在损失极小的精度情况下，将运算量降低了________倍。

19．垃圾分类数据集中共有 2527 张图片，用于训练卷积神经网络是远远不够的。为了解决数量少的问题，有两种技术：第一种是利用________技术，增加样本数。第二种是借助技术。

三、综合题

结合项目 6 所做的口罩检测模型案例，利用其他优秀的模型来搭建口罩佩戴识别模型，并比较它们在相同条件下所呈现出来的优劣，以及通过比较训练所耗费的时间来反映出模型的复杂程度。

任务要求：

1．使用 ResNet50 来搭建口罩识别模型。

2．使用 Inception V3 来搭建口罩识别模型。

3．使用 DenseNet201 来搭建口罩识别模型。

4．对比每一种模型在相同条件下的训练时间。

5．对比每一个训练好的模型在相同条件下的识别准确率。

参考文献

[1]吴岸城. 神经网络与深度学习[M]. 北京：电子工业出版社，2016.

[2]俞栋，邓力. 解析深度学习：语音识别实践[M]. 北京：电子工业出版社，2016.

[3]郑捷. 机器学习算法原理与编程实践[M]. 北京：电子工业出版社，2015.

[4]王喆. 深度学习推荐系统[M]. 北京：电子工业出版社，2020.

[5]王家林，段智华. 企业级 AI 技术内幕：深度学习框架开发+机器学习案例实战+Alluxio 解密[M]. 北京：清华大学出版社，2020.

[6]翟中华，孟翔宇. 深度学习——理论、方法与 PyTorch 实践[M]. 北京：清华大学出版社，2021.

[7]李轩涯，张暐. 深度学习必学的十个问题——理论与实践[M]. 北京：清华大学出版社，2021.

[8]王晓华. 深度学习的数学原理与实现[M]. 北京：清华大学出版社，2021.

[9][克罗地亚]桑德罗・斯卡尼（Sandro Skansi）著. 深入浅出深度学习[M]. 杨小冬译. 北京：清华大学出版社，2021.

[10]王晓华.Keras 实战：基于 TensorFlow2.2 的深度学习实践[M]. 北京：清华大学出版社，2021.

[11]魏翼飞，汪昭颖，李骏. 深度学习——从神经网络到深度强化学习的演进[M]. 北京：清华大学出版社，2021.

[12]王志立. Python 深度学习[M]. 北京：清华大学出版社，2021.

[13]黄士嘉，林邑撰.轻松学会 TensorFlow 2.0 人工智能深度学习应用开发[M]. 北京：清华大学出版社，2021.

[14]龙良曲. TensorFlow 深度学习——深入理解人工智能算法设计[M]. 北京：清华大学出版社，2020.

[15]胡晓武，秦婷婷，李超，等. 智能之门：神经网络与深度学习入门（基于 Python 的实现）[M]. 北京：高等教育出版社，2020.

[16]王万良. 人工智能及其应用（第 4 版）[M]. 北京：高等教育出版社，2020.

[17]高随祥，文新，马艳军，等. 深度学习导论与应用实践. 北京：清华大学出版社，2019.